Farbatlas Mittelmeerfauna
Niedere Tiere und Fische

Helmut Göthel

Farbatlas Mittelmeerfauna

Niedere Tiere und Fische

274 Arten in Wort und Bild
306 Farbfotos

E.U.
VERLAG
EUGEN
ULMER

Die Deutsche Bibliothek – CIP-Einheitsaufnahme

Farbatlas Mittelmeerfauna;
Niedere Tiere und Fische / Helmut Göthel. –
Stuttgart: Ulmer 1992
ISBN 3-8001-7251-8
NE: Göthel, Helmut

Wollgrasweg 41, 7000 Stuttgart 70 (Hohenheim)
Printed in Germany
Lektorat: Ulrich Commerell, Werner Baumeister
Herstellung: Baumgartner, Brigel, Dvorak-Stocker
Einbandgestaltung: A. Krugmann, Freiberg am Neckar
Satz: Typobauer, Scharnhausen
Druck und Bindung: Georg Appl, Wemding

Inhaltsverzeichnis

Zu diesem Buch 6
Die Lebensräume des Mittelmeeres 8
Lebensgemeinschaften im Meer 13
Zur wissenschaftlichen Benennung und Systematik der Tiere 16

Niedere Tiere
- Wurzelfüßer 18
- Schwämme 17
- Nesseltiere 43
- Rippenquallen 75
- Plattwürmer 76
- Schnurwürmer 78
- Igelwürmer 79
- Ringelwürmer 80
- Weichtiere 94
- Gliederfüßer 149
- Tentakelträger 192
- Stachelhäuter 199
- Manteltiere 222

Fische 233

Nachwort 309
Literatur 310
Register 312

Zu diesem Buch

Für meine Eltern

In den letzten Jahren hat die Anzahl der Reisenden in tropische Gebiete der Erde immer mehr zugenommen. Trotzdem hat unser »Hausmeer«, das Mittelmeer, für uns Europäer nichts von seiner Beliebtheit eingebüßt, es werden auch hier wachsende Touristenzahlen verzeichnet. Die Attraktivität dieses Meeres liegt nicht nur in der wunderschönen Landschaft der das Mittelmeer umgebenden Länder begründet, sondern auch in der Faszination seiner (noch!) sehr vielfältigen Unterwasserwelt. Allein aus Deutschland reisen jährlich Hunderttausende im Sommer in den Süden und verbringen ihren Urlaub am Mittelmeer. Immer mehr dieser Urlauber interessieren sich dabei auch für die Unterwasserwelt, die sie sich durch Schnorcheln und Tauchen erschließen. Dabei geben sich die meisten von ihnen nicht damit zufrieden, nur die Faszination des Tauchens und der Unterwasserwelt zu genießen. Bei meinen zahlreichen Aufenthalten auf verschiedenen Tauchbasen im Mittelmeer konnte ich immer wieder feststellen, daß sehr viele Taucher auch an Informationen über die beobachteten Tiere ausgesprochen interessiert sind. Dieser Wissensdurst kam in unzähligen Gesprächen mit meinen Tauchpartnern und anderen Mittauchern zum Ausdruck und ließ schließlich die Idee zu einem Bestimmungsbuch reifen. Ein solches Buch sollte dem interessierten Taucher über die Möglichkeit der Bestimmung der häufigsten und charakteristischen Tierarten des Mittelmeeres hinaus auch möglichst umfangreiche Informationen über Erkennungsmerkmale, Verwechslungsmöglichkeiten, Lebensraum, Lebensweise und Biologie (Ernährung, Verhalten, Fortpflanzung) dieser Arten liefern. Aquarianer sollten darüber hinaus Hinweise zur Pflege einzelner Arten vorfinden. In Anbetracht der Artenfülle der im Mittelmeer lebenden Tierarten kann es nicht das Ziel dieses Buches sein, alle Tierarten vorzustellen, es kann jedoch einen repräsentativen Querschnitt der häufigsten und interessantesten Fische und Niederen Tiere zeigen.

Das Ergebnis dieser Absicht liegt nun mit diesem Buch vor. Darüber hinaus stellt es aber auch unscheinbare und versteckt lebende sowie seltene, spektakuläre Arten vor, die repräsentativ für die jeweilige Tiergruppe sind. Die umfangreichen Informationen im Textteil des Buches, die sicherlich noch lange nicht vollständig sind, stützen sich auf langjährige eigene Beobachtungen vor Ort und auf sehr intensive Literaturarbeit. Dabei habe ich versucht, die zum Teil trockenen wissenschaftlichen Sachverhalte auch für den Laien verständlich wiederzugeben. Auf Wunsch des Verlages und angeregt durch viele Gespräche mit Freunden und Kollegen habe ich für jede Tierart einen deutschen Namen angegeben. Dabei wurden in der gängigen Literatur bereits vorhandene deutsche Namen weitgehend übernommen. In allen anderen Fällen habe ich eine deutsche Benennung nach auffallenden äußeren Merkmalen vorgenommen, um auch dem Ungeübten, der vor den ungewohnten Wortschöpfungen der wissenschaftlichen Benennung, wie z. B. *Schizoporella sanguinea* oder *Parerythropodium coralloides* schnell kapituliert, ein leichteres Ansprechen der betreffenden Art zu ermöglichen. Dieser Versuch wurde von den meisten Experten der jeweiligen Tiergruppe unterstützt. Ich habe mich weiter bemüht, für jede vorgestellte Art einen aktuell gültigen wissenschaftlichen Namen zu verwenden, was nicht immer einfach war. Für Hinweise auf Fehler und Unkorrektheiten bin ich den Lesern dankbar.

Ich möchte an dieser Stelle auch all denen danken, die in irgendeiner Weise zum Entstehen dieses Buches beigetragen haben: so vor allem Herrn Dr. Michael Türkay für die wissenschaftliche Beratung und die Bestimmung der Krebse, Herrn Prof. Dr. H. Ristedt für die Bestimmung der Moostierchen, meinem Freund Denis Merbach für die Bestimmung der Weichtiere und Herrn Dr. H. Zibrowius für die Bestimmung der Röhrenwürmer. Und ebenso gilt mein Dank allen Fotografen, die mir fehlendes Bildmaterial für dieses Buch zur Verfügung gestellt haben.

Den Tauchlehrern und Basisleitern Monika und Volker aus Cadaques (Spanien), Lothar aus Sali (Dugi Otok/Jugoslawien), Volker, Ugur, Gabi und Anke aus Kas (Türkei) und vor allem Gisi und Rainer aus Port de San Miguel (Ibiza/Spanien) bin ich dankbar für ihre fachkundige und geduldige Führung durch ihre Tauchgebiete und ihr Verständnis für meine oftmals sehr anspruchsvollen Wünsche.

Auch allen meinen Freunden gilt mein Dank für ihr Verständnis, ihre Unterstützung und die umfangreiche konstruktive Kritik während der Entstehung des Manuskriptes. Zu besonderem Dank bin ich meiner damaligen Freundin und jetzigen Ehefrau Silvia verpflichtet, die mir während der Entstehungszeit dieses Buches tatkräftig und verständnisvoll zur Seite gestanden hat.

Frankfurt am Main, Sommer 1991

Helmut Göthel

Die Lebensräume des Mittelmeeres

Wie an Land gibt es auch im Meer verschiedene Lebensräume, die bereits der Laie leicht unterscheiden kann. Entsprechend ihrer Beschaffenheit stellen sie zum Teil die unterschiedlichsten Anforderungen an ihre Bewohner. Aus diesem Grund wird jeder Lebensraum von einer Reihe von Arten bewohnt, die sich ganz speziell an seine jeweiligen Bedingungen angepaßt haben. Darüber hinaus kann man aber auch zahlreiche Arten beobachten, die den entsprechenden Lebensraum nur zeitweise aufsuchen und auch in anderen Lebensräumen anzutreffen sind.

Sandböden

Die Sandböden der Meere werden wahrscheinlich von den meisten Tauchern und Schnorchlern mit den Wüstengebieten über Wasser gleichgesetzt, in denen scheinbar kein oder nur sehr wenig Leben anzutreffen ist. Tatsächlich bieten die weiten Sandflächen keinerlei Versteckmöglichkeiten; jegliche Unregelmäßigkeiten fallen schon von weitem auf. Dort wo der Sand von Strömungen und Wellengang ständig umgeschichtet wird, wie dies die sich fortwährend ändernde „Dünenstruktur" des Bodens erkennen läßt, können sich in der Regel auch keine Pflanzen ansiedeln. Dennoch hat sich eine Reihe von Tierarten den Bedingungen für ein Leben auf Sand angepaßt. Diese zum Teil eindrucksvollen Anpassungen sind in der Regel auch der Grund dafür, daß sich vor allem die typischen Sandbodenbewohner den Blicken ungeübter Beobachter entziehen. Um überleben zu können, müssen sich sowohl Jäger als auch Gejagte gewissermaßen unsichtbar machen. Für Jäger ist es unerläßlich, von ihrer Beute nicht wahrgenommen zu werden. Die Beute ihrerseits steigert ihre Überlebenschancen, je besser sie getarnt ist, da sie dadurch für den Jäger nur schwer zu entdecken ist.

Die Anpassung an den Lebensraum Sandboden kann ganz unterschiedlich sein. Viele Sandbodenbewohner sind farblich ganz hervorragend an ihre Umgebung angepaßt und deshalb kaum auszumachen. Andere graben sich einfach ein und entziehen sich so den Blicken ihrer Jäger bzw. ihrer Beute. Zahlreiche Fische, die Sandflächen bewohnen, haben zusätzlich eine flache Körperform entwickelt und heben sich dadurch weder farblich noch durch ihre Körperform vom Untergrund ab. Typische Sandbodenbewohner sind neben zahlreichen Muschel- und Schneckenarten die Sandgoldrose *(Condylactis aurantiaca)*, der Sandeinsiedler *(Diogenes pugilator)*, die Schamkrabbe *(Calappa granulata)*, der Große Kammseestern *(Astropecten aranciacus)*, die Herzseeigel der Familie Spatangidae, verschiedene Plattfische und Rochen, die Petermännchen der Familie Trachinidae, der Sandtaucher *(Xyrichthys novacula)*, die Knurrhähne der Familie Triglidae, der Flughahn *(Dactylopterus volitans)* und andere mehr.

Zu den Arten, die zwar regelmäßig auf Sandböden anzutreffen sind, sich aber auch in anderen Lebensräumen aufhalten, gehören die Gemeine Sepia *(Sepia officinalis)* und verschiedene Fischarten, wie z. B. die Meerbarben der Familie Mullidae.

Zusätzlich zu den Arten, die im Sand eingegraben leben oder sich auf der Sandoberfläche aufhalten, gibt es in den Zwischenräumen zwischen den Sandkörnern, dem sogenannten Sandlückensystem oder Mesopsammon, eine ganz typische und speziell an diesen Lebensraum angepaßte Artenge-

meinschaft. Ihre Vertreter sind in der Regel winzig klein und nur unter der Lupe oder dem Mikroskop zu sehen.
Je nach der durchschnittlichen Korngröße der Bodenbestandteile unterscheidet man 3 Typen von Sand: Grobsand, Mittelsand und Feinsand. Ist dieser Sand zusätzlich mit feinem Schlick oder ähnlichem durchsetzt, so daß das Sandlückensystem und mit ihm seine typische Artengemeinschaft fehlen, dann geht der Sandboden in den Weichboden über.

Weichböden
Je nach ihrer Zusammensetzung, das heißt dem Schlickanteil, unterscheidet man zwischen schlickigen Feinsand-, sandigen Schlick- und reinen Schlickböden. Der Einfachheit halber sollen Mischböden aus Schlick und Sand in diesem Buch, unabhängig von ihrer prozentualen Zusammensetzung, als Schlicksandböden bezeichnet werden. Der Schlickanteil der Weichböden besteht aus sogenannten Feinsedimenten, Tonen, Schlamm und abgestorbenen organischen Partikeln. Diese können sich nur dort absetzen, wo Wellengang und Strömungen nicht mehr oder kaum noch bis zum Boden reichen und diesen nicht mehr ständig aufwühlen. Aus diesem Grund findet man solche Weichböden meist erst in größerer Tiefe oder in einiger Entfernung von der Küste. In sehr geschützten Buchten z. B. kann man sie aber auch schon in geringer Tiefe direkt an der Küste vorfinden.
Aufgrund der Feinheit der Bodenbestandteile fehlt, wie bereits erwähnt, ein Lückensystem zwischen diesen Bestandteilen und damit eine für solch ein Lückensystem typische Artengemeinschaft. Weichböden werden deshalb nur von auf der Oberfläche lebenden und in geringer Tiefe unterhalb der Oberfläche eingegraben lebenden Tieren besiedelt. Die teilweise beträchtlichen organischen Bestandteile von Weichböden ermöglichen im allgemeinen eine hohe tierische Besiedlungsdichte. Da auf Weichböden genau wie auf Sandböden in der Regel ebenfalls keinerlei Versteckmöglichkeiten vorhanden sind, sind auch die typischen Weichbodenbewohner meist farblich oder durch ihre Körperform angepaßt oder leben eingegraben im Verborgenen. Typische Bewohner sind verschiedene Muschel- und Schneckenarten, die Seefedern der Ordnung Pennatularia, der Kaiserhummer *(Nephrops norvegicus)*, die Schlicksabelle *(Myxicola infundibulum)*, die Seemaus *(Aphrodita aculeata)*, verschiedene Schlangensterne der Klasse Ophiuroidea, die Warzenseescheiden der Gattung *(Phallusia)* und andere mehr. Aufgrund der sehr ähnlichen Lebensbedingungen findet man außerdem auf Weichböden oft auch typische Sandbodenbewohner.

Seegraswiesen
Einen weiteren für das Mittelmeer sehr bedeutenden Lebensraum stellen die Seegraswiesen dar. Die Seegräser, die mit 5 verschiedenen Arten aus 2 Familien im Mittelmeer vertreten sind, gehören zu den einkeimblättrigen Blütenpflanzen und sind die einzigen höheren Pflanzen, die den Übergang zum Leben im Meer geschafft haben. Je nach Lichtangebot kann man Seegraswiesen bei klarem Wasser bis in Tiefen um 40 m antreffen. In trübem Wasser, das die Lichtmenge schon in wenigen Meter Tiefe drastisch reduzieren kann, liegt die untere Verbreitungsgrenze von Seegräsern deutlich darüber. Als Bodengrund benötigen Seegraswiesen stets lockeres Material in Form von Sand und Schlick sowie allen möglichen Mischungen dieser beiden Substrate.
Von den ursprünglich nur 4 im Mittelmeer vorkommenden Arten ist das ausschließlich im Mittelmeer vorkommende Neptungras (*Posidonia oceanica* (L.)) mit bis zu 1 m Länge die größte und auch häufigste Art. Es unterscheidet sich außerdem von den anderen 3 Arten, die nur oberhalb von 10 m Tiefe und sowohl auf Sand- als auch auf Schlickböden gedeihen, dadurch, daß es als einzige Art saubere Sandböden bevorzugt und unter günstigen Bedingungen

bis in 40 m Tiefe vorkommt. Bei der 5. Art handelt es sich um den Rotmeereinwanderer (*Halophila stipulacea* (Forskål)), eine nur bis 6 cm große Art, die ausschließlich im östlichen Mittelmeer in Tiefen bis zu 40 m vorkommt.

Die Bedeutung der Seegraswiesen, speziell der Posidoniawiesen, für das Mittelmeer ist enorm groß. Unter günstigen Bedingungen können bis zu 7000 Blätter pro Quadratmeter vorhanden sein. Die gleiche Fläche kann pro Tag bis zu 14 Liter Sauerstoff freisetzen, was für Mittelmeerverhältnisse einzigartig ist. Die Posidoniawiesen werden aus diesem Grund oft als „Lunge" des Mittelmeeres bezeichnet. Die Wurzelstöcke der Posidoniawiesen bilden im Laufe der Zeit fast undurchdringliche Matten, die Posidoniamatten, die mehrere Meter Mächtigkeit aufweisen können. Man schätzt, daß ihr Höhenzuwachs ungefähr einen Meter pro 100 Jahre betragen kann. Im Wurzelbereich der Posidoniawiesen herrscht stets nur Dämmerlicht, so daß man dort zahlreiche typische Bewohner von Schattengebieten antreffen kann, wie z.B. verschiedene Schwämme. Der dichte Blätterwald dagegen ist unter anderem Aufenthaltsort von unzähligen Jungfischen verschiedener Arten, die in dieser „Kinderstube" des Mittelmeeres Schutz und Nahrung zugleich finden.

Anders als Sand- und Weichböden bieten Seegraswiesen ihren Bewohnern nämlich Versteckmöglichkeiten im Überfluß. Das ist der Grund, warum man auch die Bewohner der Seegraswiesen auf den ersten Blick nur selten zu Gesicht bekommt. In zahlreichen Fällen erschwert zusätzlich die hervorragende Tarnung dieser Arten ihr Auffinden in ihrem Lebensraum. Neben zahllosen Arten, die auch in anderen Lebensräumen angetroffen werden können, wie z. B. der Violette Seeigel (*Sphaerechinus granularis*) oder die Goldstrieme (*Sarpa salpa*), sind unter anderem die Seegrasgarnelen der Gattung *Hippolyte* und die Grasnadel *(Syngnathus typhle)* reine Seegraswiesenbewohner.

Hartböden

Dem Taucher am meisten vertraut sind die Hartböden des Mittelmeeres, obwohl sie flächenmäßig die kleinsten zu besiedelnden Lebensräume darstellen. Der Grund für ihre besondere Attraktivität liegt in der Vielfalt und Farbenpracht ihrer sehr zahlreichen Bewohner und den meist guten Sichtverhältnissen aufgrund fehlender oder nur in geringer Menge vorhandener Feinsedimente. Prinzipiell unterscheidet man 2 Typen von Hartböden, die primären und die sekundären Hartböden. Die primären Hartböden, die auch als Felsböden bezeichnet werden, bestehen aus reinem, ursprünglichem Felsgestein und sind von der Küste an bis in große Tiefen zu finden. Die sekundären Hartböden oder Corallinenböden dagegen werden durch kalkabscheidende Organismen wie Kalkrotalgen, Muscheln, Moostierchen, Röhrenwürmer und andere gebildet. Sie können auf verschiedenen Böden entstehen und befinden sich meist in Tiefen zwischen 25 bis 100 m.

Die Lebensbedingungen der beiden Hartbodentypen sind zum Teil weitgehend identisch, so daß man im wesentlichen die gleichen Arten auf ihnen antreffen kann. Charakteristisch für die Lebensgemeinschaften der Hartböden sind eine Vielzahl von sessilen Tierarten, die auf ihrem Untergrund festgewachsen sind und in starker Konkurrenz um die vorhandenen Siedlungsflächen stehen.

Trotzdem gibt es auf Hartböden Unterschiede in der Artzusammensetzung, die in erster Linie von den Lichtverhältnissen und der Wasserbewegung abhängig sind. Überall, wo die Lichtintensität ein ausreichendes Pflanzenwachstum ermöglicht, herrschen Algen und seltener auch Seegräser vor. Unter Überhängen, in Spalten und Höhlen, an beschatteten Felswänden und in größerer Tiefe dagegen, wo das Licht für Pflanzenwachstum zu schwach ist, wird der Untergrund meist von den verschiedenen, oft farbenprächtigen, festsitzenden Tierarten besiedelt.

Sogenannte »Flaschenbürsten-Algen« auf Felsboden

Wasserbewegungen in Form von Brandung und Wellenbewegungen, die in der Regel sehr stark und unregelmäßig sein können, beeinflussen die Besiedlung der oberen Wasserzonen. Hier können sich nur Arten behaupten, die sich entweder fest am Untergrund verankern, wie z. B. die Napfschnecken der Familie Patellidae, oder sich bei Bedarf in Löcher und Spalten zurückziehen können, wie einige Schleimfische der Familie Blenniidae. Mit zunehmender Wassertiefe verlieren Wellengang und Brandung schließlich immer mehr von ihrer Wirkung und werden von mehr oder weniger gerichteten, weniger starken Wasserbewegungen in Form von Strömungen ersetzt. Unter diesen Bedingungen können sich nun auch weniger robuste, filigrane Arten ansiedeln.

Felsböden gehen oftmals in Geröllböden oder sogenannte Blockgründe über, die sich aus Gesteinsmaterial von Steinchengröße bis zu riesigen Felsblöcken zusammensetzen. Das dadurch entstehende Felslabyrinth bildet ein Mosaik verschiedener Lebensräume mit den unterschiedlichsten Lebensbedingungen auf engstem Raum, so daß hier eine enorme Artenvielfalt ermöglicht wird.

Neben den charakteristischen festsitzenden Arten gibt es auch eine große Zahl von freibeweglichen Arten, zu denen zahlreiche Krebse und Schnecken sowie die verschiedenen Stachelhäuter gehören. Aber auch viele Fischarten, unter ihnen die Barsche der Familie Serranidae und die Drachenköpfe der Gattung *Scorpaena*, sind an das Leben auf Hartböden angepaßt.

Höhlen

Ein besonderer Lebensraum der Hartböden sind die schon erwähnten Höhlen. Sie zeichnen sich dadurch aus, daß selbst im flachen Wasser nur wenig Licht in ihren Eingang eindringt. Bereits wenige Meter hinter dem Eingangsbereich kommt das Pflanzenwachstum wegen des ständigen Lichtmangels völlig zum Erliegen. Noch weiter vom Eingangsbereich entfernt herrscht ewige Dunkelheit. Auch die Auswirkungen von Strömungen und anderen Wasserbewegungen verringern sich, je tie-

Eine Gruppe von Delphinen im Freiwasser

fer sich eine Höhle in den Fels erstreckt. Diese Bedingungen ähneln in gewisser Weise denen der Tiefsee, weshalb man in Meereshöhlen einige Tierarten antreffen kann, die sonst erst wieder in sehr großer Tiefe vorkommen. Zu ihnen gehören z. B. die Einhorngarnele *(Pleisionika narval)* und die Scherengarnele *(Stenopus spinosus)*. Neben diesen Arten kann man aber auch zahlreiche andere Krebstiere, Fische und Schwämme, die man sonst auf Hartböden antrifft, regelmäßig in Höhlen beobachten.

Freiwasser

Der letzte Lebensraum, der an dieser Stelle erwähnt werden soll, ist das Freiwasser, zu dem auch die Hochsee gehört. Seine Bewohner, die entweder ständig oder zumindest regelmäßig auch in Küstennähe zu beobachten sind, sind entweder Bestandteile des Planktons, die sich mehr oder weniger passiv von Wind und Strömungen treiben lassen, wie die verschiedenen Quallen und Rippenquallen, oder aktive Dauerschwimmer wie die Seriola *(Seriola dumerili)* und die Fliegenden Fische der Familie Exocoetidae. Aber auch Exoten wie Heringskönig *(Zeus faber)* und Mondfisch *(Mola mola)* gehören zu den typischen Hochseebewohnern, die selten aber regelmäßig in Küstennähe zu beobachten sind und deren Begegnung ein Erlebnis ist. Zu den schönsten Erlebnissen unter Wasser gehört jedoch die Begegnung mit einem anderen typischen Hochseebewohner, dem Delphin. Nur wer schon einmal die Gelegenheit hatte, inmitten einer Gruppe von Delphinen zu tauchen oder zu schnorcheln, kann ermessen, welchen Eindruck und welches Glücksgefühl eine solche Begegnung hinterläßt.

Lebensgemeinschaften im Meer von Parasitismus bis Symbiose

Jedes Individuum einer Art steht in vielfältigen Beziehungen zu anderen Individuen derselben Art und anderer Arten. Diese Beziehungen können sehr unterschiedlich sein. Sowohl die innerartliche als auch die zwischenartliche Konkurrenz können sich unter anderem auf die Nahrung und das Revier beziehen und besitzen stets einen aggressiven Charakter. Aber auch die bekannten Räuber-Beute-Beziehungen gehören zu den vielfältigen und oftmals vernetzten Beziehungen eines Individuums zu anderen Organismen. Darüber hinaus gibt es eine Fülle von Beziehungen, die entweder keinen aggressiven Charakter besitzen, sondern mindestens einem der an ihnen beteiligten Partner sogar Vorteile im Kampf ums Überleben bieten oder den einen der Partner nur schädigen und in der Regel nicht töten. Ganz grob kann man 3 Formen von Lebensgemeinschaften unterscheiden, zwischen denen es teilweise auch fließende Übergänge gibt. Beim Parasitismus wird ein Partner geschädigt, während der andere dadurch Vorteile genießt. Bei einer Symbiose ziehen beide Partner Vorteile aus ihrer Lebensgemeinschaft und bei einer Karpose schließlich genießt nur ein Partner Vorteile, ohne jedoch den anderen zu schädigen.

Sind die Partner aufeinander angewiesen und sonst nicht überlebensfähig, wird eine solche Lebensgemeinschaft als obligat bezeichnet. Das gilt auch, wenn nur einer der Partner auf sie angewiesen ist. Kommen die Partner auch ohne einander aus, bezeichnet man die betreffende Lebensgemeinschaft als fakultativ.

Beim **Parasitismus** lebt der Parasit stets auf Kosten seines meist deutlich größeren Wirtes. Dieser wird zwar mehr oder weniger stark geschädigt, in der Regel jedoch nicht getötet. Für die Parasiten, die oftmals sogar zu mehreren von einem Wirt leben, ist ein toter Wirt im Normalfall wertlos. Das Ziel, möglichst lange auf Kosten ihres Wirtes zu leben, unterscheidet Parasiten von Räubern. Bei Massenbefall mit Parasiten wird der Wirt meist so stark geschwächt, daß er schließlich verendet. Parasitismus wird wie folgt definiert: „Unter Parasiten versteht man solche Lebewesen, die zeitweise oder ständig ganz oder zum Teil auf Kosten eines anderen, in der Regel größeren Organismus, des sogenannten Wirtes, leben, von ihm Nahrung, unter Umständen auch Wohnung oder ähnlichen Nutzen gewinnen und ihn bei geringerer Anzahl nicht töten." Weiter heißt es: „Der typische Parasit unterscheidet sich vom Symbionten durch seinen grundsätzlich aggressiven Charakter. Wohl jeder Parasit veranlaßt seinen Wirt zu Reaktionen, die einen zusätzlichen Energieaufwand – im weitesten Sinne verstanden – erfordern." Parasiten können sich im Körper ihres Wirtes (= Endoparasiten) oder auf seiner Körperoberfläche (= Ektoparasiten) aufhalten. Sie können entweder dauerhaft ohne Unterbrechungen oder nur zeitweise mit ihm zusammenleben oder ihn nur kurzzeitig, z. B. für die Nahrungsaufnahme, aufsuchen. In jedem Fall findet aber eine Schädigung des Wirtes statt.

Ganz anders verhält es sich bei einer **Symbiose**: Symbiontische Lebensgemeinschaften zwischen Individuen verschiedener Art bringen immer für alle beteiligten Partner deutliche Vorteile mit sich. Eine ganz bekannte Form der Symbiose stellt die Putzsymbiose dar, die laut Definition dann vorliegt, wenn eine Tierart im Rahmen ihrer Nahrungsaufnahme die Haut einer anderen Art von Ektoparasiten säubert. Dabei erschließt sich der putzende Partner eine sichere Nahrungsquelle. Der Geputzte wird von lästigen Parasiten der Körperoberfläche und auch der Kiemen befreit, die er sonst nicht loswerden könnte. Des weiteren werden oftmals auch Nahrungsreste aus dem Maul entfernt und Verletzungen versorgt, so daß sie besser und schneller wieder verheilen. Zwischen Putzer und Kunde besteht meist eine „Zeichensprache“, mit deren Hilfe der Putzer seine Dienste anbietet und der Kunde den Putzer zum Putzen auffordert. In vielen Fällen übt der Putzer sein Gewerbe an einer besonderen Putzstation aus, die von den Kunden regelmäßig bzw. bei Bedarf aufgesucht wird. Typische Putzer des Mittelmeeres sind die Mittelmeer-Putzergarnele *(Lysmata seticaudata)*, der Mittelmeer-Putzerlippfisch *(Symphodus melanocercus)* sowie einige andere Lippfische und der im Mittelmeer relativ seltene Große Schiffshalter *(Echeneis naucrates)*.

Andere Formen von Symbiosen findet man im Mittelmeer z. B. zwischen verschiedenen Einsiedlerkrebsen und Anemonen sowie dem Augenfleckeinsiedler *(Paguristes eremita)* und dem Einsiedler-Korkschwamm *(Suberites domuncula)*.

Die weitaus größte Zahl der Lebensgemeinschaften jedoch bringt nur einem der Partner Vorteile, ohne daß der andere geschädigt wird; dies wird als **Karpose** bezeichnet. Bei zahlreichen Karposen kann man eine Tendenz entweder zum Parasitismus oder zur Symbiose beobachten. In beiden Fällen hat die Lebensgemeinschaft dann auch auf den normalerweise „unbeteiligten“ Partner gewisse Auswirkungen, die aber noch nicht als eindeutiger Vorteil bzw. Nachteil, der ständig auftritt, bezeichnet werden können. Bei Karposen kann man einige verschiedene Formen voneinander unterscheiden.

Als **Entökie** bezeichnet man Karposen, bei denen sich ein Partner in nach außen offenen Körperhöhlen eines anderen Tieres aufhält. Besonders geeignet sind dabei Körperhöhlen, die ständig mit Frischwasser und Nahrung versorgt werden. Aus diesem Grund findet man entöke Organismen meist in den Körperhöhlen von Schwämmen, in der Mantelhöhle von Muscheln und Schnecken, im Kiemenraum von Zehnfußkrebsen und Manteltieren (Seescheiden) und in Kloake und Wasserlunge von Seegurken. Dort werden sie ständig mit Sauerstoff und Nahrung in Form von planktischem Material versorgt. Beides wird von ihrem Wirt zu seiner eigenen Versorgung ständig herbeigestrudelt. Im Mittelmeer sind unter anderem die Borstenkrabben der Gattung *(Pilumnus)*, die Steckmuschelgarnele *(Pontonia pinnophylax)* und der Muschelwächter *(Pinnotheres pinnotheres)* typisch entöke Organismen. Der Nadelfisch *(Fierasfer acus)*, der in der Wasserlunge von verschiedenen Seescheiden lebt, hat den Übergang von einer entöken Lebensgemeinschaft zum Parasitismus vollzogen.

Das dauerhafte Siedeln auf der Oberfläche eines anderen Tieres, unabhängig von dessen Aktivität, wird als **Symphorismus** bezeichnet. Dabei kann man festsitzende Symphorionten und auf ihrem Wirt frei bewegliche Symphorionten voneinander unterscheiden. Zu den festsitzenden Symphorionten im Mittelmeer gehört die Korallenseepocke *(Pyrgoma anglicum)*.

Die Partnergarnelen der Gattung *(Periclimenes)*, die Haarsterngarnelen der Gattung *(Hippolyte)*, die Anemonengespenstkrabbe *(Inachus phalangium)* und der Seestern-Schuppenwurm *(Acholoe astericola)* dagegen gehören zu den auf ihrem Wirt frei beweglichen Symphorionten.

Die dritte Form der Karpose, bei der sich eine Art in unmittelbarer Nähe einer anderen aufhält, ohne deren eventuelle Wohnung zu teilen, wird als **Parökie** bezeichnet. Es handelt sich meist um eine Art Nachbarschaftsverhältnis, die einem der Beteiligten Schutz oder Nahrung bietet. Typische Beispiele hierfür aus dem Mittelmeer sind die Lebensgemeinschaften zwischen verschiedenen Jungfischen und Qual-

len und zwischen der Wachsrose *(Anemonia sulcata)* und Schwebgarnelen der Gattung *Leptomysis.*
Einen Sonderfall der Parökie stellt die Tischgemeinschaft dar, die auch als **Kommensalismus** bezeichnet wird. Dabei profitiert eine Art von der Nahrungssuche und -aufnahme einer anderen, indem sie die Reste, zu kleine Brocken oder aufgewirbelte und damit für den Suchenden bzw. Fressenden unerreichbare oder uninteressante Nahrungsbrocken aufnehmen kann. Im Mittelmeer werden vor allem die Meerbarben der Gattung *Mullus* während der Nahrungssuche von anderen Fischen begleitet.
Zwei weitere Formen von Karpose, der Aufenthalt in der Wohnung eines anderen Tieres bei dessen Anwesenheit, die **Synökie**, und die aktive Benutzung eines anderen Tieres für vorübergehenden Transport, die **Phoresie**, sind in diesem Buch nicht mit Beispielen vertreten.
Die genaueren Hintergründe und Daten der verschiedenen Lebensgemeinschaften sind bei den Beschreibungen der jeweils beteiligten Arten zu finden.

Zur wissenschaftlichen Benennung und Systematik der Tiere

Das Bedürfnis, die Organismen unserer Umwelt zu benennen und in ein System einzuordnen, reicht wahrscheinlich bis weit in unsere Vergangenheit zurück. Anfänglich mögen sich solche Bemühungen auf Arten beschränkt haben, die in einer besonderen Beziehung, z. B. Nutzen oder Schaden, zum Menschen gestanden haben. Erste historische Belege für eine Klassifikation der Tiere sind mehr als 2000 Jahre alt und stammen von Aristoteles. Er versuchte als erster, die ihm damals rund 500 bekannten Tierarten zu identifizieren und voneinander zu unterscheiden. Allerdings benutzte er damals ganz andere Kriterien als die heutige Wissenschaft. Maßgebliche Kriterien für die Unterscheidung und die Ranghöhe der einzelnen Tierformen waren der Besitz oder das Fehlen von Herz und Blut, die Form der Fortbewegungsorgane (Beine, Flügel, Flossen, . . .) und die Art der Fortbewegung (Fliegen, Schwimmen, Laufen, Kriechen, . . .).

Erst im 18. Jahrhundert führte der schwedische Naturforscher Carl von Linné (1707–1778) eine konsequente Methode der Klassifikation und Benennung ein, die bis zur heutigen Zeit unverändert praktiziert wird. Einige seiner Zeitgenossen sagten in diesem Zusammenhang über ihn, Gott habe die Welt geschaffen, aber Linné habe sie geordnet. Er ordnete viele der ihm bekannten Tiere und später auch zahlreiche Pflanzen anhand auffallender äußerlicher Merkmale verschiedenen Großgruppen zu, die man heute als Tier- bzw. Pflanzenstämme bezeichnet. Diese untergliederte er weiter in Untergruppen mit weiteren gemeinsamen Merkmalen bis hin zur Gattung und Art. In der heutigen Systematik, der „Lehre von der Klassifikation der Organismen“, erfolgt die Untergliederung der Stämme in Klassen, Ordnungen, Familien und Gattungen bis hin zur Art und Unterart.

Ein weiterer Verdienst des Schweden ist die Einführung der „binären Nomenklatur“, durch die jede Art mit einem zweiteiligen Namen bedacht wurde. Dieser wissenschaftliche Name setzt sich auch heute noch aus dem Gattungsnamen (1. Teil) und dem Artnamen (2. Teil) zusammen. Ist eine Art nicht genau bekannt, die Gattungszugehörigkeit aber eindeutig, wird der Artname bis zur Bestimmung oder Neubeschreibung und Benennung durch *spec.* ersetzt, was einfach Species oder Art bedeutet. In der wissenschaftlichen Literatur werden ihm der Name des Verfassers der Erstbeschreibung der betreffenden Art sowie das Jahr der Erstbeschreibung angehängt. Dieser Anhang, Name und Jahreszahl, wird in Klammern gesetzt, wenn eine spätere systematische Bearbeitung der Art die Zuordnung zu einer anderen Gattung und somit die Änderung des 1. Teils des Namens notwendig machten. Um Doppelbenennungen zu vermeiden, einigte man sich darauf, daß stets der (Art-) Name der älteren Beschreibung der Art der gültige ist.

Diese Kriterien zur Benennung von Arten haben internationale Gültigkeit und erleichtern eine einheitliche Benennung und Gliederung der Organismen ungemein. Am Beispiel des Schwarzkopfschleimfisches *Lipophrys nigriceps* soll dies noch einmal kurz veranschaulicht werden. Wie alle Wirbeltiere ist er ein Vertreter vom Stamm Chordata, Chordatiere. Innerhalb dieses Stammes gehört er zur Klasse Osteichthyes, Knochenfische. Aufgrund verschiedener Merkmale wird er dort zur Ordnung Perciformes, Barschfische, gerechnet. Innerhalb

dieser Ordnung ist er ein Vertreter der Familie Blenniidae, der Schleimfische. Dem Namen schließlich kann man entnehmen, daß er zur Gattung *Lipophrys* gehört und die Art *nigriceps* darstellt.
Auf den ersten Blick kann es nun den Anschein haben, daß es sich bei dem System der Tiere (und auch der Pflanzen) um ein starres, unflexibles Gefüge handelt. Dies ist jedoch nicht der Fall. Die Vielfalt der heute lebenden Arten sind das Ergebnis eines unablässig stattfindenden Evolutionsprozesses. Deshalb ist es nicht verwunderlich, daß, vereinfacht gesagt, die Ähnlichkeit einzelner Arten untereinander nicht in jedem Fall gleich groß ist, sondern ganz unterschiedlich sein kann. Dies läßt sich ganz gut am Beispiel einiger Schleimfischarten der Familie Blenniidae veranschaulichen. Bis vor einiger Zeit wurde die Mehrzahl dieser Arten der Gattung *Blennius* zugeordnet. Neueren Untersuchungen zufolge sind die Unterschiede dieser Arten untereinander jedoch teilweise so groß, daß man sie heute 5 verschiedenen Gattungen zuordnet. Das bedeutet, daß sich die Arten im Laufe der Evolution sehr weit auseinanderentwickelt haben. Als Gegenbeispiel kann man den schon erwähnten Schwarzkopfschleimfisch *Lipophrys nigriceps* anführen, der mit 2 äußerlich unterscheidbaren Unterarten im Mittelmeer vorkommt. Da sich beide Typen noch fruchtbar miteinander vermehren können, gehören sie doch deutlich zu einer Art. „Noch“ deshalb, weil diese Art wahrscheinlich gerade dabei ist, sich in 2 verschiedene Arten aufzuspalten, was wir jedoch nicht mehr miterleben werden, da sich solche Prozesse in Zeiträumen von Tausenden von Jahren abspielen.
Diese beiden Beispiele verdeutlichen, daß es sich bei dem System der Tiere, wie auch bei dem System der Pflanzen, um ein vom Menschen geschaffenes, künstliches System handelt. Es kann nicht exakt den tatsächlichen Verhältnissen in der Natur entsprechen, da sie viel zu viele Übergangs- und Zwischenformen hervorgebracht hat, die man in einem solchen System gar nicht alle berücksichtigen kann.

Niedere Tiere

Rhizopoda
Stamm Wurzelfüßer

Miniacina miniacea (L.)
Korallen-Foraminifere

Familie Homotremidae

Erkennungsmerkmale: Größe bis max. 10 mm. Festgewachsen. Jugendstadium mit gewundener Schale, dann unregelmäßig baumartig verzweigt, Wände mit feinen Poren, aus denen farblose Plasmafäden herausragen können. Färbung rot.
Verwechslungsmöglichkeiten: Die Art wird oft für eine kleine Edelkoralle *(Corallium rubrum)* gehalten. Diese ist im Anfangsstadium jedoch nicht so verzweigt und besitzt dickere Äste und Polypen.
Lebensraum: Auf festen Substraten, in Schattengebieten, Höhlen oder unter Überhängen. Vom Flachwasser bis in große Tiefe.

Biologie: Foraminiferen oder Porentierchen sind Einzeller. Sie ernähren sich von anderen Einzellern, z. B. Geißeltierchen und Kieselalgen, sowie von Larven mehrzelliger Tiere. Diese erbeuten sie mit feinen Plasmafäden, Scheinfüßchen oder Pseudopodien, die aus Poren ihrer Schale herausragen. Verfängt sich Beute darin, wird sie ins Innere der Schale transportiert und vom Zellkörper aufgenommen. Die meisten Foraminiferen sind bodenbewohnend; nur wenige Arten gehören zum Plankton. Die Schalen dieser Einzeller sind vielerorts bedeutender Bestandteil von Sedimentgesteinen (z. B. Kreidefelsen von Dover). Sie können mit bis zu mehreren cm (!) Schalendurchmesser für Einzeller enorme Größen erreichen. Vertreter der fossilen Gattung *Nummulitus* wurden sogar größer als 10 cm (!). Aus Nummulitenkalk bestehen z. B. die Pyramiden von Gizeh, die monumentalen Bauwerke der Ägypter.

Porifera
Stamm Schwämme

Schwämme, die mit rund 5000 Arten im Meer (ca. 600 Arten im Mittelmeer) und nur ca. 120 Arten im Süßwasser vertreten sind, wurden von Biologen bis zum Beginn des vorigen Jahrhunderts noch zu den Pflanzen gerechnet. Tatsächlich fehlen ihnen viele Merkmale, die für Tiere typisch sind. Schwämme besitzen weder Kopf noch Hinterteil. Bei allen anderen Tiergruppen kann man zwischen einer radiären Symmetrie wie zum Beispiel bei Nesseltieren und Stachelhäutern und einer bilateralen Symmetrie bei allen anderen Tieren, wie Würmern, Krebsen, Wirbeltieren, also einer Differenzierung in vorn und hinten, in Kopf und Hinterteil, unterscheiden. Schwämme dagegen besitzen keinerlei erkennbare Symmetrieverhältnisse. Die ausnahmslos sessilen Tiere lassen auf Reize wie Berührung und sogar Verletzung meist keine oder nur sehr schwache Reaktionen erkennen. Tatsächlich fehlen ihnen Sinnesorgane aller Art, und nicht einmal echte Nervenzellen gehören zu ihrer Grundausstattung. Auch echte Muskelzellen, Organe oder Gewebe fehlen ihnen völlig. Aufgrund dieser Tatsachen werden die Schwämme auch als Parazoa bezeichnet und allen anderen mehrzelligen Tieren, den sogenannten Eumetazoa, gegenübergestellt. Von einigen früheren Wissenschaftlern wurden Schwämme, die schon im Erdaltertum vor 600 Millionen Jahren in den Meeren zu finden waren, als Kolonien von einzelligen Tieren betrachtet, mit einer Arbeitsteilung zwischen den einzelnen Tieren. Tatsache ist, daß die Arbeitsteilung zwischen den Zellen eines Tieres stattfindet. Sie geht einher mit der Ausbildung verschiedener Zelltypen. Dabei lassen sich die wichtigsten Zellformen eines Schwammes in 2 Haupttypen gliedern.

Bei dem ersten Typ handelt es sich durchweg um Zellen, die zumindest unter bestimmten Bedingungen amöboid beweglich sind, das heißt, sie haben ähnlich einer Amöbe keine feste Gestalt und sind in der Lage, sich im Schwammkörper zu bewegen. Bei ihnen kann man verschiedene Formen mit jeweils spezifischen Aufgaben unterscheiden.

Die Archaeocyten oder Urzellen sind Zellen, die totipotent sind, was bedeutet, daß sie relativ unspezialisiert sind und alle anderen Zelltypen bilden können.

Die Amöbocyten, die sich optisch nicht sicher von der zuerst genannten Zellform unterscheiden lassen, nehmen kleine Partikel, zum Beispiel Nahrungsteilchen, in ihr Inneres auf, indem sie sie einfach umschließen. Anschließend werden sie verarbeitet oder an andere Orte im Schwammkörper transportiert.

Die Colleocyten stehen über dünne kontraktile Fortsätze miteinander in Verbindung und übernehmen dadurch eine gewisse Gerüstfunktion. Ihre Fähigkeit, sich zu kontrahieren, die sie mit den Pinacocyten, einer weiteren Zellsorte, teilen, ermöglicht den Schwämmen, sich in begrenztem Umfang zusammenzuziehen, auf Außenreize zu „reagieren“.

Skleroblasten übernehmen die Bildung eines Skeletts, das sich aus Kalk- und Kieselnadeln, den Skleriten, zusammensetzt. Ihre Form ist von Art zu Art unterschiedlich, bei Individuen einer Art jedoch konstant. Dabei findet man bei einer Art meist verschiedene Nadeltypen vor. Die Größe dieser Skelettnadeln liegt bei wenigen Mikrometern Länge. Im allgemeinen werden sie kaum länger als 2–3 mm, aber auch bleistiftdicke Nadeln mit bis zu 3 m Länge, an deren Bildung viele tausend Skleroblasten beteiligt sind, konnten nachgewiesen werden. Aufgrund ihrer Artspezifität liefern die Sklerite in den meisten Fällen die einzig sichere Möglichkeit zur genauen Artbestimmung. Des weiteren gehören zu dem ersten Zelltyp die Geschlechtszellen, die der Fortpflanzung dienen, sowie ein oder zwei weitere Formen.

Bei dem zweiten Zelltyp handelt es sich nur um eine Sorte von Zellen, um die Kragengeißelzellen oder Choanocyten, die ohne Ausnahme nur die Innenräume des Schwammes oder Teile davon auskleiden. An ihrem freien Ende entspringt eine lange dünne Geißel, die von einem Kranz von 30–40 Mikrovilli, dem Cytoplasmakragen, umgeben wird. Mikrovilli sind haarförmige Ausstülpungen aus der Zelle. Die Geißeln der einzelnen Choanocyten schlagen in einem aufeinander abgestimmten Rhythmus und erzeugen so eine beträchtliche Wasserströmung. Der Cytoplasmakragen dient in diesem Zusammenhang der Aufnahme von Nahrungspartikeln, die durch den Wasserstrom herangetragen werden. Die selbsterzeugte Strömung macht viele Schwämme unabhängig von Wasserbewegungen, so daß sie auch im ruhigen Wasser, in den Tiefen und in Höhlen, zu finden sind.

Der Schwammkörper besteht jedoch nicht nur aus den beschriebenen Zelltypen, sondern diese liegen in einer gelartigen Grundsubstanz eingebettet, was überhaupt erst die Beweglichkeit der einzelnen Zellen ermöglicht.

Ein Schwamm ist eigentlich nichts anderes als ein lebender Filter. Die Innenräume des Schwammkörpers stehen über unzählige kleine Kanäle mit Poren an der Oberfläche, den Ostiolen, und dadurch mit der Außenwelt in Verbindung. Die Kragengeißelzellen in den Innenräumen erzeugen einen ins Innere gerichteten Wasserstrom. Dort werden dem Wasser Sauerstoff und Nährstoffe entzogen und Kohlendioxid und andere Abfallstoffe zugeführt. Das verbrauchte Wasser wird durch eine gemeinsame Ausströmöffnung, das Osculum, wieder ins Freie befördert. Das Oscularrohr ragt dabei oft ein ganzes Stück in das freie Wasser. Durch diesen „Schornstein-Effekt" wird weitgehend vermieden, daß das verbrauchte Wasser erneut aufgenommen wird. Je nachdem, wie einfach oder kompliziert das Innenraum-Kanalsystem aufgebaut ist, kann man 3 Bauplan-Typen unterscheiden.

Am einfachsten ist der **Ascon-Typ** aufgebaut, der einem Schlauch oder Sack ähnelt. Die dünne Körperwand wird von einfachen Kanälen durchbrochen, die den großen, vollständig mit Kragengeißelzellen ausgekleideten Innenraum mit der Außenwelt verbinden. Dieser Typus kommt lediglich bei einigen Gattungen der Kalkschwämme vor und erreicht nur wenige Millimeter im Durchmesser. Beim **Sycon-Typ** ist der Innenraum frei von Kragengeißelzellen. Sie befinden sich in Kammern, die von den Kanälen in der deutlich dicker angelegten Körperwand gebildet werden. Exemplare dieser Bauart kommen ebenfalls nur bei einigen Kalkschwämmen vor und können eine Höhe von 2–4, selten 10 cm erreichen.

Die Mehrzahl der Schwämme ist jedoch nach dem **Leucon-Typ** gebaut. Bei ihm sind die Kragengeißelzellen in einer Vielzahl von speziellen Geißelkammern angeordnet, die untereinander und mit der Umwelt durch ein Netzwerk von Zu- und Abfuhrkanälen verbunden sind. Die relativ kleinen Abfuhrkanäle vereinigen sich zu dickeren Kanälen und enden schließlich in einer gemeinsamen Ausströmöffnung, dem bereits erwähnten Osculum, was man besonders gut bei dem krustenbildenden orangefarbenen Strahlenschwamm *(Spirastrella cunctatrix)* erkennen kann.

Die Gestalt der Schwämme ist abhängig von äußeren Faktoren, wie Strömung und Untergrund, und wird deshalb als heteromorph bezeichnet. Man kann das etwa vergleichen mit der Gestalt eines Baumes: Eine gewisse Grundform ist im Erbmaterial vorprogrammiert, aber die Hauptwindrichtung, die Bodenbeschaffenheit, das Nährstoffangebot und andere Faktoren bestimmen letztendlich das Erscheinungsbild. Zwischen der Gestalt eines Schwammes und seinem Standort lassen sich oft direkte Beziehungen nachweisen. Individuen, die in der Brandungszone oder in starker Strömung leben, bilden meist flache Polster und Krusten, die große Flächen überziehen und nur wenig in die Höhe wachsen. Aufrecht stehende Äste, Zweige und große Tierstöcke trifft man dagegen meist in ruhigeren Wasserzonen an. Die innerartliche Variabilität beschränkt sich jedoch nicht nur auf die Form. Auch die Färbung kann so unterschiedlich sein, daß die genaue Artbestimmung unter Wasser, im Aquarium oder per Foto nur bei wenigen Arten möglich ist. Neben Wuchsform und Farbe können auch Konsistenz und Oberflächenstruktur wertvolle Hinweise auf die Artzugehörigkeit liefern. Die sichersten und oftmals auch einzigen Bestimmungsmerkmale stellen die schon erwähnten Hartteile, Skelettnadeln und Hornfasern, dar.

Schwämme sind meist Zwitter, wobei Samen und Eier eines Individuums zu verschiedenen Zeiten heranreifen. Die männlichen Samenzellen, die ins freie Wasser abgegeben werden, gelangen durch die von den Kragengeißelzellen erzeugte Wasserströmung in andere Schwämme, wo die Eizellen befruchtet werden. Erst die freischwimmenden Larven werden ins Meer entlassen, wo sie sich nach einer Phase im Plankton an einer geeigneten Stelle am festen Untergrund festsetzen und zum Schwamm entwickeln. Neben dieser geschlechtlichen Vermehrung können sich viele Schwämme auch ungeschlechtlich durch die Bildung von Brutknospen vermehren. Diese können sich entweder vom Muttertier lösen und zum eigenständigen Schwamm heranwachsen oder mit dem Muttertier verbunden bleiben und so Schwammkolonien bilden.

Schwämme haben aufgrund ihrer spitzen Sklerite vergleichsweise wenig Freßfeinde. Nur wenige Tierarten, vor allem einige Nacktschneckenarten, betrachten sie trotzdem als Leckerbissen. Andere Feinde mit wesentlich höherem Stellenwert sind sich epidemisch ausbreitende Krankheiten und Wasserverschmutzung, die innerhalb kurzer Zeit in großen Gebieten alle Schwämme zum Absterben bringen können. Übrig bleiben dann entweder nur die winzigen Sklerite oder, wie bei den Hornschwämmen, das komplette Hornskelett.

Die ganze Oberfläche der unbeweglichen Schwammkörper ist selten oder nie von anderen Tieren, sogenannten Aufwuchsorganismen oder Epibionten, bewachsen. Solche Epibionten besiedeln normalerweise innerhalb kürzester Zeit alle möglichen freien Oberflächen, von Steinen über Muschelschalen und Schneckenhäuser bis zu Krebspanzern. Ein solcher Aufwuchs wäre eine Behinderung für die Wasserströmung, also nachteilig für den Schwamm. Wahrscheinlich scheiden die äußeren Zellen der Schwämme chemische Stoffe aus, die das Festsetzen von epibiontischen Larven von Anfang an verhindern oder sie kurz nach dem Festsetzen abtöten. Der bekannteste Schwamm-Epibiont im Mittelmeer ist die Krustenanemone *(Parazoanthus axinellae)*.

So lebensfeindlich die Körperoberfläche der Schwämme auch ist, die gut ventilierten Innenräume bieten vielen Organismen Unterkunft, Schutz vor Freßfeinden und gesicherte Nahrungszufuhr. Man spricht in diesem Zusammenhang von einer Karpose, einer Lebensgemeinschaft zwischen Tieren verschiedener Arten, die für einen der Partner Vorteile mit sich bringt, während dem anderen weder Vorteil noch Nachteil daraus entstehen. Da es sich hierbei um den Aufenthalt in nach außen offenen Körperhöhlen handelt, wird diese Karpose als Entökie bezeichnet. Verschiedene Krebstiere und auch Borstenwürmer sind die häufigsten Schwammbewohner.

Clathrina clathrus (Schmidt)
Gelber Gitterkalkschwamm

Familie Clathrinidae

Erkennungsmerkmale: Geflecht aus 0,5 bis 2 mm starken Röhren, Gesamtgröße bis ca. 10 cm. Ausströmöffnungen an den Enden der größeren Röhren. Färbung lebhaft gelb.
Verwechslungsmöglichkeiten: Weitere Vertreter dieser Gattung im Mittelmeer, diese jedoch anders gefärbt.
Lebensraum: In Höhlen und Spalten und unter Überhängen. Vom Flachwasser bis in über 20 m Tiefe.
Biologie: Keine Besonderheiten.
Aquarienhaltung: In der Literatur ist meist zu lesen, die Haltung von Schwämmen sei im Aquarium nicht oder nur schwer möglich. Das mag für eine ganze Reihe von Arten auch zutreffen. Das Hauptproblem liegt aber wahrscheinlich nicht in der Haltung selbst sondern vielmehr im Sammeln und im Transport. Die im Meer sehr regenerationsfähigen Schwämme sind in der Mehrzahl wahrscheinlich sehr empfindlich gegen Verletzungen beim Sammeln, gegen Transportschäden und Milieuveränderungen. Dabei dürften Überhitzung und Sauerstoffmangel die größten Schäden anrichten. Es ist leicht einzusehen, daß ein derart geschädigter Schwamm kaum eine Chance hat, im Aquarium, in dem er bestenfalls nur annähernd die von ihm benötigten Bedingungen vorfindet, sich wieder zu erholen. Aus diesem Grund kommen nur Exemplare für eine Haltung in Frage, die ohne Verletzungen mit ihrem Substrat gesammelt wurden und deren Transport schonend und zügig gehandhabt wurde.

Sycon raphanus (Schmidt)
Borstiger Kalkschwamm

Familie Sycettidae

Erkennungsmerkmale: Höhe bis 40 mm, Durchmesser bis ca. 20 mm. Form kugelig bis eiförmig mit einem Kranz langer Kalknadeln um die Ausströmöffnung herum. Manchmal mit einem kleinen Stiel am Substrat befestigt. Oberfläche durch unzählige feine Kalknadeln dicht beborstet. Färbung gelblichweiß bis bräunlichweiß.
Verwechslungsmöglichkeiten: Einige weitere Arten dieser Gattung im Mittelmeer, die sich jedoch in ihrer Form unterscheiden.
Lebensraum: Stets an schattigen Plätzen, unter Überhängen und im Unterwuchs verschiedener Algen und Seegraswiesen. Vom Flachwasser bis in große Tiefen.
Biologie: Wie der wissenschaftliche Name schon vermuten läßt, handelt es sich bei dieser Art um einen Vertreter des Sycontyps. Bei ihm befinden sich die Kragengeißelzellen in Ausbuchtungen des zentralen Hohlraums, wodurch sich die Filterleistung dieser Art erhöht. Durch Knospung an der Basis eines Invidivuums kann es zur Bildung kleiner Kolonien kommen. Wie bei vielen kleinen Arten hat auch diese Art nur eine geringe Lebenserwartung. Es handelt sich um eine einjährige Art, bei der die ausgewachsenen Tiere nach der Fortpflanzung im Sommer verschwinden.
Aquarienhaltung: Diese Art wird oft mit Substrat oder im Larvenstadium mit Meerwasser eingeschleppt. Bei nicht zu hohen Wassertemperaturen und ausreichend Kleinstfutter kann sie sich meist einige Monate halten. Siehe auch Gelber Gitterkalkschwamm *(Clathrina clathrus)*.

Oscarella lobularis (Schmidt)
Fleischschwamm

Familie Oscarellidae

Erkennungsmerkmale: Lappige, fleischig weiche Krusten bis ca. 5 cm Höhe, Durchmesser bis ca. 15 cm. Oberfläche weich und glatt. Ausströmöffnungen stets auf den Kuppen der lappigen Wölbungen. Färbung variabel, von rosa, blaßlila, dunkelblau bis bräunlich.
Verwechslungsmöglichkeiten: Einzige Art der Gattung im Mittelmeer.
Lebensraum: Meist an schattigen Plätzen wie unter Überhängen und in Höhlen. In verschiedenen Tiefen.
Biologie: Zahlreiche sessile Organismen wachsen tropfenförmig in den freien Wasserraum, wenn sie sich auf ihrem Untergrund sonst nicht weiter ausbreiten können. Nach einer gewissen Zeit reißt der im Wasser hängende Teil ab und fällt entweder einfach nach unten oder wird von der Strömung an einen anderen Ort gebracht, wo er unter günstigen Bedingungen zu einem neuen Individuum heranwachsen kann. Es besteht jedoch auch die Möglichkeit, daß der in das freie Wasser wachsende Teil, wie auf dem Foto zu sehen, bereits vor dem Abreißen Kontakt zu einem neuen Substrat, hier den Ästen einer Hunds- oder Trugkoralle *(Myriapora truncata)*, bekommt und dort weiterwächst, wobei er die Trugkoralle schließlich fast völlig überwuchert. In beiden Fällen erschließt sich der Schwamm durch die Strategie, in das freie Wasser zu wachsen, neuen Siedlungsraum.
Aquarienhaltung: Siehe Gelber Gitterkalkschwamm *(Clathrina clathrus)*.

Geodia spec.
Riesenkieselschwamm

Familie Geodiidae

Erkennungsmerkmale: Größe bis ca. 40 cm. Kissen- bis kugelförmig mit unregelmäßiger Oberfläche und zahlreichen großen Ausströmöffnungen. Oberfläche mit kleinen, festsitzenden Nadeln besetzt, oft teilweise oder ganz mit Mulm bedeckt. Konsistenz hart. Färbung gelblich bis bräunlich.
Verwechslungsmöglichkeiten: Einige Arten dieser Gattung im Mittelmeer, die man nur anhand ihrer Kieselnadeln bis zur Art bestimmen kann.
Lebensraum: Schlicksandböden und mit grobem Material angereicherte Sandböden. Meist unterhalb von 20 m bis in große Tiefe.
Biologie: In den Körperhöhlen dieser Schwämme hält sich stets eine große Anzahl verschiedener entöker Organismen auf. Neben Borstenkrabben der Gattung *Pilumnus* nutzen auch andere Krebstiere, verschiedene Borstenwürmer und Schlangensterne und andere Organismen die Körperhöhlen ihres unfreiwilligen Partners als Schutz vor Freßfeinden. Da der Schwamm in der Regel nicht durch seine Untermieter geschädigt wird, handelt es sich bei dieser Lebensgemeinschaft um eine Karpose. Die Schwämme dieser Gattung sollten nicht mit bloßen Händen angefaßt werden, da es durch die kleinen Kieselnadeln an der Oberfläche zu Überempfindlichkeitsreaktionen der Haut kommen kann.
Aquarienhaltung: Aufgrund der Größe nicht geeignet.

Chondrosia reniformis Nardo
Nierenschwamm

Familie Chondrosiidae

Erkennungsmerkmale: Unregelmäßige massive, teilweise große, fast flächendeckende, bis zu 4 cm dicke Krusten. Form oftmals nierenförmig. Oberfläche glatt, nur mit wenigen, relativ großen Ausströmöffnungen. Konsistenz gummiartig zäh. Färbung je nach Lichtintensität variabel, von Schmutzigweiß bis Dunkelbraun marmoriert.
Verwechslungsmöglichkeiten: Nicht vorhanden.
Lebensraum: Lichtarme Stellen, unter Überhängen, in Felsspalten und Höhleneingängen, seltener auf Sandböden. Vom Flachwasser bis in ca. 30 m Tiefe.
Biologie: Diese Art besitzt weder Nadeln noch Fasern aus Spongin. Statt dessen hat sie Kollagenfasern entwickelt, die die Skelettfunktion übernehmen. Die Färbung dieser Art ist abhängig von der Lichtintensität. Je weniger sie dem Licht ausgesetzt ist, desto heller ist sie gefärbt. Erhält sie dagegen viel Licht, dann ist sie dunkel gefärbt. Dieses Phänomen, das auch bei zahlreichen anderen Arten aus verschiedenen Tiergruppen zu beobachten ist, kann man oftmals sogar an ein und demselben Individuum beobachten. Die dem Licht ausgesetzte Oberseite ist meist dunkler, während die lichtabgewandte Unterseite deutlich heller gefärbt ist.
Aquarienhaltung: Wahrscheinlich nicht geeignet. Siehe auch Gelber Gitterkalkschwamm *(Clathrina clathrus)*.

Spirastrella cunctatrix Schmidt
Orangefarbener Strahlenschwamm

Familie Spirastrellidae

Erkennungsmerkmale: Dünne, weiche Krusten von wenigen mm Dicke, die mitunter große Flächen bedecken können, mit zahlreichen auffallenden, kräftigen Kanälen, die sich strahlenförmig vereinigen und in einer gemeinsamen Ausströmöffnung münden. Färbung kräftig orange.
Verwechslungsmöglichkeiten: Laut Literatur eine weitere Art dieser Gattung im Mittelmeer. Kann mit dem Höckerigen Krustenschwamm *(Crambe crambe)* verwechselt werden, dieser jedoch ohne die ausgeprägten strahlenförmigen Abflußkanäle.
Lebensraum: Verschiedene Hartböden, meist an beschatteten Stellen wie unter Überhängen, in Felsspalten und Höhlen, seltener auch im Wurzelbereich von Seegraswiesen. Bereits ab dem Flachwasser.
Biologie: Sessile Organismen stehen in ständiger Raumkonkurrenz untereinander. Da sie am Substrat festgewachsen sind, wird ihre Größe von der zur Verfügung stehenden Substratfläche begrenzt. Weitergehendes Wachstum ist nur möglich, wenn der „Nachbar" verdrängt oder einfach überwachsen werden kann, oder wenn er abstirbt. Freigewordene Flächen können aber auch von Larven sessiler Organismen neu besiedelt werden. Auf dem Foto ist eine vom Orangefarbenen Strahlenschwamm vollständig bewachsene Muschelschale zu erkennen. Es handelt sich dabei um die am Fels festgewachsene Schale einer Stachelauster *(Spondylus gaederopus)*, deren andere Schale nach dem Absterben des Tieres abgefallen ist. Dieses Beispiel macht deutlich, wie sehr die Form und die Größe eines Schwammes von der zur Verfügung stehenden Siedlungsfläche beeinflußt werden.
Aquarienhaltung: Siehe Gelber Gitterkalkschwamm *(Clathrina clathrus)*.

Suberites domuncula (Olivi)
Einsiedler-Korkschwamm

Familie Suberitidae

Erkennungsmerkmale: Mehr oder weniger kugelförmiger Schwamm mit einem Durchmesser bis zu ca. 10 cm. Oberfläche glatt mit wenigen (oft nur einer!) großen Ausströmöffnungen. Konsistenz fleischig und wenig elastisch. Färbung variiert von Orange bis marmoriert Hellblau.
Verwechslungsmöglichkeiten: Einige weitere Arten dieser Gattung im Mittelmeer, von denen zumindest eine auch auf von Einsiedlerkrebsen bewohnten Schneckenhäusern siedeln soll.
Lebensraum: Meist auf von Einsiedlerkrebsen bewohnten Schneckenhäusern auf Schlick- und Schlicksandböden, seltener im Wurzelbereich von Seegraswiesen oder auf Hartböden. Vom Flachwasser bis in große Tiefe.
Biologie: Diese Art besiedelt vor allem Schneckenhäuser, die vom Augenfleck-Einsiedler *(Paguristes eremita)* bewohnt werden. Da beide Partner von dieser Lebensgemeinschaft profitieren, handelt es sich um eine echte Symbiose. Der normalerweise festsitzende Schwamm wird beweglich und kann dadurch seine Geschlechtsprodukte in einem größeren Umkreis abgeben. Außerdem erweitert sich sein Nahrungsangebot durch die Tischmanieren des Einsiedlers. Da der Schwamm das Haus des Einsiedlers vollständig überwuchert und der spiralige Gang des Hauses im Schwamm in gleicher Richtung fortgeführt wird, kann der Einsiedler wachsen, ohne sich regelmäßig nach einer neuen und größeren Bleibe umschauen zu müssen. Da der Schwamm zusätzlich Gift- bzw. Abwehrstoffe enthält, die auf Freßfeinde des Einsiedlers abschreckend wirken, genießt dieser größeren Schutz durch sein „ausbaufähiges Eigenheim".
Aquarienhaltung: Diese Art soll in Gemeinschaft mit „ihrem" Einsiedler im Aquarium recht gut zu halten sein.

Cliona spec.
Bohrschwamm

Familie Clionidae

Erkennungsmerkmale: Anfangs unterschiedlich große Löcher (bis einige mm Durchmesser) in verschiedenen Substraten aus Kalk mit Ein- und Ausströmöffnungen. Später außerhalb der Bohrgänge massig bis krustenförmig. Färbung der Ein- und Ausströmöffnungen je nach Art verschieden, z. B. gelb, rot, grünlich oder braun. Krustenförmiger Schwammkörper außerhalb des Substrats ebenfalls verschieden gefärbt, z. B. braun oder schwarz.
Verwechslungsmöglichkeiten: 21 verschiedene Arten aus 4 Gattungen im Mittelmeer.
Lebensraum: Kalkfelsen und -steine, Seepockengehäuse, Muschel- und Schneckenschalen. Bereits ab dem Flachwasser.
Biologie: Bohrschwämme bohren sich chemisch ins Substrat. Mit Hilfe von Ätzzellen werden feine Spalten (0,15–0,8 µm) in den Kalk geätzt. Anschließend werden Kalkpartikel (Größe ca. 56 × 47 × 32 µm) abgesprengt. Die so geschaffenen Gänge haben einen Durchmesser von ca. 0,5–1,5 mm und können bis 80 mm tief ins Substrat reichen. Dabei wird nur ca. 2–3% des Kalksubstrates aufgelöst, während der Rest als Feinsediment erhalten bleibt. So tragen Bohrschwämme erheblich zur Bioerosion bei. In tropischen Riffen können bis zu 30% der Sedimente durch sie entstanden sein. Untersuchungen zufolge können pro m^2 und Jahr mehr als 250 g Kalk freigesetzt werden.
Wenn der Schwamm sein Substrat ausreichend ausgehöhlt hat, überzieht er meist dessen Oberfläche mit einer unterschiedlich dicken Kruste. So ausgehöhlte Felsen können durch starke Brandung, Strömung und Stürme leichter auseinanderbrechen. Das bedeutete, daß Bohrschwämme auch in größeren Dimensionen zum Abbau von Riff-(Kalk-)Material beitragen. In Austernbeständen können sie großen Schaden und deutliche wirtschaftliche Einbußen bewirken.
Aquarienhaltung: Bohrschwämme in kleinen Kalksteinen oder leeren Schnecken- oder Muschelschalen eignen sich für die Haltung. Oft bringt man sie auch unbemerkt mit lebenden Steinen ein.

Axinella canabina (Esper)
Höckriger Geweihschwamm

Familie Axinellidae

Erkennungsmerkmale: Größe bis 30 cm. Meist stark verzweigt, Äste mit unregelmäßigen Kämmen und Höckern. Ausströmöffnungen auf den Höckern. Färbung gelb bis orange.
Verwechslungsmöglichkeiten: Kann eventuell mit anderen Geweihschwämmen der gleichen Gattung verwechselt werden, wobei jedoch nur diese Art unregelmäßige Kämme und Höcker auf ihrer Oberfläche hat.
Lebensraum: Schlick-, Schlicksand- und Sandböden. Meist unterhalb von 30 m bis in größere Tiefe.
Biologie: Auf dieser Art kann man regelmäßig die Weißgepunktete Warzenschnecke *(Phyllidia pulitzeri)* entdecken, die sich höchstwahrscheinlich unter anderem vom Gewebe des Schwammes ernährt (siehe auch Seite 130).
Aquarienhaltung: Siehe Gelber Gitterkalkschwamm *(Clathrina clathrus)*.

Axinella verrucosa Schmidt
Glatter Geweihschwamm

Familie Axinellidae

Erkennungsmerkmale: Größe bis 100 cm. Stark verzweigt, mit zahlreichen zylindrischen Ästen, Äste ohne Kämme und Höcker. Färbung gelb bis orange, seltener rosa.
Verwechslungsmöglichkeiten: Kann mit anderen Geweihschwämmen der Gattung verwechselt werden. Nur diese Art gleichzeitig mit glatter Oberfläche und reich verzweigt, ohne kreis- oder sternförmig angeordnete Ausströmöffnungen.
Lebensraum: Meist auf Hartböden und in Höhlen, seltener auch auf Schlickböden. Unterhalb von 10 m bis in große Tiefen.
Biologie: Da Schwämme durch den Besitz ihrer Kragengeißelzellen in der Lage sind, einen beträchtlichen Wasserdurchstrom zu erzeugen, können sie normalerweise sogar in extremen Stillwasserzonen ohne jegliche Wasserbewegung vorkommen. Diese Art bevorzugt jedoch im Gegensatz zu den meisten anderen Schwammarten gut beströmte Standorte. Siehe auch *A. polypoides*.

Axinella polypoides (Schmidt)
Löchriger Geweihschwamm

Familie Axinellidae

Erkennungsmerkmale: Größe bis 60 cm. Meist nur wenig verzweigt, mit wenigen aber langen zylindrischen Ästen ohne Kämme und Höcker. Ausströmöffnungen kreis- oder sternförmig angeordnet. Färbung gelb bis rot.
Verwechslungsmöglichkeiten: Kann eventuell mit anderen Geweihschwämmen der gleichen Gattung verwechselt werden, wobei nur diese Art kreis- oder sternförmig angeordnete Ausströmöffnungen besitzt.
Lebensraum: Felsböden. Unterhalb von 10 m bis in größere Tiefe.
Biologie: Anders als die Mehrzahl der Schwammarten wird die Oberfläche der Geweihschwämme der Gattung *Axinella* regelmäßig von einem Epibionten, einem Aufwuchsorganismus, bewachsen. Es handelt sich hierbei um die Krustenanemone *(Parazoanthus axinellae)*, deren Artname bereits auf ihre besondere Fähigkeit hinweist. Es handelt sich bei dieser Lebensgemeinschaft um eine Karpose, da nur die Krustenanemonen einen Vorteil aus ihr ziehen – neue Siedlungsfläche und strömungsexponierter Standort –, ohne daß der Schwamm geschädigt wird. Das dauerhafte Siedeln auf der Körperoberfläche eines anderen Tieres wird dabei als Symphorismus bezeichnet. Da beide Arten auch ohne den anderen anzutreffen sind, handelt es sich um eine fakultative, eine für beide Partner nicht lebensnotwendige, unverbindliche Lebensgemeinschaft.
Aquarienhaltung: Siehe Gelber Gitterkalkschwamm *(Clathrina clathrus)*.

Axinella damicornis (Esper)
Verwachsener Geweihschwamm

Familie Axinellidae

Erkennungsmerkmale: Bis 10 cm. Äste fächerförmig abgeflacht und teilweise miteinander verwachsen (der Artname *damicornis* bezieht sich auf das verwachsene Geweih des Damhirsches). Färbung gelb bis orange.
Verwechslungsmöglichkeiten: Kann aufgrund der Wuchsform nicht mit anderen Arten der Gattung verwechselt werden.
Lebensraum: Schlick- und Felsböden, sowie in Höhlen, Spalten und unter Überhängen. Unterhalb von 15 m bis in größere Tiefe, in Höhlen und unter Überhängen auch flacher.
Biologie: Siehe auch Löchriger Geweihschwamm *(A. polypoides)*. Diese Art kann so sehr mit Krustenanemonen bewachsen sein, daß man auf den ersten Blick den Schwamm nicht mehr erkennen kann. Siehe Gelbe Krustenanemone (*P. axinellae*), Seite 51.
Aquarienhaltung: Siehe Gelber Gitterkalkschwamm *(Clathrina clathrus)*.

Acanthella acuta Schmidt
Stachelschwamm

Familie Axinellidae

Erkennungsmerkmale: Größe bis ca. 10 cm. Mit fächerförmig abgeflachten, miteinander verwachsenen Ästen ähnlich dem Verwachsenen Geweihschwamm *(Axinella damicornis)*, kugelig. Oberfläche mit deutlichen konischen Spitzen. Färbung orange.
Verwechslungsmöglichkeiten: Nicht bekannt.
Lebensraum: Algenbewachsene Felsböden und sekundäre Hartböden. Meist zwischen ca. 10–40 m Tiefe.
Biologie: Keine Besonderheiten.
Aquarienhaltung: Siehe Gelber Gitterkalkschwamm *(Clathrina clathrus)*.

Hemimycale columella
(Bowerbank)
Schleimiger Krustenschwamm

Familie Hymeniacidonidae

Erkennungsmerkmale: Dünne, fleischige Krusten von geringer Dicke, mit siebähnlichen, kraterförmigen Einströmöffnungen, diese zahlreich und dichtstehend. Nur wenige, deutlich höher stehende Ausströmöffnungen. Konsistenz weich und schleimig. Färbung blaß fleischfarben bis orange.
Verwechslungsmöglichkeiten: Nicht bekannt, wahrscheinlich auch nicht vorhanden.
Lebensraum: Meist an beschatteten Stellen wie unter Überhängen, in Felsspalten und in Höhlen. Meist zwischen wenige m und ca. 50 m Tiefe.
Biologie: Es ist auffallend, daß viele Höhlenbewohner entweder kräftig rot gefärbt sind oder zumindest einen auffälligen Rotanteil in ihrer Färbung aufweisen. Der Grund hierfür liegt wahrscheinlich in der Tatsache, daß bei dem geringen Restlicht in Höhlen Rottöne am ehesten als Farbeindruck verschwinden und so der Tarnung dienen. Dieser Effekt wird außerdem noch dadurch verstärkt, daß der rote Anteil des Lichtes bereits schon in geringer Tiefe vom Wasser völlig absorbiert, also herausgefiltert wird.
Aquarienhaltung: Siehe Gelber Gitterkalkschwamm *(Clathrina clathrus)*.

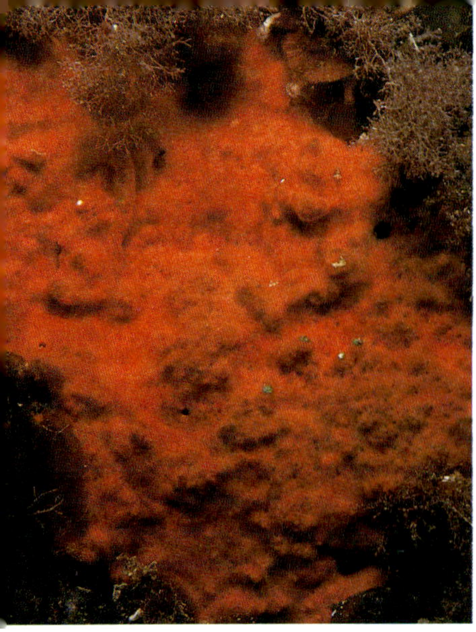

Crambe crambe (Schmidt)
Höckeriger Krustenschwamm

Familie Myxillidae

Erkennungsmerkmale: Massige, teilweise leicht gelappte Krusten mit unregelmäßigen Höckern, bedeckt oftmals große Flächen. Kräftig orange bis rot gefärbt.
Verwechslungsmöglichkeiten: Kann mit dem Orangefarbenen Strahlenschwamm *(Spirastrella cunctatrix)* verwechselt werden, dieser jedoch ohne unregelmäßige Höcker und mit deutlich sichtbaren Kanälen, die sich strahlenförmig zu einer gemeinsamen Ausströmöffnung vereinigen.
Lebensraum: Meist an beschatteten Stellen wie unter Überhängen, in Spalten und Höhlen sowie an beschatteten Felswänden. Vom Flachwasser bis in ca. 25 m Tiefe, meist zwischen 5 bis 15 m Tiefe.
Biologie: Diese Art ist im Bereich zwischen 5 bis 15 m Tiefe wohl die häufigste Schwammart im Mittelmeer.
Aquarienhaltung: Siehe Gelber Gitterkalkschwamm *(Clathrina clathrus)*.

Agelas oroides (Schmidt)
Zäher Orangefarbener Hornschwamm

Familie Agelasidae

Erkennungsmerkmale: Größe bis ca. 10 cm. Ausgesprochen massig mit lappigen Auswüchsen, diese häufig mit Ausströmöffnung an der Spitze. Oberfläche mehr oder weniger glatt. Konsistenz ausgesprochen zäh. Färbung gelborange bis rotorange.
Verwechslungsmöglichkeiten: Keine.
Lebensraum: In Höhlen ab dem Flachwasser, auf verschiedenen Felsböden. Meist unterhalb von ca. 30 m bis in große Tiefe.
Biologie: Es ist ein weit verbreitetes Phänomen, daß Bewohner tieferer Wasserschichten oft auch in Höhlen des Flachwassers anzutreffen sind. Der Grund dafür liegt in den teilweise recht ähnlichen Lebensbedingungen in Höhlen und der „Tiefsee". Bei dieser Art ist der Unterschied in der Tiefenverbreitung nicht besonders groß. Es gibt jedoch Arten, die außer in Flachwasserhöhlen erst wieder in mehreren hundert Metern Tiefe vorkommen.

Petrosia ficiformis Poiret
Feigenschwamm

Familie Renieridae

Erkennungsmerkmale: Wuchsform sehr variabel, feigen- oder netzförmig oder unregelmäßige, massige Krusten von einigen cm Dicke bildend. Oberfläche mehr oder weniger glatt mit zahlreichen, ziemlich gleichmäßig verteilten Ausströmöffnungen. Konsistenz hart. Färbung von papierfarbenweiß bis Bräunlichviolett, im Innern ebenfalls hell gefärbt.
Verwechslungsmöglichkeiten: Wahrscheinlich nicht vorhanden.
Lebensraum: Auf verschiedenen Felsböden sowie in Höhlen und Spalten. Meist unterhalb von 5 m bis in große Tiefe.
Biologie: Die Färbung dieser Art soll vom Vorhandensein symbiontischer Algen abhängig sein. Auf der Unterseite und in Höhlen ist die Art meist hell gefärbt, da die auf Licht angewiesenen Algen fehlen oder nur in geringer Anzahl vorhanden sind. Sonst ist die Art eher dunkler gefärbt. Die Leopardschnecke *(Peltodoris atromaculata)* ernährt sich fast ausschließlich vom Feigenschwamm, auf dem sie auch häufig anzutreffen ist. Auch auf Exemplaren, auf denen sich keine Leopardschnecke befindet, kann man oftmals deren hell gefärbte Fraßspuren entdecken. In Einzelfällen können sich bis zu 40 Leopardschnecken unterschiedlicher Größe auf einem einzigen Feigenschwamm aufhalten.
Aquarienhaltung: Siehe Gelber Gitterkalkschwamm *(Clathrina clathrus)*.

Siphonochalina crassa Topsent
Bräunlicher Zylinderschwamm

Familie Haliclonidae

Erkennungsmerkmale: Größe bis ca. 20 cm. Wuchsform aufrecht mit einzelnen oder sich verzweigenden zylindrischen Ästen, die hohl sind. Ausströmöffnungen meist am Ende der Äste. Durchmesser der röhrenförmigen Äste bis ca. 20 mm. Oberfläche teilweise mit feinen steifen Haaren besetzt. Konsistenz steif und zerbrechlich. Färbung variabel, fleischfarben, gelblich bis bräunlich.
Verwechslungsmöglichkeiten: Keine.
Lebensraum: Meist auf verschiedenen, zum Teil mit Algen bewachsenen Felsböden sowie auf Schlicksandböden. In verschiedenen Tiefen, meist zwischen 20 bis 30 m.
Biologie: Keine Besonderheiten. Das abgebildete Exemplar ist bereits an einigen Stellen beschädigt. Ob es sich hierbei um Fraßspuren, Krankheiten oder andere Beschädigungen handelt, ist nicht bekannt.
Aquarienhaltung: Siehe Gelber Gitterkalkschwamm *(Clathrina clathrus)*.

Haliclona mediterranea
Griessinger
Rosafarbener Zylinderschwamm

Familie Haliclonidae

Erkennungsmerkmale: Größe bis ca. 10 cm. Einzelne oder zahlreiche, nur an der Basis verzweigte und büschelig stehende, hohle Röhren, an deren Enden sich die Ausströmöffnungen befinden und die sich zuweilen zur Spitze trompetenförmig erweitern können. Oberfläche mit zahlreichen, gut sichtbaren Poren. Konsistenz sehr weich und brüchig. Färbung rosa.
Verwechslungsmöglichkeiten: Es gibt weitere Arten dieser Gattung im Mittelmeer.
Lebensraum: Meist auf sekundären Hartböden. Unter 15 m bis in große Tiefe.
Biologie: Keine Besonderheiten.
Aquarienhaltung: Diese Art ist sehr empfindlich. Aufgrund ihrer Konsistenz wird sie sehr leicht gedrückt und zerbricht. Daher ist es sehr schwer, wenn nicht sogar unmöglich, diese Art zu transportieren, ohne sie zu beschädigen. Siehe auch Gelber Gitterkalkschwamm *(Clathrina clathrus)*.

Anchinoe tenacior Topsent, 1936
Hellblauer Krustenschwamm

Familie Anchinoidae

Erkennungsmerkmale: Dünne, weiche Krusten von wenigen mm Dicke, die meist nur einen Durchmesser bis ca. 10 cm erreichen, mit zahlreichen auffallenden, kräftigen Kanälen, die sich strahlenförmig vereinigen und in einer gemeinsamen Ausströmöffnung münden. Zwischen den Kanälen mit großen, kraterförmigen Löchern. Färbung meist hellblau, seltener ausgebleicht bis fast farblos.
Verwechslungsmöglichkeiten: Nicht vorhanden. Es gibt einige weitere Vertreter dieser Gattung im Mittelmeer.
Lebensraum: Meist an beschatteten Stellen wie unter Überhängen und in Höhlen und Spalten. Bereits ab dem Flachwasser.
Biologie: Bei dieser Art kann man, wie auch beim Orangefarbenen Strahlenschwamm *(Spirastrella cunctatrix)*, gut nachvollziehen, welchen Weg das Wasser im Schwamm nimmt: Es wird durch winzige Poren eingesaugt und über relativ kleine Abfuhrkanäle, die sich zu größeren vereinigen und schließlich in einer gemeinsamen Ausströmöffnung münden, wieder abgeführt. Da die gemeinsame Ausströmöffnung außerdem ein ganzes Stück in das freie Wasser ragt, wird verhindert, daß verbrauchtes Wasser erneut aufgenommen wird.
Aquarienhaltung: Siehe Gelber Gitterkalkschwamm *(Clathrina clathrus)*.

Spongia agaricina (Pallas)
Elefantenohr

Familie Spongiidae

Erkennungsmerkmale: Form variabel, trichter- bis tellerförmig oder fächerförmig, meist bis 50 cm Durchmesser, selten bis 1 m. Ausströmöffnungen entweder innerhalb des Trichters bzw. Tellers oder nur auf einer Seite des Fächers. Konsistenz relativ weich und flexibel, kann leicht eingerissen werden. Färbung braun bis dunkelbraun.
Verwechslungsmöglichkeiten: Verschiedene Autoren vertreten die Ansicht, daß es sich bei dieser Art lediglich um eine Variation des Badeschwammes (*Spongia officinalis* L., 1759) handelt. Von den nahverwandten Lederschwämmen der Gattung *Ircinia* unterscheiden sich die *Spongia*-Arten dadurch, daß man ihr Sponginskelett leicht einreißen kann, während das Skelett der Lederschwämme so zäh ist, daß dies nicht möglich ist.
Lebensraum: Verschiedene Böden mit organischen Sedimenten, meist unterhalb von 30 m bis in große Tiefe, vereinzelt auch in geringerer Tiefe ab 4 m. Im gesamten Mittelmeer.
Biologie: Elefantenohr und Badeschwamm zeichnen sich dadurch aus, daß sie ein sehr feinmaschiges Netz aus elastischen Sponginfasern ohne bzw. fast ohne Einschlüsse (= Fremdkörper) besitzen. Aus diesem Grund werden diese Schwämme bereits seit dem Altertum gesammelt und in Kosmetik, Heilkunde, Handwerk und Industrie genutzt. Um das Sponginskelett zu erhalten, wird die schnell faulende Körpersubstanz durch Waschen und Kneten entfernt. Anschließend wird das Skelett in der Sonne, bzw. heute oftmals mit chemischen Mitteln, gebleicht. Der besondere Nutzwert liegt in der extrem hohen Saugfähigkeit der Schwämme. Sie können bis zum 50fachen ihres Gewichtes an Wasser aufnehmen.
Aquarienhaltung: Aufgrund der Größe nicht geeignet.

Ircinia fasciculata Pallas, 1766
Krustenlederschwamm

Familie Spongiidae

Erkennungsmerkmale: Wuchsform unregelmäßig, meist krustenförmig bis massig mit wenigen, meist schornsteinförmigen Ausströmöffnungen. Dicke der Krusten meist wenige cm, Größe bis ca. 20 cm. Oberfläche mit zahlreichen kleinen, kegelförmigen Erhebungen, die meist etwas heller gefärbt sind. Konsistenz ausgesprochen zäh. Färbung variabel, weißlich, bräunlich bis violett.
Verwechslungsmöglichkeiten: Es gibt einige weitere Arten dieser Gattung im Mittelmeer. Die Lederschwämme unterscheiden sich von den *Spongia*-Arten durch ihr ausgesprochen zähes Sponginskelett, das man nicht einreißen kann. Diese Art unterscheidet sich von den anderen beschriebenen *Ircinia* -Arten durch ihre kleinen kegelförmigen Erhebungen, die nicht durch Leisten miteinander verbunden sind.
Lebensraum: Meist an schattigen Stellen wie unter Überhängen, in Felsspalten und Höhlen sowie unter Steinen. Bereits ab dem Flachwasser.
Biologie: Die ausgesprochen zähe Konsistenz der Lederschwämme der Gattung *Ircinia* kommt durch eine besondere Art von Sponginfäden zustande, die außerdem sehr stark miteinander verflochten sind.
Aquarienhaltung: Siehe Gelber Gitterkalkschwamm *(Clathrina clathrus)*.

Ircinia variabilis (Schmidt)
Variabler Lederschwamm

Familie Spongiidae

Erkennungsmerkmale: Größe bis ca. 20 cm, selten mehr. Wuchsform variabel, von fleischig krustenförmig bis unregelmäßig massig. Wenige, aber große Ausströmöffnungen. Oberfläche mit zahlreichen kleinen, kegelförmigen Erhebungen, die meist durch feine Leisten miteinander verbunden sind. Konsistenz ausgesprochen zäh. Färbung variabel, von grünlich über bräunlich bis violett, Erhebungen mit Leisten meist deutlich heller.
Verwechslungsmöglichkeiten: Es gibt einige weitere Arten dieser Gattung im Mittelmeer. Die Lederschwämme unterscheiden sich von den *Spongia*-Arten durch ihr ausgesprochen zähes Sponginskelett, das man nicht einreißen kann. Diese Art unterscheidet sich von den anderen beschriebenen *Ircinia* -Arten durch ihre kleinen, durch feine Leisten miteinander verbundenen, kegelförmigen Erhebungen.
Lebensraum: Meist an gut beleuchteten, seltener auch an schattigen Standorten, auf verschiedenen Felsböden. Bereits ab dem Flachwasser.
Biologie: Die Variabilität der Färbung ist durch das Fehlen bzw. Vorhandensein von symbiontischen Blaualgen begründet. Diese Art kann regelmäßig mit dem Schwarzen Lederschwamm *(I. muscarum)* angetroffen werden, auf dem sie, wie auf dem Bild zu sehen, wie eine Haube auf einer Seite „aufsitzt“. Siehe auch Krustenlederschwamm *(I. fasciculata)*.
Aquarienhaltung: Siehe Gelber Gitterkalkschwamm *(Clathrina clathrus)*.

Ircinia muscarum (Schmidt)
Schwarzer Lederschwamm

Familie Spongiidae

Erkennungsmerkmale: Größe bis ca. 50 cm. Wuchsform unregelmäßig massig, mit zahlreichen, etwas kleineren Ausströmöffnungen als der Variable Lederschwamm *(I. variabilis)*. Oberfläche mit großen, relativ weit voneinander entfernten, kegelförmigen Erhebungen. Konsistenz ausgesprochen zäh. Färbung bräunlich bis tiefschwarz.
Verwechslungsmöglichkeiten: Es gibt einige weitere Arten dieser Gattung im Mittelmeer. Die Lederschwämme unterscheiden sich von den *Spongia*-Arten durch ihr ausgesprochen zähes Sponginskelett, das man nicht einreißen kann. Diese Art unterscheidet sich von den anderen beschriebenen *Ircinia* -Arten außer durch ihre Größe durch ihre großen, relativ weit voneinander entfernten und weniger zahlreichen, kegelförmigen Erhebungen.
Lebensraum: Meist an gut beleuchteten Standorten, auf verschiedenen Felsböden. Vom Flachwasser bis in große Tiefe verbreitet.
Biologie: Diese Art kann regelmäßig mit dem variablen Lederschwamm *I. variabilis* angetroffen werden, der ihr wie eine Haube auf einer Seite „aufsitzt“. Siehe auch Krustenlederschwamm *(I. fasciculata)*.
Aquarienhaltung: Aufgrund der Größe nicht geeignet. Siehe auch Gelber Gitterkalkschwamm *(Clathrina clathrus)*.

Verongia aerophoba (Schmidt)
Goldschwamm

Familie Verongiidae

Erkennungsmerkmale: Höhe bis 20 cm. In dichten Gruppen stehende, an der Basis miteinander verwachsene, massige Zylinder mit abgeflachtem und teilweise vertieftem Ende, an dem sich auch jeweils eine Ausströmöffnung befindet. Größe bis ca. 60 cm. Oberfläche runzelig und schlüpfrig glatt. Färbung lebhaft gelb.
Verwechslungsmöglichkeiten: Es soll eine weitere Art dieser Gattung (*V. cavernicola* Vacelet, 1959) im Mittelmeer geben, die die gleichen äußeren Merkmale wie der Goldschwamm aufweist, jedoch nur in Höhlen vorkommen soll.
Lebensraum: Auf verschiedenen Felsböden und im Wurzelbereich von Seegraswiesen. Meist im Flachwasser, seltener bis in größere Tiefe.
Biologie: Bei Verletzungen und an der Luft verfärbt sich diese Art über Blaugrün zu Braunschwarz, was auch in ihrem wissenschaftlichen Artnamen *aerophoba* (griechisch = die Luft fürchtend) ausgedrückt ist. Die Filtrierleistung kann bei dieser Art 1000 Liter pro Tag betragen. Durch ungeschlechtliche Knospung können große Kolonien entstehen.
Aquarienhaltung: Siehe Gelber Gitterkalkschwamm *(Clathrina clathrus)*.

Cnidaria
Stamm Nesseltiere

Nesseltiere, die in 2 verschiedenen Erscheinungsformen auftreten können, als festsitzender Polyp oder als freischwimmende Meduse oder Qualle, sind weltweit fast ausschließlich in den Meeren mit ca. 9000 Arten vertreten. Die genaue Anzahl der im Mittelmeer vorkommenden Arten ist nicht bekannt; sie wird mit ca. 350 bis 500 angegeben. Der Grund für diese ungenaue Zahl liegt vor allem darin begründet, daß zahlreiche Arten einen Generationswechsel durchlaufen und sowohl als Polyp als auch als Meduse auftreten können, wobei bis heute noch nicht bei allen Arten eine eindeutige Zuordnung der beiden möglichen Erscheinungsformen erfolgt ist.

Im Gegensatz zu den Schwämmen sind Nesseltiere mit Muskel-, Nerven- und Sinneszellen ausgestattet. Die Muskelzellen, die in Form von Längs- und Ringmuskulatur ausgebildet sind, ermöglichen aktive Bewegungen als Reaktion auf die Umwelt. Die Nervenzellen sind netzförmig miteinander verbunden und durchziehen die gesamte Körperoberfläche.

Nesseltiere sind fast ausnahmslos radiärsymmetrisch aufgebaut. Das bedeutet, man kann nicht zwischen Vorder- und Hinterende unterscheiden. Statt dessen kann man beliebige Längsschnitte durch die Körperachse legen, bei denen die beiden Körperhälften jeweils spiegelbildlich sind. Der Körper der Nesseltiere ist eigentlich nur ein von zwei Zellschichten umgebener Hohlraum. Zwischen den beiden Zellschichten befindet sich ein gallertiges „Bindegewebe", das unterschiedlich stark ausgebildet sein kann und den Körper formt und stützt. Der Hohlraum dient der Verdauung der Nahrung und wird als Magen- oder auch Gastralraum bezeichnet. Er besitzt nur eine Öffnung, um die die nesselnden Tentakel meist kreisförmig angeordnet sind und dient gleichzeitig als Mund und After. Polypen sitzen meist mit dem der Mundscheibe gegenüberliegenden Körperende, der Fußscheibe, auf dem Substrat, so daß die Mundscheibe mit den Tentakeln ins Wasser ragt. Bei den freischwimmenden Quallen dagegen sind die Fußscheibe und der Körper zu einer schirmartigen Schwimmglocke umgebildet, unter deren Mitte sich die Mundöffnung mit den oftmals vorhandenen Mundarmen befindet. Die Tentakel befinden sich am Rand des Schirms.

Durch ungeschlechtliche Knospung können vor allem bei den Polypen zum Teil riesige Kolonien entstehen. Dabei bleiben die Verdauungssysteme der Einzelindividuen miteinander verbunden. Das bedeutet ganz vereinfacht ausgedrückt, wenn ein Tier frißt, werden auch die anderen Tiere der Kolonie satt. Dies wiederum ermöglicht die Spezialisierung einzelner Individuen einer Kolonie auf bestimmte Aufgaben wie Verteidigung, Fortpflanzung und anderes mehr.

Namensgebend für diesen Tierstamm ist der Besitz der im Tierreich einzigartigen Nesselzellen, die bei allen Vertretern der Nesseltiere anzutreffen sind. Sie befinden sich in der äußeren Zellschicht, besonders in der der Tentakel, wo sie meist gehäuft in regelrechten Nesselbatterien angeordnet sind. Diese Nesselzellen dienen der Erbeutung der durchweg fleischlichen Nahrung. Es handelt sich bei ihnen um hochspezialisierte Zellen, die bei Berührung „explodieren". Dabei wird ein mit einer harten Spitze versehener Schlauch blitzartig und mit großer Kraft ausgeschleudert, der die Haut des Auslösers durchschlägt. Durch den Schlauch, der mit einem Giftreservoir im Inneren der Nesselzelle verbunden ist, wird dann das todbringende oder zumindest lähmende Gift in die Beute injiziert. Da die Nesselzellen auf den Tentakeln meist gehäuft in den oben schon erwähnten Nesselbatterien angeordnet sind, wird von dem Opfer meist eine große Anzahl von Nesselzellen gleichzeitig ausgelöst. Dadurch kann fast augenblicklich eine Lähmung eintreten, die jede Gegenwehr des Opfers zwecklos macht. Selbst wenn sich das Opfer noch aus den Tentakeln befreien kann, sind die Vergiftungserscheinungen so groß, daß es meist nach kurzer Zeit verendet. Entladene Nesselzellen werden abgestoßen und durch frische, funktionsfähige wieder ersetzt. Ein schleimiges Sekret verhindert, daß sich die Tentakel eines Tieres gegenseitig nesseln. Systematisch gesehen unterscheidet man 4 verschiedene Klassen von Nesseltieren.

Die meisten Vertreter der Klasse der **Hydrozoen** oder Hydrozoa treten oft sowohl als Polyp als auch als Qualle oder Meduse auf, die abwechselnd in einem sogenannten Generationswechsel auseinander hervorgehen. Bei der Ordnung der Hydroiden oder Hydroidea bilden die Polypen auf ungeschlechtlichem Weg freischwimmende Medusen, indem sie einfach wiederholt ihre Mundscheibe mit den Tentakeln abschnüren. Die so entstandenen Quallen wachsen heran, bilden Geschlechtsorgane aus und geben schließlich die Geschlechtsprodukte, Samen- und Eizellen, ins freie Wasser ab. Nach erfolgter Befruchtung entwickelt sich eine Schwimmlarve, die sich dann wiederum zu einem festsitzenden Polypen umwandelt. Je nach Art kann entweder die Medusen- oder auch die Polypengeneration ganz oder nur teilweise reduziert oder klein und unauffällig sein. Es ist auch möglich, daß sich die Medusen gar nicht mehr von den Polypen ablösen. Sie werden dann zur Fortpflanzungszeit gebildet, verbleiben an der Polypenkolonie und geben von dort aus ihre Geschlechtsprodukte ins Wasser ab. Hydroidpolypenkolonien werden oft für Algenbüschel gehalten, da die Einzelindividuen meist winzig klein sind. Auch die Mehrzahl der Medusen ist winzig klein und fällt kaum auf. Ebenfalls zu den Hydrozoen gehören die Staatsquallen oder Siphonophora, deren Vertreter stets freischwimmende Kolonien aus polypen- und medusenförmigen Individuen bilden.

Die zweite Klasse, die **Würfel- oder Feuerquallen** (Cubozoa), sind nur mit wenigen Arten in den tropischen und subtropischen Meeren vertreten. Die meisten von ihnen sind sehr stark nesselnd. Nesselungen einer tropischen Art verlaufen für Menschen meist tödlich. Im Mittelmeer lebt nur eine Art, deren Polyp bislang unbekannt ist.

Die dritte Klasse umfaßt die **Schirmquallen** oder Scyphozoa. Ihre Polypen sind entweder klein oder völlig reduziert, während ihre Quallen zum Teil eine beachtliche Größe erreichen können.

Die 4. und letzte Klasse schließlich bilden die **Blumen- oder Korallentiere**, die wissenschaftlich als Anthozoa bezeichnet werden, fast immer festsitzend sind und nie als Medusenstadium auftreten. Sie können einzeln leben oder riesige Kolonien bilden, sie können nur wenige mm groß sein oder einen Mundscheibendurchmesser bis zu 1,5 m erreichen. Bei den Blumentieren unterscheidet man 2 große Gruppen, die Sechsstrahligen Korallen oder Hexacorallia und die Achtstrahligen Korallen oder Octocorallia. Letztere besitzen stets 8 gefiederte Tentakel und sind durchweg koloniebildend. Zu ihnen gehören unter anderem folgende Ordnungen: die Weich- und Lederkorallen oder Alcyonaria, die Hornkorallen oder Gorgonaria und die Seefedern oder Pennatularia.

Die Sechsstrahligen Korallen untergliedern sich in die wichtigsten Ordnungen Zylinderrosen (Ceriantharia), Steinkorallen (Madreporaria), Seerosen und Seeanemonen (Actiniaria) und Krustenanemonen (Zoantharia).

Zylinderrosen bilden nie Kolonien, bilden keine Skelettelemente und besitzen kurze Mundtentakel und lange Fangtentakel.

Steinkorallen sind meist koloniebildend und scheiden mit Hilfe ihrer Fußscheibe ein Kalkskelett ab.

Seerosen und Seeanemonen besitzen ebenfalls keinerlei Skelettelemente und leben fast immer einzeln. Zu ihnen gehören die größten Einzelpolypen.

Die Krustenanemonen schließlich sind in der Mehrzahl koloniebildend und lagern meist Sandkörner und andere Fremdkörper als Stützelemente in ihr Gewebe ein.

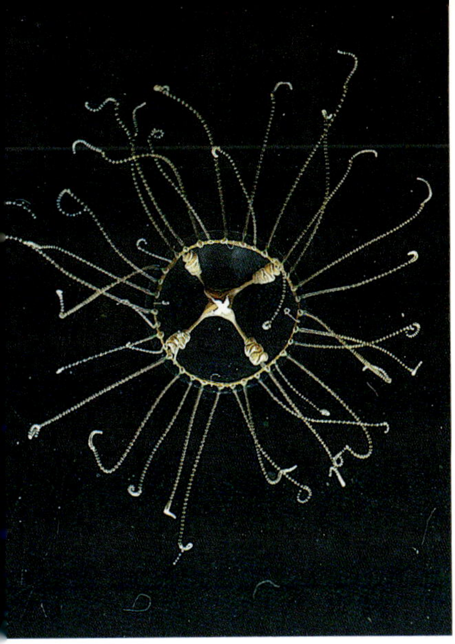

Olindias phosphorica

(Delle Chiaje)

Nachtaktive Hydromeduse

Familie Olindiadidae

Erkennungsmerkmale: Durchmesser bis 50 mm. Schirm mit zahlreichen, weit ausstreckbaren Tentakeln. Tentakel ausgestreckt bis Mehrfaches des Durchmessers. Schirm mit 4 kreuzförmig angeordneten Kanälen, an denen sich die 4 Keimdrüsen befinden. Schirm durchscheinend, Kanäle und Keimdrüsen bräunlich, Tentakel dunkel geringelt oder gepunktet.

Verwechslungsmöglichkeiten: Keine.

Lebensraum: Nachts im freien Wasser in Küstennähe, tagsüber meist zusammengefaltet in oder in der Nähe von Seegraswiesen auf dem Boden liegend.

Biologie: Die Art ist mit starken Nesselzellen ausgerüstet, die auch die menschliche Haut durchdringen. Bei Kontakt kommt es zu starken Schmerzen. Des weiteren können Schüttelfrost und Kreislaufstörungen auftreten. Behandlung der Verletzungen wie bei der Leuchtqualle *(Pelagia noctiluca)*. Hydromedusen stellen die geschlechtliche Generation dar. Sie produzieren Samen und Eier, die sie ins freie Wasser geben. Aus der Larve entwickelt sich eine festsitzende Polypengeneration. Sie produziert ungeschlechtlich durch Knospung wieder kleine, freischwimmende Quallen. Diese Art wurde vom Verfasser ausschließlich nachts im freien Wasser angetroffen. Am Tage dagegen war sie am gleichen Ort nicht aufzufinden. Durch Zufall wurden mehrere Exemplare in Seegraswiesen und auf Sandboden zwischen abgestorbenen Seegrasblättern entdeckt. Alle Exemplare waren in der Mitte zusammengefaltet und ihr Rand nach innen eingerollt. Mit einigen der stark zusammengezogenen Tentakel waren die Tiere an Seegrasblättern befestigt. Über die reduzierte ungeschlechtliche Polypengeneration liegen nur wenige Angaben vor.

Aquarienhaltung: Quallen dieser Art können im Aquarium auftauchen und heranwachsen.

Eudendrium spec.

Baumförmige Hydroidpolypen-Kolonie

Familie Eudendriidae

Erkennungsmerkmale: Strauch- bis bäumchenförmig verzweigte Kolonien bis 20 cm Höhe, Größe der Einzelpolypen meist wenige mm. Polypen mit keulenförmigem Mundkegel, Tentakel fadenförmig, ringförmig um Mundkegel angeordnet. Färbung des Stammes und der Ästchen meist schmutzig bräunlich, mit Mulm bedeckt. Polypen meist weißlich durchscheinend.
Verwechslungsmöglichkeiten: Hydroidpolypen-Kolonien mit strauch- bis bäumchenförmigem Wuchs werden oft für Algenbüschel gehalten. Bei genauerem Hinschauen kann man aber deutlich die winzigen einzelnen Polypen mit ihren Tentakeln erkennen. Die genaue Artbestimmung der Vertreter dieser Familie, zu der durchweg mittelgroße bis große Arten von bäumchen- bis strauchförmigem Wuchs gehören, ist nur anhand mikroskopischer Merkmale der Polypen möglich.
Lebensraum: Verschiedene Hartböden, meist an beschatteten Stellen wie in Höhlen, unter Überhängen oder in größeren Tiefen. Je nach Art in verschiedenen Tiefen.
Biologie: Je nach Art kommt es bei Hydroidpolypen-Kolonien zu bestimmten Zeiten zur Bildung von Medusen oder Quallen, die sich entweder von der Kolonie ablösen oder dauerhaft mit ihr verbunden bleiben. In letzterem Fall spricht man von Gonophoren, die man meist an ihrer anderen Färbung und Form von den normalen Polypen unterscheiden kann. Sie produzieren Geschlechtsprodukte, aus denen sich einzelne Polypen entwickeln, die wiederum eine solche festsitzende Kolonie bilden können. Zahlreiche Fadenschneckenarten der Nacktschnecken-Unterordnung Aeolidacea ernähren sich von den Polypen von Hydroidpolypen-Kolonien.
Aquarienhaltung: Nicht bekannt.

Pelagia noctiluca Per Les.
Leuchtqualle

Familie Pelagiidae

Erkennungsmerkmale: Durchmesser bis 10 cm, Länge der 4 Mundarme bis ca. 20 cm, Länge der 8 nesselbewehrten Tentakel ausgestreckt bis 10 m! Färbung zart bläulich, rosa bis violett durchscheinend, Schirm mit rotem, rosafarbenem oder violettem Punktmuster.
Verwechslungsmöglichkeiten: Aufgrund der Färbung und der Anzahl der Tentakel (8) nicht vorhanden.
Lebensraum: Oberflächennahe Zonen des Freiwassers der Hochsee, regelmäßig aber auch in Küstennähe.
Biologie: Ihren Namen hat die Leuchtqualle erhalten, weil sie bei Berührung und anderen mechanischen Reizen leuchtet, was nachts besonders gut zu sehen ist. Sie gehört zu den stark nesselnden Arten. Da ihre bis zu 10 m langen Tentakel wegen ihrer Feinheit und Durchsichtigkeit nur schwer zu sehen sind, kommt es bei Badenden immer wieder zu Verletzungen. Meist handelt es sich dabei um striemenartige Verbrennungserscheinungen, die dadurch entstehen, daß ein oder mehrere Tentakel der Länge nach den Körper berühren und deren Nesselzellen ihr Gift injizieren. Abgerissene Tentakel sollten möglichst schnell mit Alkohol oder Sand abgerieben werden. Andernfalls werden weitere Nesselzellen ausgelöst. Bei Kontakt treten sofort starke Schmerzen auf, denen Blasenbildung, Fieber und Kreislaufbeschwerden folgen können. Die Blasen, die meist nach wenigen Tagen verschwinden, können jahrelang sichtbar bleibende Narben hinterlassen. Vorsichtiges Betupfen der betroffenen Stellen mit verdünntem Salmiakgeist (Ammoniak) oder Alkohol bringt rasche Linderung und verhindert die Narbenbildung. Die Wunden werden wie Brandwunden unter anderem mit Calciumsalbe behandelt.
Aquarienhaltung: Nicht geeignet.

Aurelia aurita (L., 1758)
Ohrenqualle

Familie Ulmariidae

Erkennungsmerkmale: Durchmesser bis 50 cm, meist kleiner. Schirm flach, mit sehr zahlreichen, relativ kurzen Tentakeln am Rand. 4 Mundarme vorhanden und 4 ring- bis hufeisenförmige Geschlechtsorgane. Färbung meist durchscheinend, oft leicht rosa, blau oder violett. Geschlechtsorgane kräftiger rötlich bis rosa.
Verwechslungsmöglichkeiten: Aufgrund der zahlreichen, kurzen Tentakel und der 4 rötlichen, ring- bis hufeisenförmigen Geschlechtsorgane nicht vorhanden.
Lebensraum: Oberflächennahe Zonen des Freiwassers der Hochsee, aber auch regelmäßig in Küstennähe. Im gesamten Mittelmeer.
Biologie: Der deutsche Name Ohrenqualle bezieht sich auf die durch den Schirm sichtbaren Keimdrüsen, die mit etwas Fantasie an Ohren erinnern. Diese Art lebt in allen Meeren vom Äquator bis in Polnähe. Ihre Nesselzellen können die menschliche Haut nicht durchdringen. Ohrenquallen ernähren sich überwiegend von kleinem Plankton, das vor allem mit einem Hautfangapparat, das sind über die gesamte Körperoberfläche verteilte Wimpern, erbeutet wird. Die Nahrung wird eingeschleimt und durch Wimperbewegungen an den Schirmrand transportiert, wo sie von den Mundarmen übernommen und zur Mundöffnung geführt wird. Die Tentakel am Schirmrand haben kaum eine Bedeutung für den Nahrungserwerb. Wie bei vielen anderen Quallenarten kann auch diese Art in riesigen Schwärmen auftreten. Ohrenquallen werden kommerziell gefischt und nach Japan exportiert, wo sie sowohl zum Verzehr als auch für die pharmazeutische Industrie bestimmt sind.
Aquarienhaltung: Nicht geeignet.

Rhizostoma pulmo Agassiz
Lungenqualle

Familie Rhizostomatidae

Erkennungsmerkmale: Durchmesser bis 60 cm, in Ausnahmefällen bis 90 cm. Schirm stark hochgewölbt, manchmal höher als breit, Schirmrand ohne Tentakel, mit ca. 80 bis 90 Randlappen. 8 sehr lange Mundarme vorhanden, nur im oberen Teil verwachsen, im mittleren Teil mit blumenkohlartigen Hautlappen, Enden glatt und unverzweigt. Färbung variabel, milchig blau, gelblich oder rosa, Schirmrand mit Randlappen kräftig blau bis violett.
Verwechslungsmöglichkeiten: Nicht vorhanden.
Lebensraum: Oberflächennahe Zonen des Freiwassers der Hochsee, regelmäßig aber auch in Küstennähe.
Biologie: Diese wohl größte Quallenart des Mittelmeeres ist nur mit schwachen Nesselbatterien ausgestattet, die die menschliche Haut nicht durchdringen können, so daß keine Verletzungsgefahr besteht. In ihrer Gegenwart kann man häufig Jungfische verschiedener Gattungen beobachten. Ob es sich bei der Lebensgemeinschaft zwischen Quallen und Fischen wirklich, wie in der Literatur meist angegeben, um eine reine Schutzgemeinschaft handelt, von der nur die Jungfische profitieren, ist nicht eindeutig geklärt. Es gibt Beobachtungen, denen zufolge sich die Jungfische unter anderem auch von den Geschlechtsorganen ihrer Wirte ernähren sollen, was eine Form von Parasitismus darstellen würde. Anderen Beobachtungen zufolge sollen die Jungfische ihren Wirt putzen und von Parasiten befreien. In diesem Falle würde es sich um eine Symbiose handeln. Wahrscheinlich gibt es bei den verschiedenen Lebensgemeinschaften zwischen Quallen und Fischen alle möglichen Übergangsformen zwischen Parasitismus und echter Symbiose.
Aquarienhaltung: Nicht geeignet.

Cotylorhiza tuberculata Agassiz
Spiegelei-Qualle

Familie Cepheidae

Erkennungsmerkmale: Durchmesser bis 40 cm. Schirm flach, in der Mitte kuppelförmig aufgewölbt. Mundarme kurz, nur an der Basis verwachsen, unten außergewöhnlich stark gekraust, mit violetten und weißen Tentakeln, die am Ende knopfartig verbreitert sind. Schirm gelb, Mundarme gelblichweiß. Aufgrund von Form und Farbe des Schirmes erinnert die Art beim Schwimmen an ein Spiegelei. Polyp 5–10 mm, unscheinbar, das ganze Jahr vorhanden.
Verwechslungsmöglichkeiten: Nicht vorhanden.
Lebensraum: Oberflächennahe Zonen des Freiwassers der Hochsee, regelmäßig aber auch in Küstennähe. Meist direkt unter der Oberfläche treibend.
Biologie: Die kleinen Polypen beginnen im Frühjahr Larven abzuschnüren. Aus ihnen entwickeln sich die Quallen, die nur von Juli bis November anzutreffen sind. Sie kommen oftmals in riesigen, kilometerlangen Schwärmen vor. Bei stürmischem Wetter sinken die Tiere in Bodennähe ab. Auch unabhängig vom Wetter kommt es zu periodischen Wanderungen zwischen der Oberfläche und tieferen Wasserschichten. Die Quallen sind getrenntgeschlechtlich. Reife Männchen erkennt man an kräftig weißen mit Samen gefüllten Tentakel-Kanälen einiger langer Tentakel. Der Samen wird ins Wasser abgegeben. Die Befruchtung erfolgt im Körper des Weibchens. Die Larven verbleiben noch eine Zeit in speziellen „Brutpflegetentakeln“, bevor sie ins Wasser gelangen. Dort entwickeln sie sich zum sessilen Polyp. Da sich die Art von winzigem Plankton ernährt, fehlt eine große, zentrale Mundöffnung. Statt dessen wird die Nahrung durch zahlreiche Poren an den Mundarmen aufgenommen. Eventuell sind auch symbiontische Algen im Körper ein Grund für das schnelle Wachstum der Quallen.Unter dem Schirm dieser Art suchen häufig Jungfische der Gattungen *Trachurus, Boops* und *Seriola* Schutz. Der Mensch wird bei Berührung nicht genesselt.
Aquarienhaltung: Polypen gut haltbar.

Parazoanthus axinellae (O. Schm.)
Gelbe Krustenanemone

Familie Zoantharia

Erkennungsmerkmale: Größe ausgestreckt bis 4 cm, stets koloniebildend. 34 Tentakel, in 2 Kreisen um die Mundöffnung angeordnet. Färbung leuchtend gelb bis orange.
Verwechslungsmöglichkeiten: Einzige Art der Gattung im Mittelmeer. Kann unter Umständen mit Krustenanemonen der Gattung *Epizoanthus* (8 Arten) verwechselt werden, diese sind jedoch nicht so intensiv gelb gefärbt. Die ebenfalls intensiv gelb gefärbte Gelbe Steinkoralle *(Leptopsammia pruvoti)*, eine solitäre Steinkoralle, unterscheidet sich durch ihr Kalkskelett und die Tatsache, daß sie keine Kolonien bildet.
Lebensraum: An überhängenden bis senkrechten Wänden, in Höhlen sowie auf Schwämmen der Gattung *Axinella* (Name!) und auf Seescheiden. Vom Flachwasser bis in große Tiefen.
Biologie: Die Gelbe Krustenanemone, die nachweislich bis zu 10 Jahre und älter wird, kann nahezu flächendeckend große Felsabschnitte überziehen. Außerdem ist sie eine der wenigen Arten, die in der Lage sind, sich auf Schwämmen, vor allem der Gattung *Axinella*, anzusiedeln, was ihr auch zu ihrem wissenschaftlichen Namen verholfen hat. Unabhängig von der Tageszeit kann man die Kolonien sowohl völlig ausgestreckt als auch komplett zusammengezogen beobachten. Die Vermehrung erfolgt sowohl geschlechtlich als auch ungeschlechtlich durch Knospung. Dabei kann es auch vorkommen, daß einige Individuen in den freien Wasserraum hineinwachsen und nach einiger Zeit nur noch an einem „Faden" hängen, der schließlich reißt. Von der Strömung an einen anderen Platz transportiert, kann so eine neue Kolonie entstehen.
Aquarienhaltung: Benötigt Temperaturen unter 20 °C, starke Wasserbewegung und einen schattigen Platz. Bei günstigen Bedingungen (16 °C, Artemia) vermehrt sich die Kolonie.

Cerianthus membranaceus

(Spallanzani, 1784)

Zylinderrose

Familie Cerianthidae

Erkennungsmerkmale: Größe bis ca. 40 cm. Mundscheibe mit 2 unterschiedlich langen Tentakeln, die in 4 Kreisen angeordnet sind, außen lange Fangtentakel, innen kurze Mundtentakel, Mundscheibe mit den springbrunnenartig ausgebreiteten Tentakeln bis 40 cm Durchmesser. Pergamentartige Röhre bis 1 m tief im Boden kann mehr oder weniger weit über den Boden herausragen. Färbung der Röhre meist schmutzigsandfarben, Färbung des Körpers und der Tentakel sehr variabel, von weiß über gelblich, bräunlich bis violett, einfarbig oder gesprenkelt, auch unterschiedliche Färbung von Fang- und Mundtentakeln möglich.
Verwechslungsmöglichkeiten: Entgegen der früheren Vermutung gibt es wahrscheinlich mehrere Arten, die schwer zu unterscheiden sind. Verwechslung mit Anemonen ist nicht möglich, da nur Zylinderrosen verschiedene Tentakelsorten besitzen.
Lebensraum: Meist Schlick- und Sandböden, aber auch Seegraswiesen und Spalten auf Felsböden. Vom Flachwasser bis in ca. 40 m Tiefe. Im gesamten Mittelmeer.
Biologie: Mikroskopische Untersuchungen ergaben, daß es sich bei der Röhre um eine dichte Matte aus Nesselfäden handelt, die nicht von Bakterien angegriffen werden kann. Das Innere ist vollkommen glatt, so daß sich die Zylinderrose bei Gefahr blitzschnell in die Röhre zurückziehen kann. Zylinderrosen ernähren sich von Plankton, das sie mit Hilfe ihrer weit ausgebreiteten Tentakel aus ihrer Umgebung herausfangen. Die Fortpflanzung erfolgt meist geschlechtlich über freischwimmende Larven, die schon nach kurzer Zeit zum Bodenleben übergehen. In Schauaquarien konnte ein Alter von mehr als 50 Jahre nachgewiesen werden.
Aquarienhaltung: Die Haltung ist möglich. Vereinzelt ist sogar schon die Fortpflanzung gelungen.

Actinia equina L., 1767
Purpurrose oder Erdbeerrose

Familie Actiniidae

Erkennungsmerkmale: Form I: Fußdurchmesser bis 7,5 cm, Mundscheibendurchmesser ohne Tentakel bis 6 cm. 192 Tentakel, in 6 Kreisen um die Mundöffnung angeordnet, bis 2 cm lang, spitz zulaufend. Färbung kräftig rot. Form II: Fußdurchmesser bis 3 cm, Mundscheibendurchmesser ohne Tentakel bis 2,7 cm. 124 Tentakel, in 6 Kreisen um die Mundscheibe angeordnet. Färbung variabel, abhängig von der Intensität der Beleuchtung bzw. von der Jahreszeit, von verschiedenen Rottönen bis hin zu grünlichen und bräunlichen Exemplaren.
Verwechslungsmöglichkeiten: 2 weitere Vertreter der Gattung *Actinia*, die zeitweise als Farbvarianten angesehen wurden. Die Gürtelrose *(Actinia cari)* ist grünlichbraun gefärbt, wobei der Fuß (= Mauerblatt) deutlich quergestreift ist. Die Gebänderte Seerose *(Actinia striata)* besitzt eine rotbraune Grundfärbung, ihr Fuß ist längsgestreift. Im Mittelmeer findet man die Unterart *Actinia equina mediterranea* der Purpurrose, die in 2 verschiedenen Formen vorkommt.
Lebensraum: Felswände und Felsgrund, oft in Spalten, meist in Schattenbereichen, aber auch an besonnten Stellen zu finden. Form I häufig und überwiegend solitär. Form II seltener und meist in mehr oder weniger großen Kolonien. Beide Formen bis maximal 2 m Tiefe, wobei die obere Vorkommensgrenze von Form II über der von Form I liegt. Im gesamten Mittelmeer.
Biologie: Form I der Purpurrose gibt Eier und Samenzellen ins freie Wasser ab, während sich bei Form II die Larven im Muttertier entwickeln und lebende Junge entlassen werden (Grund für das Vorkommen von Kolonien der Form II).
Aquarienhaltung: Sehr ausdauernd. Kann durch gezielte Fütterung einen Durchmesser bis zu 15 cm erreichen.

Anemonia sulcata (Pennant, 1766) Wachsrose

Familie Actiniidae

Erkennungsmerkmale: Von der Wachsrose gibt es 2 verschiedene Erscheinungsformen, die sich in Aussehen und Lebensraum deutlich unterscheiden (Ökotypen). Typ I besitzt 70 bis 192, meist 142 bis 148 Tentakel, Fußscheibendurchmesser 2 bis 5 cm. Typ II ist wesentlich größer und besitzt ca. 192, häufig bis zu 384 Tentakel, Fußscheibendurchmesser bis 15 cm, Gesamthöhe mit Tentakeln bis 50 cm. Bei beiden Typen sind die Tentakel länger als der Durchmesser der Mundscheibe (bis 20 cm Länge), sehr dünn und beweglich und nur wenig zusammenziehbar. Sie sind in 6 Kreisen um die Mundöffnung angeordnet und verjüngen sich zur Spitze hin. Die Färbung beider Typen kann durch das Vorhandensein bzw. Fehlen von symbiontischen Algen sehr variabel sein und reicht von Weiß, Grau, Braun bis zu grünlichen Tönen. Die Tentakel besitzen oft violette Spitzen.

Verwechslungsmöglichkeiten: Keine.

Lebensraum: Ökotyp I findet man meist in mehr oder weniger dichten Kolonien in mäßig bewegtem Wasser auf lichtexponierten Felswänden und Blockgründen bis in Tiefen von ca. 5 m, wobei die Größe der Individuen gegen die Wasseroberfläche hin deutlich abnimmt. In stärker bewegtem Wasser ziehen sich die Kolonien in Felsspalten zurück.

Ökotyp II kommt ebenfalls auf lichtexponierten Felswänden und Blockgründen, aber in Tiefen von 3 bis 25 m vor und ist stets solitär. Im gesamten Mittelmeer.

Biologie: Zahlreiche Tierarten leben in einer zum Teil sehr engen Lebensgemeinschaft mit der Wachsrose: die Anemonengrundel *(Gobius bucchichii)*, verschiedene Partnergarnelen der Gattung *Periclimenes*, die Anemonengespenstkrabbe *(Inachus phalangium)*, Schwebgarnelen der Familie Mysidae, die Kleine Seespinne *(Maja crispata)*, der Kleine Bärenkrebs *(Scyllarus arctus)*, junge Mönchsfische *(Chromis chromis)*. Dabei können sich Vertreter verschiedener Arten eine Anemone teilen.

Die Wachsrose kann sehr stark nesseln. Sie kann zwar normalerweise die Hornhaut der

Finger nicht durchdringen, trotzdem ist eine gewisse Vorsicht geboten. Bei Berührung mit den Fingern dringen die Nesselzellen nämlich in die Haut ein, ohne sie zu durchschlagen, wodurch der Tentakel am Finger klebt. Da die Tentakel leicht abreißen, besteht die Gefahr, daß man mit dem am Finger klebenden Tentakel empfindliche Hautpartien wie Gesicht, Hals, Innenseite der Arme und ähnliches berührt und dadurch nesselt. Auch offene Wunden an den Händen können empfindlich genesselt werden. Bei Nesselverletzungen sollten eventuell an der Haut klebende Tentakel vorsichtig entfernt werden. Vorsichtiges Betupfen der verletzten Stellen mit verdünntem Salmiakgeist (Ammoniak) oder Alkohol bringt rasche Linderung. Auch Brandsalben und Salben gegen allergische Hautreaktionen sind empfehlenswert.

Aquarienhaltung: Die erfolgreiche Haltung gelingt bereits in kleinen Becken ab 50 Liter. Allerdings sind eine starke Beleuchtung (symbiontische Algen!) und eine kräftige Durchlüftung bzw. eine kräftige Wasserströmung die Voraussetzung. Als Futter akzeptieren Wachsrosen alles, vom kleinsten Wasserfloh bis zu Miesmuschelfleisch und kleinen Fischen. Unter günstigen Haltungsbedingungen kann es sogar zur Vermehrung durch Längsteilung kommen.

Da die Wachsrose sehr stark nesselt, empfiehlt es sich nicht, sie gemeinsam mit anderen Anemonen zu pflegen. Es bietet sich jedoch an, sie gemeinsam mit ihren Partnern (siehe oben) zu halten, was die Beobachtung zahlreicher interessanter Verhaltensweisen ermöglicht.

Condylactis aurantiaca
(Delle Chiaje, 1825)
Sandgoldrose

Familie Actiniidae

Erkennungsmerkmale: Fußdurchmesser bis 7 cm, Mundscheibendurchmesser ohne Tentakel bis 12 cm, mit Tentakel bis 30 cm. 96 Tentakel, in 5 Kreisen um die Mundöffnung angeordnet, bis ca. 8 cm lang, dick, verjüngen sich nicht zur abgerundeten Spitze. Mundscheibe grauweiß, graugelb, graugrün bis graubraun gemustert, Tentakel grauweiß, graugelb bis graubraun mit violetter Spitze, unteres Drittel des Fußes (= Mauerblatt) orangerot mit 12 teils unterbrochenen, schmutziggelbweißen Längsstreifen, oberes Drittel graubräunlich mit weißen Warzen.

Verwechslungsmöglichkeiten: Wird häufig mit der Felsengoldrose *(Cribinopsis crassa)* verwechselt. Diese bleibt jedoch deutlich kleiner und siedelt überwiegend auf primären und sekundären Hartböden, in Spalten oder halbeingegraben am Fuß größerer Felsen oder Steine, wenn im Weichsubstrat eingegraben, dann mit dem Fuß auf Schalenresten oder Steinen.

Lebensraum: Stets eingegraben in weichem Sand oder Kies, wobei der Fuß frei im Substrat liegt und die Mundscheibe mit den Tentakeln dem Untergrund aufliegt. Vom Flachwasser bis in größere Tiefen. Ausschließlich im Mittelmeer.

Biologie: In Gemeinschaft mit der Sandgoldrose findet man oft Partnergarnelen der Gattung *Periclimenes*.

Aquarienhaltung: Diese Art soll empfindlicher sein als andere Anemonenarten. Voraussetzung für eine erfolgreiche Haltung ist eine dicke Bodenschicht sowie eine sehr langsame Eingewöhnung beim Einsetzen, da sie sonst ihren Magen ausstülpt und verendet. Als Nahrung wird jegliche Form von Frischfutter akzeptiert. Die Vergesellschaftung mit Partnergarnelen der Gattung *Periclimenes* ist sehr empfehlenswert.

Cribinopsis crassa (Andres, 1884)
Felsengoldrose

Familie Actiniidae

Erkennungsmerkmale: Fußdurchmesser bis 5,5 cm, Mundscheibendurchmesser ohne Tentakel bis 7,5 cm. 96 Tentakel, in 5 Kreisen um die Mundöffnung angeordnet, bis ca. 5 cm lang, dick, verjüngen sich kaum zur abgerundeten Spitze. Mundscheibe grüngrau bis blaugrau, Tentakel blaugrau bis braungrau mit hellem Ring und violetter Spitze, Fuß (= Mauerblatt) goldgelb mit 48 Warzenreihen, Warzen rot mit leuchtend gelber Umrandung.
Verwechslungsmöglichkeiten: Wird häufig mit der Sandgoldrose *(Condylactis aurantiaca)* verwechselt. Diese kann jedoch deutlich größer werden und siedelt ausschließlich auf weichen Sand- und Kiesböden, wobei der Fuß stets frei im Substrat liegt.
Lebensraum: Primäre und sekundäre Hartböden, in Spalten oder halbeingegraben am Fuß größerer Felsen oder Steine, wenn im Weichsubstrat eingegraben, dann immer mit dem Fuß auf Schalenresten oder Steinen befestigt. Vom Flachwasser bis in größere Tiefen. Bisher ausschließlich aus dem westlichen Mittelmeer und der Adria bekannt.
Biologie: In Gemeinschaft von der Felsengoldrose kann man manchmal die Blauweiße Partnergarnele *(Periclimenes sagittifer)* beobachten.
Aquarienhaltung: Diese Art soll in der Haltung problemlos sein.

Aiptasia mutabilis

(Gravenhorst, 1831)

Siebanemone

Familie Aiptasiidae

Erkennungsmerkmale: Fußdurchmesser bis 2,5 cm, Mundscheibendurchmesser ohne Tentakel bis 6 cm, Höhe bis 20 cm. 136 Tentakel, in 6 Kreisen um die Mundöffnung angeordnet, bis 6 cm lang. Färbung variabel, hängt vom Gehalt an Zooxanthellen, symbiontischen Algen, ab. Tentakel mehr oder weniger durchscheinend, mit weißem bis grünlichem Bänder- oder Netzmuster (fehlt bei Form I).

Verwechslungsmöglichkeiten: Nicht vorhanden.

Lebensraum: Auf verschiedenen Felsböden, in Löchern und Spalten. Vom Flachwasser bis in ca. 50 m Tiefe. Im gesamten Mittelmeer.

Biologie: Von der Siebanemone gibt es, ähnlich wie von der Wachsrose *(Anemonia sulcata)*, 2 verschiedene Ökotypen, die sich in Standort, Größe und Farbmuster unterscheiden. Da es zwischen beiden Typen Übergangsformen gibt und die Färbung der einzelnen Individuen abhängig von der Jahreszeit wechseln kann, kann es schwierig sein, einzelne Individuen einem der beiden Ökotypen zuzuordnen. Im Schutz der Tentakel der Siebanemone kann man oft die Gebänderte Partnergarnele *(Periclimenes amethysteus)* beobachten. Die Siebanemone hat eine interessante Fortbewegungsweise entwickelt. Dabei löst sie ihre Fußscheibe vom Untergrund und kriecht auf der Körperseite liegend spannerartig wie eine Schmetterlingsraupe, indem der Körper abwechselnd zusammengezogen und wieder verlängert wird.

Aquarienhaltung: Bei ausreichender Beleuchtung (symbiontische Algen!) und guter Fütterung mit größeren Brocken sind die Tiere über mehrere Jahre gut haltbar.

Adamsia palliata (Bohadsch, 1761) Mantelaktinie

Familie Hormathiidae

Erkennungsmerkmale: Fußscheibe oval, 6 cm lang und 2,5 cm breit. Mundscheibendurchmesser ohne Tentakel 2,5 cm. 384 Tentakel, in 7 Kreisen um die Mundöffnung, bis 2,5 cm lang. Mundscheibe transparent weiß, Tentakel weiß, Fuß weiß, orange, gelblich-bräunlich gefärbt mit zahlreichen unregelmäßigen rosa bis lila Flecken. Foto siehe Seite 177.
Verwechslungsmöglichkeiten: Nicht vorhanden.
Lebensraum: Stets einzeln auf von Anemonen-Einsiedlern *(Pagurus prideaux)* bewohnten Schneckenhäusern. Meist auf Sedimentböden, seltener auf Corallinenböden. Vom Flachwasser bis in große Tiefen. Wahrscheinlich im gesamten Mittelmeer.
Biologie: Anders als die Schmarotzerrose *(Calliactis parasitica)* lebt die Mantelaktinie stets einzeln mit dem Anemonen-Einsiedler zusammen. Bei dieser Lebensgemeinschaft handelt es sich um eine echte Symbiose. Die Mantelaktinie sitzt stets so auf dem Haus des Einsiedlers, daß sich ihre Tentakel und die Mundöffnung auf der Unterseite des Hauses direkt hinter den Mundwerkzeugen des Einsiedlers befinden. Mit ihrer verhärteten Fußscheibe umwächst die Aktinie das Haus des Einsiedlers und paßt es so seinem Wachstum an. Die Vorteile für den Einsiedler durch seinen nesselnden Partner sind ein erhöhter Schutz vor Freßfeinden und die Tatsache, daß er sich nicht so häufig ein neues Haus suchen muß. Die Aktinie ist durch ihren Partner beweglich geworden, mit allen daraus resultierenden Vorteilen. Des weiteren eröffnet sich der Mantelaktinie durch die „Tischmanieren" des Einsiedlers eine neue Nahrungsquelle.
Aquarienhaltung: Interessante Lebensgemeinschaft, deren Haltung unproblematisch und sehr empfehlenswert ist.

Calliactis parasitica (Couch, 1838) Schmarotzerrose

Familie Hormathiidae

Erkennungsmerkmale: Fußdurchmesser bis 4 cm, Mundscheibendurchmesser ohne Tentakel bis 3,5 cm, Höhe bis 10 cm. 768 Tentakel, in 8 Kreisen um die Mundöffnung angeordnet, bis 3,5 cm lang. Mundscheibe gelblichbraun, Tentakel gelblichweiß bis beige, Fuß (Mauerblatt) gelblichweiß und braun längsgestreift mit zahlreichen braunen Flecken. Foto siehe Seite 173.
Verwechslungsmöglichkeiten: Aufgrund des Aussehens und der Lebensweise nicht vorhanden.
Lebensraum: Meist zu mehreren Exemplaren auf größeren Schneckenhäusern, die von Einsiedlerkrebsen bewohnt werden. Vom Flachwasser bis in große Tiefen. Im gesamten Mittelmeer.
Biologie: Der Name Schmarotzerrose ist verwirrend, da es sich bei der Lebensgemeinschaft mit Einsiedlerkrebsen um eine echte Symbiose handelt. Neben dem Großen Roten Einsiedlerkrebs *(Dardanus calidus)* kann man die Schmarotzerrose auch mit folgenden anderen Einsiedlern beobachten: Augenfleck-Einsiedler *(Paguristes eremita)*, Gestreifter Felseneinsiedler *(Pagurus anachoretus)*, *P. cuanensis*, *Dardanus arrosor* und andere. Laut Literatur soll die Anemone beim Zustandekommen der Lebensgemeinschaft der aktivere Partner sein. Wechselt der Einsiedler in ein größeres Schneckenhaus, nimmt er „seine" Anemonen mit.
Aquarienhaltung: Unproblematisch. Schmarotzerrosen sollten immer gemeinsam mit Einsiedlerkrebsen gehalten werden. Da ihr häufigster Partner, der Große Rote Einsiedlerkrebs *(Dardanus calidus)*, ein sehr aggressiver Räuber ist, empfiehlt sich die Pflege von Exemplaren, die mit anderen, kleiner bleibenden Einsiedlerkrebsarten zusammenleben.

Cereus pedunculus (Pennant, 1777) Seemannsliebchen

Familie Sagartiidae

Erkennungsmerkmale: Fußdurchmesser bis 4,5 cm, Mundscheibendurchmesser ohne Tentakel bis 6 cm, Höhe bis 10 cm. 768 Tentakel, in 8 Kreisen um die Mundöffnung angeordnet, bis max. 3 cm lang. Färbung der Mundscheibe und der Tentakel sehr variabel, weißgrau, grünlichgelb, rötlichgelb, braungelb, dunkelgraubraun bis dunkelgraublau.

Verwechslungsmöglichkeiten: Aufgrund der Größe und der Tentakelzahl keine Verwechslungsmöglichkeit vorhanden.

Lebensraum: Eingegraben auf verschiedenen Sedimentböden und in Löchern und Spalten verschiedener Hartböden. Vom Flachwasser bis in größere Tiefe. Westliches Mittelmeer und Adria.

Biologie: Die sehr variable Färbung dieser Art ist in erster Linie standortabhängig. Es entsteht der Eindruck, daß sie in der Lage ist, ihr Farbmuster dem Substrat anzupassen. Das Seemannsliebchen kann getrenntgeschlechtlich oder zwittrig sein und sich sowohl eierlegend als auch lebendgebärend fortpflanzen. Der deutsche Name der Art soll durch eine gewisse Ähnlichkeit der Mundöffnung der Anemone mit anatomischen Gegebenheiten bei Frauen zustande gekommen sein.

Aquarienhaltung: Da die Tiere sehr fest an ihrer Unterlage haften, führt gewaltsames Ablösen meist zu Verletzungen. Aus diesem Grund eignen sich nur Tiere, die an einem kleinen Substratstück sitzen, für die Aquarienhaltung. Die Art soll etwas empfindlicher als andere Anemonenarten sein.

Cladocora cespitosa (L.)
Rasenkoralle

Familie Favidae

Erkennungsmerkmale: Rasen-, polster-, strauch- oder bäumchenförmige Kolonien, Durchmesser der Kolonien bis mehr als 50 cm, Länge der einzelnen säulenförmigen Kelchröhren 30–100 mm, Durchmesser der Polypen bis 50 mm, meist deutlich kleiner. Färbung der Polypen meist durchscheinend bräunlich, Kalkskelett schmutziggrau.
Verwechslungsmöglichkeiten: Einzeln wachsende Polypen und kleine, locker stehende Kolonien können mit solitären oder in Gruppen stehenden Exemplaren der Runden Nelkenkoralle *(Caryophillia inornata)* verwechselt werden. Diese besitzen jedoch kugelförmig verdickte Endköpfchen an den Tentakelspitzen, bilden keine echten Kolonien und sind anders gefärbt.
Lebensraum: Auf Fels-, Geröll- und Sandböden sowie auf Schalentrümmern. Vom Flachwasser bis in große Tiefe. Im gesamten Mittelmeer.
Biologie: Die Wuchsform der Rasenkoralle ist abhängig vom Standort. An Stellen mit großer Wasserbewegung (Brandungszone) bildet sie relativ massive rasen- oder polsterförmige Kolonien. In ruhigem Wasser dagegen wächst sie eher strauch- bis bäumchenförmig. Das Wachstum der Kolonie erfolgt durch ungeschlechtliche Knospung, wobei die Seitenknospen bis auf die Höhe des Mutterpolyps heranwachsen und so der Kolonie eine gleichmäßige Oberfläche geben. Die Polypen dieser Art können sich nur unvollständig in ihr Kalkskelett zurückziehen. Die Hohlräume zwischen den einzelnen Kelchröhren bieten vielen Organismen, wie Krebsen und Schlangensternen, Unterschlupf.
Aquarienhaltung: Bei ausreichendem Kleinstfutter, stark bewegtem und gut durchlüftetem Wasser und Temperaturen unter 20 °C ist die Haltung von Rasenkorallen im Aquarium möglich.

Caryophyllia smithii (Stock-Brod.)
Ovale Nelkenkoralle

Familie Caryophillidae

Erkennungsmerkmale: Solitäre Steinkoralle. Kalkskelett 35 mm hoch, Querschnitt oval, zur Basis nicht oder nur wenig verjüngt. Tentakel mit kugelförmigem Endköpfchen. Polypen bräunlich, weißlich oder rosa gefärbt, Mundscheibe oft rotbraun gerandet.
Verwechslungsmöglichkeiten: Kann mit der Runden Nelkenkoralle *(Caryophyllia inornata)* verwechselt werden. Diese hat jedoch einen runden Querschnitt, kommt oft in kleinen, lockeren Gruppen vor und bleibt etwas kleiner.
Lebensraum: Stets einzeln in Höhlen und Spalten, unter Überhängen und an Felswänden. Meist unterhalb von 10 m bis in sehr große Tiefe, selten flacher. Im gesamten Mittelmeer.
Biologie: Diese Art vermehrt sich lebendgebärend. Das bedeutet, die Eier werden im Körper des Muttertieres befruchtet, wo sie sich auch bis zum Mini-Korallenpolypen entwickeln. Auf Nelkenkorallen der Gattung *Caryophyllia* leben regelmäßig Korallenseepocken *(Pyrgoma anglicum)*, bei denen es sich um Symphorionten, um Besiedler anderer Tiere, handeln soll, die ihrem Partner keinen Schaden zufügen. Von der Ovalen Nelkenkoralle sollen an der englischen Küste ca. 30% aller Exemplare von dieser Seepocke bewachsen sein, wobei bis zu 30 Seepocken an einer Koralle nachgewiesen wurden. Solch eine große Anzahl von Seepocken soll das Wachstum der betroffenen Koralle stark beeinträchtigen, was einen Übergang dieser Lebensgemeinschaft zum Parasitismus bedeuten würde.
Aquarienhaltung: Siehe Gelbe Steinkoralle *(Leptopsammia pruvoti)*.

Caryophyllia inornata (Duncan)
Runde Nelkenkoralle

Familie Caryophillidae

Erkennungsmerkmale: Solitäre Steinkoralle. Kalkskelett bis 25 mm hoch, Querschnitt rund, zur Basis hin normalerweise nicht verjüngt. Tentakel mit kugelförmig verdickten Endköpfchen. Polypen bräunlich, weißlich oder rosa gefärbt.
Verwechslungsmöglichkeiten: Die Schwesterart, die Ovale Nelkenkoralle *(C. smithii)* unterscheidet sich vor allem durch ihren ovalen Querschnitt. Außerdem wird sie etwas größer und kommt nicht in kleinen, lockeren Gruppen vor. Einzelne Polypen oder kleine Kolonien der Rasenkoralle *(Cladocora cespitosa)* unterscheiden sich durch die fehlenden kugelförmig verdickten Endköpfchen an den Tentakeln und die etwas andere Färbung. Rasenkorallen bilden außerdem durch Knospung echte Kolonien, bei denen die einzelnen Individuen miteinander verbunden sind.
Lebensraum: In Höhlen und Spalten, unter Überhängen und auf tieferen, beschatteten Felsböden und Felswänden. Vom Flachwasser bis in große Tiefe. Im gesamten Mittelmeer.
Biologie: Siehe Ovale Nelkenkoralle *(C. smithii)*.
Aquarienhaltung: Siehe Gelbe Steinkoralle *(Leptopsammia pruvoti)*.

Leptopsammia pruvoti Lac.-Duth.
Gelbe Steinkoralle

Familie Dendrophylliidae

Erkennungsmerkmale: Solitäre Steinkoralle. Kalkskelett in Ausnahmefällen bis 80 mm hoch, Durchmesser des Polypen bis 70 mm, meist deutlich kleiner. Im Querschnitt rund, Kelch an der Basis etwas verjüngt. Körper und Mundscheibe leuchtend gelb bis gelborange gefärbt, Tentakel gelblich durchscheinend mit gelben Punkten (Ansammlungen von Nesselzellen).

Verwechslungsmöglichkeiten: Nicht vorhanden.

Lebensraum: In Höhlen und Spalten, unter Überhängen und an tieferen oder schattigen Felswänden. Meist unterhalb von 10 m bis in große Tiefe, selten flacher.

Biologie: Am Kelch und am Rand der Mundscheibe siedelt sich regelmäßig die Korallenseepocke *(Pyrgoma anglicum)* an, die ausschließlich mit verschiedenen Steinkorallen zusammenlebt. Es handelt sich bei dieser Lebensgemeinschaft um eine Form von Symphorismus, dem dauerhaften Siedeln auf der Oberfläche eines anderen Tieres. Der Gelben Steinkoralle entsteht dadurch wahrscheinlich kein Nachteil. Der Vorteil, den die Seepocke durch ihren Partner genießt, liegt wahrscheinlich in einem besseren Schutz gegen Freßfeinde durch die Nesselzellen der Steinkorallen. Oftmals wird die Mauerkrone, das Skelett der Seepocke, vom Gewebe der Koralle überwachsen, so daß man am Kelch der Steinkoralle nur noch eine Beule mit einem Loch an der Spitze erkennen kann.

Aquarienhaltung: Siehe Rasenkoralle *(Cladocora cespitosa)*. Aufgrund der Größe der Polypen ist eine gezielte Fütterung mit größeren Nahrungsbrocken möglich.

Porites spec.
Rotmeer-Steinkoralle

Familie Poritidae

Erkennungsmerkmale: Koloniebildende Steinkoralle mit wabenförmig angeordneten Einzeltieren, kann in den tropischen Riffen große, massige Kolonien bilden. Aus dem Mittelmeer sind nur wenige cm große, meist flächige Kolonien bekannt. Färbung meist hellbeige.
Verwechslungsmöglichkeiten: Es ist nicht bekannt, um welche Art es sich bei dieser Steinkoralle handelt, und ob dies die einzige ins Mittelmeer eingewanderte Art ist. Mit einheimischen Steinkorallen keine Verwechslungsgefahr.
Lebensraum: Auf verschiedenen Hartböden, meist an beschatteten Stellen. Die beobachteten Kolonien befanden sich stets im Bereich zwischen 5 bis 10 m Tiefe. In Teilen des östlichen Mittelmeeres.
Biologie: Bei dieser Art handelt es sich um eine Rotmeerart, die durch den Suez-Kanal eingewandert ist. Vom Verfasser konnten im Monat September in Kas, Südtürkei, mehrfach kleine, verkümmert wirkende Kolonien von wenigen cm Größe entdeckt werden. Tropische, riffbildende Steinkorallen benötigen für ihr Gedeihen im Jahresdurchschnitt höhere Wassertemperaturen, als das Mittelmeer sie bietet. Aus diesem Grund gibt es 2 Erklärungsmöglichkeiten für das Vorhandensein dieser Kolonien. Entweder können sich unter den ungünstigen Bedingungen, die diese Art gerade noch ertragen kann, nur kleine Kolonien entwikkeln, die mehr kümmern als daß sie gedeihen. Oder aber diese Art, die in jedem Fall als Larve einwandert, kann sich während des Sommers bei den höheren Wassertemperaturen festsetzen, eine kleine Kolonie bilden, um bei niedrigeren Temperaturen im Winter wieder abzusterben.
Aquarienhaltung: Nicht geeignet.

Alcyonium palmatum Pallas
Große Meerhand

Familie Alcyoniidae

Erkennungsmerkmale: Finger- oder handförmig verzweigte Kolonien, Größe bis 30 cm, selten größer. Größe der Polypen bis 10 mm, stets mit 8 gefiederten Tentakeln. Färbung der Kolonie variabel, von Weiß über Gelblich, Rosa bis hin zu Dunkelrot, Polypen stets weißlich durchscheinend.
Verwechslungsmöglichkeiten: Die 2. Art dieser Gattung, die Kleine Meerhand (*A. acaule* (Kükenthal)), unterscheidet sich durch ihre gelben Polypen. Außerdem bleiben die Kolonien mit bis zu 10 cm Größe deutlich kleiner und sind immer dunkelrot gefärbt.
Lebensraum: Felsböden und auf Steinen oder Schalenbruchstücken in Sand- und Schlickböden, selten frei im Boden stekkend. Unterhalb von ca. 15 m bis in große Tiefe.
Biologie: Die Polypen können vollständig in den fleischigen Körper der Kolonie eingezogen werden, in dem sich auch zahlreiche Skelettnadeln als Stützelemente befinden. Daneben ist die Kolonie in der Lage, Wasser aufzunehmen bzw. abzugeben, was mehrmals täglich geschieht. Im aufgeblähten Zustand kann die Kolonie das 5fache ihres „Ruhevolumens" erreichen. Dann sind die Polypen entfaltet und bereit zur Nahrungsaufnahme. Wird das Wasser wieder abgegeben, sinkt die Kolonie schlaff in sich zusammen, und die Polypen werden eingezogen.
Aquarienhaltung: Diese Art ist sehr druckempfindlich und verträgt Temperaturen über 18 °C nur sehr schlecht. Sie sollte nur mit Substrat ins Becken gesetzt werden, da sie sonst meist schon nach kurzer Zeit eingeht. Nur bei starker Strömung und sauerstoffreichem, klarem Wasser entfalten die Kolonien ihre ganze Schönheit. Die kleinere Schwesterart soll ausdauernder sein.

Parerythropodium coralloides
(Pallas)
Falsche Edelkoralle

Familie Alcyonidae

Erkennungsmerkmale: Die Art bildet krustenförmige Kolonien, die das abgestorbene Hornskelett von Gorgonien überziehen, wobei deren Astanordnung und äußere Gestalt erhalten bleiben. Größe der einzelnen Polypen bis ca. 5 mm, stets mit 8 gefiederten Tentakeln. Färbung der Kolonie variabel, meist rot, seltener rosa, gelb oder weiß, Polypenkörper und Tentakel weiß bis gelb.
Verwechslungsmöglichkeiten: Einzige Art der Gattung im Mittelmeer. Kleine, von roten Kolonien dieser Art überwachsene Gorgonien werden oftmals für die Edelkoralle *(Corallium rubrum)* gehalten. Von dieser unterscheidet sie sich aber durch ihre weiche Konsistenz (Weichkoralle!) und die andere Form und Färbung ihrer Polypen. Größere Kolonien können mit der Farbwechselnden Gorgonie *(Paramuricea clavata)* verwechselt werden, bei der jedoch Achsengewebe, Polypenkörper und Tentakel immer die gleiche Färbung aufweisen.
Lebensraum: Meist auf dem abgestorbenen Skelett von Hornkorallen der Gattungen *Eunicella, Paramuricea* oder *Lophogorgia*, seltener auch auf Algen. Unterhalb von 10 m bis in große Tiefe.
Biologie: Diese Weichkoralle wächst in erster Linie auf den abgestorbenen Skeletten verschiedener Hornkorallen, deren Äste sie von der Basis ausgehend vollständig überziehen kann. Dabei ist noch nicht geklärt, wie sie es schafft, die abwehrbereiten, nesselnden Polypen der Gorgonien zu überwuchern, ohne selbst geschädigt zu werden.
Aquarienhaltung: Die Pflege dieser Art ist möglich, es fehlen jedoch nähere Informationen.

Corallium rubrum (L.)
Edelkoralle

Familie Coralliidae

Erkennungsmerkmale: Strauchförmige, nach allen Seiten unregelmäßig verzweigte Kolonien mit hartem, kalkhaltigem Skelett. Größe bis über 50 cm, meist bedeutend kleiner. Astoberfläche nicht glatt. Größe der Polypen bis 15 mm, mit 8 gefiederten Tentakeln. Polypen durchscheinend weiß, Rindengewebe rot, selten weiß oder gelb, Skelett lebhaft rot, selten auch rosig, dunkelrot, weiß oder schwarz.
Verwechslungsmöglichkeiten: Kann mit der Weichkoralle *(Parerythropodium coralloides)*, der Falschen Edelkoralle, verwechselt werden, die abgestorbene Gorgonien überzieht. Sie besitzt jedoch eine weiche Konsistenz und unterscheidet sich in Form und Färbung ihrer Polypen. Wird außerdem oft mit der Trug- oder Hundskoralle *(Myriapora truncata)*, einer Moostierchenkolonie, verwechselt. Diese ist jedoch leuchtend orange gefärbt, Oberfläche und Verzweigungen der Äste sind regelmäßig und die Astenden erscheinen wie abgeschnitten.
Lebensraum: Lichtarme Stellen wie unter Überhängen und in Spalten und Höhlen, in größerer Tiefe auch an und auf Felswänden. Früher bereits in Höhlen oberhalb von 10 m Tiefe, heute selten ab 30 m, meist unterhalb von 40 m bis in mehrere 100 m Tiefe. Westliches Mittelmeer und Adria.
Biologie: Neben den tentakeltragenden Nährpolypen findet man bei der Edelkoralle einen weiteren Polypentyp, der völlig anders gebaut ist. Es handelt sich um sehr kleine Polypen ohne Tentakel, die wie Poren aussehen und dem Wasseraustausch im Röhrensystem der Kolonie dienen. Die Fortpflanzung der meist getrenntgeschlechtlichen Tierstöcke erfolgt über freischwimmende Larven, die vom Muttertier ins Wasser entlassen werden, sich nach einigen Tagen auf felsigem Untergrund festsetzen und durch Teilungen zu einer neuen Kolonie entwickeln (Wachstum nur wenige mm im Jahr).
Anders als bei anderen Hornkorallenarten werden beim Skelett der Edelkoralle feine Kalknadeln, sogenannte Sklerite, durch

eine Kalkmasse zu einer kompakten Substanz verschmolzen. Dadurch erhält das Skelett eine glasharte Konsistenz und kann gut bearbeitet werden. Dies und die Tatsache, daß das Skelett seine Farbe beibehält, haben die Edelkoralle schon vor Jahrtausenden zu einem begehrten Rohstoff für die Schmuckherstellung gemacht. Der wohl älteste Fund, ein männliches Skelett mit kleinen, aus dem Mittelmeerraum stammenden Korallenperlen, das 1908 nördlich von Wiesbaden gefunden wurde, wird auf ein Alter von ca. 25 000 Jahren geschätzt. Auch aus Pharaonengräbern sind Schmuckstücke aus Edelkorallen bekannt. Bis zum Beginn des 19. Jahrhunderts war man der Auffassung, es handele sich bei der Edelkoralle um eine zu Stein erstarrte Blume, die ewig blühe und niemals welke. Auch heute noch ist das „Rote Gold" so begehrt, daß Korallentaucher ihr Leben und ihre Gesundheit riskieren. Um für die Schmuckverarbeitung geeignete Stöcke zu sammeln, gehen Korallentaucher heutzutage bis auf Tiefen von mehr als 100 (!) m. Angaben von 1981 zufolge wurden 300,– bis 500,– DM pro kg unbearbeitete Edelkoralle aus dem Mittelmeer bezahlt. Da der Wert der Korallen um so höher ist, je dicker die Stämme sind und je gleichmäßiger und heller die Färbung ist (mehr als 1000 DM pro kg rosafarbene Koralle), kann eine einzige Koralle mehrere tausend Mark wert sein. Heute werden vielerorts sogenannte Korallenkreuze, 6 bis 8 m lange Stahlrohre mit Ketten und Netzen, eingesetzt, mit denen ganze Bestände von Edelkorallen und anderen Hornkorallen vom Untergrund abgekratzt werden. Dabei bleiben nur ca. 20% der abgebrochenen Korallen in dem Gerät hängen, während der Rest sinnlos auf dem Meeresgrund verrottet. Von diesen 20% ist wiederum nur ein kleiner Teil verwertbar, so daß für geringe Mengen Edelkorallen riesige Flächen ökologisch wichtiger Lebensräume zerstört werden. Nach Schätzungen beträgt die jährliche Ernte über 60 t.

Aquarienhaltung: Nicht geeignet.

Eunicella cavolinii (Koch)
Gelbe Gorgonie

Familie Plexauridae

Erkennungsmerkmale: Kolonien meist in einer Ebene unregelmäßig verzweigt, Größe bis 50 cm. Größe der Polypen bis ca. 5 mm, stehen auf stark hervortretenden Höckern. Färbung gelb bis orangerot, Polypen weiß bis gelblich.
Verwechslungsmöglichkeiten: Kann mit der selteneren Warzigen Gorgonie *(E. verrucosa)* verwechselt werden, bei der die Polypen ebenfalls auf hervortretenden Hökkern sitzen, die aber in der Regel weiß gefärbt ist.
Lebensraum: Meist an Felswänden, seltener in Spalten und Höhlen. Unterhalb von 10 m bis in große Tiefe, in Höhlen bereits ab dem Flachwasser. Laut Literatur im gesamten Mittelmeer nicht selten.
Biologie: Anders als bei der Edelkoralle *(Corallium rubrum)* verliert das Hornskelett der Gorgonien sehr schnell seine Farbe und beginnt zu stinken. Wie bei reinen Filtrierern zu erwarten, stehen die Fächer der Hornkorallen stets quer zur Strömung bzw. Hauptbewegungsrichtung des Wassers. In den flacheren Zonen, wo sich die Wellen durch eine Auf- und Abwärtsbewegung bemerkbar machen, sind die Gorgonienfächer deshalb oftmals parallel zur Oberfläche ausgerichtet, während sie in größerer Tiefe meist senkrecht zur Wasseroberfläche stehen. Siehe auch Artbeschreibungen der anderen Gorgonien.
Aquarienhaltung: Bei unverletzter Rinde, sauberem Wasser, Temperaturen unter 18 °C, kräftiger Strömung und ausreichenden Mengen kleinster Nahrung gelingt die Pflege über Jahre. Dabei kann es sogar zu Zuwachsraten von ca. 1 cm pro Jahr kommen. Stöcke mit beschädigter Rinde sollten an diesen Stellen sauber abgeschnitten werden. Bei optimalen Haltungsbedingungen werden die Schnittstellen innerhalb weniger Wochen wieder von Rindengewebe überzogen.

Eunicella singularis (Esper)
Weiße Gorgonie

Familie Plexauridae

Erkennungsmerkmale: Meist nur wenig verzweigte Kolonien mit senkrecht nach oben gestreckten, ziemlich parallel verlaufenden Ästen, Größe bis 70 cm. Größe der Polypen bis ca. 5 mm, stehen auf kaum hervortretenden Höckern. Kolonien weiß gefärbt, Polypen durchscheinend gelblichbraun bis grün (symbiontische Algen).
Verwechslungsmöglichkeiten: Kann mit der selteneren, ebenfalls weißgefärbten Warzigen Gorgonie *(E. verrucosa)* verwechselt werden, bei der die Polypen jedoch auf deutlich hervortretenden Höckern sitzen.
Lebensraum: Stets an gut beleuchteten Stellen. Auf Felsböden und an Felswänden, seltener auch auf Steinen und Schalentrümmern der Sand- und Schlickböden. Meist zwischen 10 und 30 m Tiefe. Westliches Mittelmeer und Adria.
Biologie: Die Äste der verschiedenen Gorgonienarten werden regelmäßig von einer Weichkoralle, der Falschen Edelkoralle *(Parerythropodium coralloides)*, überwachsen. Dabei ist noch nicht bekannt, wie diese Weichkoralle die abwehrbereiten, nesselnden Polypen der Hornkorallen überwuchern kann, ohne dabei selbst beschädigt zu werden. Zahlreiche andere Tierarten bewachsen Hornkorallen, ohne sie dabei größer zu schädigen. Unter anderem findet man Kolonien der Durchsichtigen Seescheide *(Clavellina lepadiformis)* und des Verflochtenen Kalkröhrenwurmes *(Salmacina dysteri)* als Aufwuchsorganismen. Mittelmeer-Haarsterne *(Antedon mediterranea)* erklettern Gorgonien als strömungsexponierte Standorte für den Nahrungserwerb, und Katzenhaie der Gattung *Scyliorhinus* legen ihre Eikapseln in ihnen ab. Siehe auch Artbeschreibungen der anderen Gorgonien.
Aquarienhaltung: Siehe Gelbe Gorgonie *(E. cavolinii)* .

Paramuricea clavata (Risso)
Farbwechselnde Gorgonie

Familie Paramuriceidae

Erkennungsmerkmale: Kolonien meist in einer Ebene reich und unregelmäßig verzweigt. Größe bis 100 cm. Größe der Polypen bis ca. 10 mm. Färbung variabel, vollständig kräftig dunkelrot oder kräftig dunkelrot mit gelben Spitzen, wobei der Übergang von Rot zu Gelb fließend ist, der Gelbanteil kann größer als 50% sein. Achsengewebe und dazugehörige Polypenkörper und deren Tentakel stets gleich gefärbt!
Verwechslungsmöglichkeiten: Kann auf den ersten Blick mit großen Kolonien der Falschen Edelkoralle *(Parerythropodium coralloides)*, einer Weichkoralle, die abgestorbene Skelette von Hornkorallen überwuchert, verwechselt werden. Sie unterscheidet sich jedoch dadurch, daß bei ihr Polypenkörper und Tentakel anders gefärbt sind als das restliche Gewebe der Kolonie und durch ihre weiche Konsistenz.
Lebensraum: Auf Felsböden und an Felswänden. Unterhalb von 20 m bis in große Tiefe, nur sehr selten flacher. Laut Literatur im gesamten Mittelmeer.
Biologie: Diese Art benötigt unter günstigen Bedingungen 10 bis 15 Jahre, bis sie ihre maximale Größe erreicht. Sie kann wahrscheinlich mehr als 20 Jahre alt werden.
Auf den Ästen der verschiedenen Gorgonienarten kann man manchmal die nur 15 mm große Gorgonien-Porzellanschnecke *(Simnia spelta)* entdecken. Es handelt sich bei ihr um einen ausgesprochenen Nahrungsspezialisten, der sich vom lebenden Achsengewebe und den Polypen der Gorgonien ernährt. Siehe auch Artbeschreibungen der anderen Gorgonien.
Aquarienhaltung: Siehe Gelbe Gorgonie *(Eunicella cavolinii)*.

Lophogorgia ceratophyta (L.)
Orangerote Gorgonie

Familie Gorgoniidae

Erkennungsmerkmale: Kolonien meist in einer Ebene sehr stark verzweigt, Größe bis 100 cm. Stärke der Äste verschieden, Hauptäste 4 bis 5 mm, äußerste Ästchen nur 0,5 mm. Färbung meist gelblichorange bis orangerot, seltener weiß oder purpurfarben. Polypen meist weiß.

Verwechslungsmöglichkeiten: Nicht vorhanden, da nur bei dieser Art die Äste immer dünner werden, je weiter außen sie sich befinden.

Lebensraum: Auf sekundären Hartböden sowie auf Felsen und Steinen auf Schlick- und Schlicksandböden. Bereits ab 8 m bis in größere Tiefe. Nur im westlichen Mittelmeer.

Biologie: Hornkorallen sind mit insgesamt 21 Arten im Mittelmeer vertreten, die sich auf 14 Gattungen in 8 verschiedenen Familien verteilen. Die Mehrzahl dieser Arten ist entweder so selten, daß man sie als Taucher kaum zu Gesicht bekommt, oder aber sie kommen erst in Tiefen unterhalb der Tauchtiefe vor. Lediglich die 5 in diesem Buch beschriebenen Arten kann man regelmäßig finden. Dabei fällt auf, daß sich diese 5 Arten im Laufe ihrer Entwicklung an verschiedene Tiefen angepaßt haben. Abgesehen von Ausnahmen findet man im Normalfall folgende Verteilung von Flach zu Tief: Orangerote Gorgonie – Weiße Gorgonie – Gelbe Gorgonie – Farbwechselnde Gorgonie – Edelkoralle.
Siehe auch Artbeschreibungen der anderen Gorgonien.

Aquarienhaltung: Siehe Gelbe Gorgonie *(Eunicella cavolinii)*.

Cornularia cornucopiae Pallas
Füllhornkoralle

Familie Cornulariidae

Erkennungsmerkmale: Rasenbildende Kolonie, Polypen freistehend und nur an der Basis durch dünne Ausläufer verbunden. Größe und Durchmesser der Polypen meist bis ca. 10 mm, stets mit 8 gefiederten Tentakeln, untere Hälfte der Polypen von horniger, chitinhaltiger Hülle umgeben. Tentakel durchscheinend bis weißlich, unterer Teil der Polypen bräunlich bis schmutzigweiß.
Verwechslungsmöglichkeiten: Einziger Vertreter der Familie im Mittelmeer. Kann mit der Keulenkoralle *(Clavularia ochracea)* verwechselt werden, die ihr in Färbung und Größe ähnelt, jedoch keine hornige Hülle besitzt.
Lebensraum: Auf Felsen, Steinen und Pflanzen, vor allem an lichtarmen Stellen (Höhleneingänge) sehr häufig. Von der Gezeitenzone bis in geringe Tiefe.
Biologie: Die Polypen der Füllhornkoralle besitzen nur eine geringe Nesselkraft, die dem Menschen in keiner Weise gefährlich werden kann. Oft ist der Raum zwischen den einzelnen Polypen mit Schwämmen oder ähnlichem überwachsen, so daß man die fadenförmigen Verbindungen und oft auch den unteren Teil der Polypen nicht erkennen kann.
Aquarienhaltung: Ist im Aquarium ausdauernd und kann mehr als 4 Jahre alt werden. Gedeiht am besten, wenn sie unverletzt mit Substrat ins Becken gesetzt wird und dort einen gut beströmten, nicht der direkten Beleuchtung ausgesetzten Platz erhält. Als Futter eignen sich Cyclops, feines Staubfutter, Artemia-Nauplien und aufgelöste Futtertabletten. Bei guten Haltungsbedingungen kommt es auch zur Vermehrung.

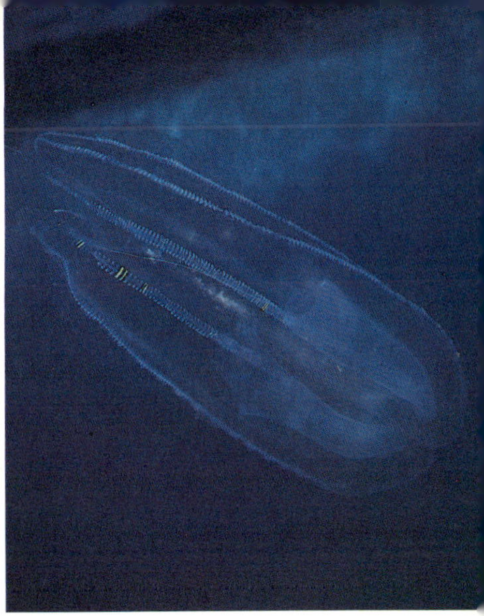

Ctenophora
Stamm Rippenquallen

Verschiedene Familien

Erkennungsmerkmale: Rippenquallen, die weltweit mit ca. 80 Arten ausschließlich in den Meeren vorkommen, sind mit 16 Arten im Mittelmeer vertreten. Einzelne Arten können bis 1 m groß werden. Wie die Nesseltiere werden sie zu den Hohltieren gezählt. Von diesen unterscheiden sie sich aber dadurch, daß sie meist 8 Wimpernreihen besitzen, die rippenförmig in Längsrichtung auf der Körperoberfläche angeordnet sind. Außerdem besitzen sie keine Nesselzellen. Die Körperform kann je nach Art sehr verschieden sein: kugelig, birnenförmig (Melonenqualle (*Beroe ovata* Esch)), seitlich abgeplattet mit flügelförmigen Schwimmlappen, bandförmig und eiförmig bis konisch. Man unterscheidet 2 Gruppen. Die Vertreter der Tentaculata besitzen entweder ein Paar langer Tentakel oder viele kleinere, während die Vertreter der Atentaculeata weder Tentakel noch lappenförmige Anhänge besitzen. Färbung meist durchsichtig oder schwach rosa getönt, mit irisierenden Wimpernreihen.

Verwechslungsmöglichkeiten: Aufgrund ihrer Körperform und der stets vorhandenen rippenförmigen Wimpernreihen besteht kaum eine Verwechslungsgefahr mit Quallen aus dem Stamm der Nesseltiere. Außerdem sind Rippenquallen in der Regel völlig durchsichtig oder schwach getönt. Durch Lichtreflexe irisieren die Wimpernreihen oft in allen Regenbogenfarben.

Lebensraum: Meist oberflächennahe Zonen der Hochsee, regelmäßig auch in Küstennähe. Einzeln oder in Schwärmen.

Biologie: Rippenquallen ernähren sich in erster Linie von planktischen Krebsen und deren Larven, die sie meist mit Hilfe von Klebzellen, sogenannten Colloblasten, erbeuten. Diese befinden sich vor allem auf den zusammenziehbaren Tentakeln, die beim Beutefang im Wasser ausgebreitet werden.

Aquarienhaltung: Nicht geeignet.

Plathelminthes
Stamm Plattwürmer

Turbellaria
Klasse Strudelwürmer oder Planarien

Erkennungsmerkmale: Strudelwürmer oder Planarien, die mit ca. 200 bekannten, meist winzig kleinen Arten im Mittelmeer vertreten sind, zeichnen sich durch einen ausgesprochen flachen und ungegliederten Körper aus. Im folgenden sollen nur die für den Laien interessanten „Großformen" der Ordnung Polycladina, die eine Körperlänge bis zu 50 mm erreichen können und teilweise sehr auffällig gefärbt sind, besprochen werden. Die Seitenränder des Körpers sind bei den meisten dieser Arten leicht bis stark gewellt. Bei den fast durchscheinend gefärbten Arten kann man gut die inneren Organe, vor allem den reichverzweigten Darm erkennen. Im vorderen Teil des Körpers befinden sich meist ein Paar Tentakel sowie die Augen.

Verwechslungsmöglichkeiten: Da es nur sehr wenige systematische Arbeiten über Plattwürmer aus dem Mittelmeer gibt, ist es auch bei den größeren und oft auffällig gefärbten Arten in den meisten Fällen nicht möglich, die exakte Artzugehörigkeit zu ermitteln. Trotzdem sollen an dieser Stelle 3 verschiedene Arten zumindest im Bild vorgestellt werden. Plattwürmer werden oft auch für Nacktschnecken gehalten, von denen sie sich aber eindeutig durch ihren auffallend flachen Körper und das Fehlen einer Kiemenkrone unterscheiden.

Lebensraum: Je nach Art verschieden. Unter Steinen, in Pflanzenbeständen, in Muschel- und Austernkulturen und auf verschiedensten anderen Tierbeständen. In allen Tiefen. Im gesamten Mittelmeer.

Biologie: Die Mehrzahl der großen Planarien ernährt sich räuberisch von verschiedenen Einzellern, kleinen Krebsen und Würmern und anderem. Dabei können sie oftmals Beutetiere verschlingen, die deutlich größer sind als sie selbst. In dem reichverzweigten Darmsystem findet die Verdauung statt. Wie allen Plattwürmern fehlt ihnen ein After. Unverdauliches Material muß dementsprechend durch den kräftigen

Schlund wieder ausgeschieden werden. Die kriechende Fortbewegung, bei der die Tiere mit einer erstaunlichen Geschwindigkeit über den Untergrund gleiten können, wird durch ein dichtes Wimperkleid ermöglicht. Durch wellenförmiges Schlagen mit den Körperrändern können die Tiere auch gut schwimmen. Nach Erreichen der Geschlechtsreife begatten sich die Tiere gegenseitig und legen dann ihre Eier ab. Diese können einzeln auf einem kleinen Stiel an Steinen oder Algen befestigt werden oder als Eikokon abgelegt werden. Bei Verletzungen zeigen Planarien ein erstaunliches Regenerationsvermögen. Diese Fähigkeit geht so weit, daß sich aus winzigen Körperteilen vollständige Tiere entwickeln können. Da der Körper keinerlei feste Skelettelemente enthält, können sich Planarien in kleinste Spalten hinein- und durch winzige Löcher hindurchzwängen.

Aquarienhaltung: Nicht bekannt. Planarien werden immer wieder zufällig ins Aquarium eingeschleppt. Aufgrund ihrer räuberischen und meist ausgesprochen versteckten Lebensweise erscheint die Haltung nicht unbedingt empfehlenswert. Viele Planarien, und hier gerade die buntgefärbten Arten, sind außerdem absolute Nahrungsspezialisten, die ohne ihr spezifisches Futter nicht überleben können. Da das Futter der einzelnen Arten aber meist nicht bekannt ist, verhungern die Tiere im Aquarium langsam aber sicher.

Nemertini
Stamm Schnurwürmer

Lineus geniculatus (Delle Chiaje)
Gebänderter Schnurwurm

Familie Lineidae

Erkennungsmerkmale: Größe ausgestreckt bis 60 cm, kann sich aber stark zusammenziehen. Körper ungegliedert und band- bis schnurförmig. Kopf nur wenig vom Körper abgesetzt, abgeflacht und spatelförmig, mit zahlreichen, kaum sichtbaren Augen. Grundfärbung grünschwarz bis braunschwarz mit zahlreichen weißen bis gelblichen Querringeln, ohne Längsbänder.
Verwechslungsmöglichkeiten: Zahlreiche nah verwandte Arten. Roter Schnurwurm *(L. ruber)*, bis 22 cm, einfarbig rötlich. Gestreifter Schnurwurm *(L. bilineatus)*, bis 30 cm, bräunlich mit 1 bis 2 hellen Längsbändern auf dem Rücken.
Ringelschnurwürmer der Gattung *Tubulanus* unterscheiden sich durch eine Zeichnung aus Quer- und Längsbändern.
Zur genauen Artbestimmung sind unter anderem die Kopfform und Anzahl, Form und Lage der Augen wichtig.
Lebensraum: Auf Hart- und Geröllböden unter Steinen und festem Bewuchs. Nur im Flachwasser.
Biologie: Der Gebänderte Schnurwurm ist ein nachtaktiver Räuber, der sich kriechend am Boden fortbewegt und Beute überwältigen kann, die größer ist als er selbst. Die Mehrzahl der Schnurwürmer ernährt sich räuberisch oder von Aas. Die Tiere besitzen am Kopf einen vorstreckbaren Rüssel und bis zu 200 Augen. Völlig ausgestreckt ist ihr Körper sehr schlank und dünn, im zusammengezogenen Zustand jedoch breit und massig. Die Mehrzahl der Schnurwürmer ist getrenntgeschlechtlich. Die Geschlechtsprodukte werden ins Wasser abgegeben, wo es auch zur Befruchtung kommt. Aus freischwimmenden Larvenstadien entwickelt sich schließlich der junge Wurm.
Aquarienhaltung: Nicht bekannt.

Echiurida
Stamm Igelwürmer

Bonellia viridis Rolando
Bonellia oder Igelwurm

Erkennungsmerkmale: Kopflappen (Rüssel) ausgestreckt bis 150 cm lang, vorne gegabelt, bis ca. 50 cm breit, mit gewelltem Rand. Körper pflaumenförmig, bis 15 cm lang. Färbung dunkelgrün bis grünschwarz.
Verwechslungsmöglichkeiten: Es gibt nur 4 bis 6 Arten dieses Tierstammes im Mittelmeer. Die Zwergbonellia *(B. minor)*, deren Kopflappen nur bis 20 cm lang werden sollen, ist nur für den Spezialisten zu identifizieren.
Lebensraum: In Löchern und Spalten auf Hartböden, zwischen Steinen auf Geröllböden. Vom Flachwasser bis in große Tiefe.
Biologie: Bonellia zeigt extremen Geschlechtsdimorphismus, d. h. Männchen und Weibchen sehen völlig unterschiedlich aus. Man sieht immer nur das Weibchen dieser Art, das mit dem Körper in einer Spalte oder ähnlichem sitzt. Zur Nahrungsaufnahme werden der Rüssel herausgestreckt, der Boden abgetastet und Mikroorganismen und verwertbares organisches Material aufgenommen. In Schleim verpackt wird die Nahrung dann zur Mundöffnung transportiert. Bei Störungen wird der Rüssel völlig eingezogen. Die Männchen dieser Art sind nur 1 bis 3 mm groß, besitzen weder Rüssel noch Darm und „schmarotzen" beim Weibchen. Auf einem Weibchen wurden bis zu 85 Männchen gefunden. Bei den freischwimmenden Larven ist das Geschlecht noch nicht festgelegt. Gelangt eine Larve auf den Kopflappen eines Weibchens, wird sie mit der Nahrung aufgenommen und entwickelt sich unter dem Einfluß von Hormonen des Weibchens in dessen Körper zum Zwergmännchen. Gelangt sie in eine freie Spalte, entwickelt sie sich zum Weibchen. Diese Strategie stellt sicher, daß immer ausreichend Männchen und Weibchen vorhanden sind.
Aquarienhaltung: Nicht bekannt.

Annelida
Stamm Ringelwürmer

Polychaeta
Klasse Vielborster

Die Klasse der Vielborster oder auch Borstenwürmer, die mit mehr als 800 Arten aus ungefähr 66 Familien im Mittelmeer vertreten sind, umfaßt je nach Autor zwischen 5500 bis 13 000 meist marine Arten. Sie zeichnen sich im allgemeinen durch eine äußerlich gut sichtbare Segmentierung ihres Körpers aus. Die zum Teil sehr zahlreichen Segmente können je nach Art fast alle gleichartig (homonom) oder sehr unterschiedlich (heteronom) gebaut sein. Abgesehen vom Kopf- und Schwanzbereich sind die Segmente meist auch innerlich gleich aufgebaut und im allgemeinen jeweils mit einem Paar Nervenknoten, Blutgefäßen mit Herz, einem Paar Ausscheidungsorganen und einigem mehr ausgestattet. Des weiteren trägt jedes Segment, das auch als Metamer bezeichnet wird, ein Paar Parapodien, das sind mit Borsten besetzte „Stummelfüßchen". Sie befinden sich beidseits des Körpers und tragen neben den namengebenden, büschelweise angeordneten und artspezifisch geformten Borsten oftmals auch Kiemen und lappenförmige Anhänge. Die Parapodien dienen der Fortbewegung und können je nach Art sowohl zum Kriechen als auch zum Schwimmen eingesetzt werden. An ihnen befinden sich oftmals auch gefiederte Kiemen, Tastorgane, schützende Schuppenplatten und andere Anhangsorgane.
Bei den Borstenwürmern kann man vor allem zwei große Gruppen unterscheiden, die sich sowohl äußerlich als auch in ihrer Lebensweise voneinander unterscheiden. Die eine Gruppe sind die freilebenden Borstenwürmer oder Errantia, die sich in der Regel räuberisch ernähren. Sie besitzen meist einen vorstülpbaren, muskulösen Schlund mit kräftig entwickelten Mundwerkzeugen, mit dem sie ihre Beute ergreifen und zerkleinern können. Des weiteren besitzen sie eine artspezifische Anzahl von Tentakeln, die Tastsinnesorgane darstellen, ein Paar Fühler und ein oder mehrere Augenpaare. Bei der zweiten Gruppe handelt es sich um festsitzende Formen, die sogenannten Sedentaria, zu denen auch die verschiedenen Röhrenwürmer gehören. Diese ernähren sich meist von Plankton und organischem Material, das sie mit Hilfe eines am Kopfteil befindlichen Filterapparates in Form einer großen Tentakelkrone aus dem Wasser herausfiltern. Verwertbare Nahrungsteilchen werden durch feine Wimperbahnen dem im Zentrum der Tentakelkrone gelegenen Mund zugeführt.
Neben dem Nahrungserwerb dient die Tentakelkrone auch dem Gasaustausch, das heißt Sauerstoff wird aus dem Wasser aufgenommen und Kohlendioxid wird abgegeben. Röhrenwürmer bauen sich entweder aus Fremdkörpern wie Sand oder Schalenbruchstücken und erhärtendem Schleim oder mit Hilfe spezieller kalkabscheidender Drüsen eine Wohnröhre, in der sie ihren Körper mit speziell dazu vorgesehenen Borstenbüscheln verankern. Bei Störungen oder Gefahr kann die Tentakelkrone meist blitzschnell völlig in die schützende Röhre eingezogen werden. Manche Arten können dann sogar noch ihre „Behausung" mit einem Deckel, der einen umgebildeten Tentakel der Krone darstellt, verschließen. Bei Verschlechterungen der Umweltbedingungen können die sessilen Tiere ihre Röhre, die sie normalerweise ihr ganzes Leben lang bewohnen, verlassen, um sich an anderer Stelle eine neue zu bauen.
Die Vertreter beider Gruppen sind getrenntgeschlechtlich und entlassen Ei- und Samenzellen ins freie Wasser, wo auch die Befruchtung stattfindet. Aus der entstehenden planktischen Schwimmlarve entwickelt sich dann der junge Borstenwurm, der entweder zum freien Bodenleben übergeht oder sich an geeigneter Stelle festsetzt und eine schützende Wohnröhre baut.

Aphrodita aculeata L.
Seemaus

Familie Aphroditidae

Erkennungsmerkmale: Größe bis 20 cm. Körper gedrungen und abgeplattet, eiförmig. Rücken mit 15 Paar Elythren, diese aber filzartig überzogen und oft mit Schmutz bedeckt, dadurch nicht sichtbar. Färbung schmutzigbraun. Die einfachen, langen und dichtstehenden Borsten an den Körperseiten können in allen Regenbogenfarben schillern.
Verwechslungsmöglichkeiten: Nicht vorhanden.
Lebensraum: Schlick-, Schlicksand- und Sandböden. Vom Flachwasser bis in große Tiefe.
Biologie: Seemäuse leben räuberisch und ernähren sich von kleinen Würmern und Weichtieren, denen sie im Boden nachstellen. Aus diesem Grund sind sie meist im Boden eingegraben, wobei nur noch ein Teil des Hinterteils herausschaut. Anders als bei anderen Borstenwürmern sind die Borsten der Seemaus weich und können keine Verletzungen verursachen. Die Borsten sind eigentlich unscheinbar bräunlich gefärbt. Dadurch, daß sich das Licht in ihnen bricht, können sie je nach ihrer Stellung zum Licht in allen Regenbogenfarben schillern. Da sich die Borsten bei der Fortbewegung des Tieres ständig bewegen, schillern sie dabei besonders schön.
Aquarienhaltung: Unproblematisch.

Acholoë astericola (Delle Chiaje)
Seestern-Schuppenwurm

Familie Polynoidae

Erkennungsmerkmale: Größe bis ca. 40 mm. Körper langgestreckt. Rücken bis an das Körperende mit zahlreichen, relativ großen Platten-(Elythren-)paaren bedeckt, die sich dachziegelartig überlappen. Färbung durchscheinend fleischfarben, Elythren mit rotbraunem bis dunkelbraunem Rand.
Verwechslungsmöglichkeiten: Nicht vorhanden.
Lebensraum: Lebt zwischen den Ambulacralfüßchen in den Ambulacralfurchen auf der Körperunterseite von Seesternen der Gattungen *Astropecten* und *Luidia*.
Biologie: Bei der Lebensgemeinschaft zwischen dem Seestern-Schuppenwurm und Seesternen handelt es sich um eine Kombination von Kommensalismus und Symphorismus, also um eine Tischgemeinschaft, bei der der Borstenwurm zusätzlich dauerhaft auf der Körperoberfläche seines Wirtes lebt. Es handelt sich hier um eine Karpose, da nur der Borstenwurm Vorteile aus dieser Lebensgemeinschaft zieht, ohne seinen Wirt zu schädigen. Durch seinen ständigen Aufenthalt in der Ambulacralrinne auf der Unterseite eines Armes genießt der Wurm größeren Schutz vor Freßfeinden als freilebende Arten. Er ernährt sich ausschließlich von der erbeuteten Nahrung des Seesterns, wobei er sogar zeitweise in dessen Magenraum eindringen kann. Solche Ausflüge können bis zu einer Stunde dauern, ohne daß der Wurm von den aggressiven Verdauungssäften des Seesterns geschädigt wird.
Aquarienhaltung: Nicht bekannt. In Gemeinschaft mit seinem Wirt müßte die Haltung problemlos sein. Aufgrund seiner versteckten Lebensweise auf der Körperunterseite von Kammseesternen wird man vom Seestern-Schuppenwurm aber nicht viel zu sehen bekommen.

Hermodice carunculata (Pallas) Feuerwurm

Familie Amphinomidae

Erkennungsmerkmale: Größe bis 30 cm. Körper langgestreckt, ohne Schuppen, mit bis zu 150 borstentragenden Segmenten. Borsten harpunen- oder pfeilspitzenförmig, gemeinsam mit den Kiemen an den Körperseiten büschelweise pro Segment angeordnet. Färbung grünlich bis bräunlich mit hellen Querbändern an den Segmentgrenzen, Borsten weiß, Kiemen und Kopf leuchtend rot.

Verwechslungsmöglichkeiten: Nicht vorhanden.

Lebensraum: Auf primären und sekundären Hartböden und in Seegraswiesen *(Posidonia* und *Halophila).* Vom Flachwasser bis in größere Tiefen.

Biologie: Ernährt sich räuberisch und von Aas. Im Gegensatz zu anderen Borstenwürmern, die meist nachtaktiv sind, kann man Feuerwürmer auch tagsüber antreffen. Durch ihre Giftigkeit sind sie vor Freßfeinden, vor allem Fischen, hervorragend geschützt. Der Name Feuerwurm bezieht sich auf die stark brennenden Schmerzen, die durch Berührungen mit den Tieren hervorgerufen werden. Die harten, mit Widerhaken versehenen Borsten dringen wie feine Glaswollfäden in die Haut ein und brechen dort sehr leicht ab. Gemeinsam mit einem Schleimsekret verursachen sie unangenehme Hautreaktionen in Form von Rötung und Schwellung, verbunden mit starken Schmerzen. In ganz schweren Fällen kann es sogar zu Gefühllosigkeit kommen. Da man die feinen, abgebrochenen Borsten nicht mit einer Pinzette entfernen kann, empfiehlt es sich, verletzte Stellen vorsichtig mit einem Klebeband zu bekleben und dieses dann abzuziehen. Zusätzliches Betupfen der betroffenen Stellen mit Salmiak bringt Linderung.

Aquarienhaltung: Unproblematisch. Beim Umgang mit den Tieren ist jedoch Vorsicht geboten.

Phyllodoce paretti (Blainv.)
Blauschillernder Paddelwurm

Familie Phyllodicidae

Erkennungsmerkmale: Größe bis 30 cm. Körper langgestreckt, mit bis zu 200 Segmenten, verjüngt sich nach hinten. Borsten fallen nicht auf. Segmente mit auffälligen blatt- oder paddelförmigen Rückenanhängen an den Seiten. Rücken meist bräunlich und je nach Lichteinfall bläulich irisierend. Rückenanhänge braunschwarz mit gelblichem bis grünlichem Außenrand.

Verwechslungsmöglichkeiten: Es gibt einige weitere Arten dieser Gattung im Mittelmeer, die jedoch anders gefärbt sind oder anders geformte Rückenanhänge besitzen.

Lebensraum: Meist unter Steinen. Nur im Flachwasser.

Biologie: Anders als sein giftiger Verwandter, der Feuerwurm, haben Paddelwürmer zahlreiche Freßfeinde, die ihnen nachstellen. Aus diesem Grund sind sie nachtaktiv und verbringen den Tag meist verborgen unter Steinen oder ähnlichen Verstecken. Nachts begeben sich die Tiere auf Nahrungssuche. Durch Schlängelbewegungen des Körpers und Schlagen der Rückenanhänge können Paddelwürmer schwimmen. Dabei kommt ihre attraktive Färbung besonders gut zur Geltung.

Aquarienhaltung: Unproblematisch. Sollte jedoch nicht gemeinsam mit Fischen, Einsiedlerkrebsen und anderen räuberisch lebenden Arten vergesellschaftet werden.

Polycirrus spec.
Vielfädiger Borstenwurm

Familie Terebellidae

Erkennungsmerkmale: Meist sieht man vom Tier nur die zahlreichen aus einem Loch ragenden, wurmförmigen, dünnen, bis 60 mm langen Tentakel. Färbung variabel, weiß, gelb, orange oder rot.
Verwechslungsmöglichkeiten: Die Arten dieser Gattung sollen selbst für den Spezialisten nur sehr schwer zu bestimmen sein.
Lebensraum: Auf verschiedenen Böden. Vom Flachwasser bis in große Tiefe. Wahrscheinlich im gesamten Mittelmeer.
Biologie: Der eigentliche Wurmkörper ist nicht sichtbar, da er sich in einer (aus Schlamm bestehenden?) Röhre in einem Loch oder einer Felsspalte befindet. Mit den langen dünnen Tentakeln wird die Umgebung nach freßbarem Material, organischen Partikeln und Sinkstoffen, abgesucht. Mit Hilfe feiner Wimpern wird das verwertbare Material zur Mundöffnung befördert. Berührt man die Tentakel, werden sie in Zeitlupentempo eingezogen und in Sicherheit gebracht. Häufig wird die Umgebung der „Wurmbehausung“ von krustenbildenden Schwämmen bewachsen, wobei nur die Öffnung frei bleibt. Dadurch wird dann der Eindruck erweckt, der Wurm lebe im Innern, also in den Geißelkammern des Schwammes.
Aquarienhaltung: Nicht bekannt.

Eupolymnia nebulosa (Mont.)
Orangeroter Steinchenröhrenwurm

Familie Terebellidae

Erkennungsmerkmale: Röhre aus Sand, kleinen Steinchen und Muschelbruchstükken, die stets auf der Unterseite von Steinen angeheftet ist, bis max. 30 cm lang. Körper dick und fleischig, mit zahlreichen, bis 10 cm langen, dünnen Tentakeln. Färbung rosa bis orange mit feinen weißen Punkten.

Verwechslungsmöglichkeiten: Aufgrund der Färbung, der Art der Röhre und der Lebensweise eigentlich nicht vorhanden. Eine gewisse Ähnlichkeit zeigen die Vertreter der Gattung *Amphitrite*. Wie bei den meisten Borstenwürmern bleibt auch bei diesen Tieren die genaue Artbestimmung meist dem Spezialisten vorbehalten.

Lebensraum: Stets unter Steinen auf sandigen Böden. Meist nur bis in wenige m Tiefe.

Biologie: Mit den zahlreichen Tentakeln wird die Umgebung nach Nahrung abgesucht. Das Baumaterial der Röhre wird durch ein schleimiges Sekret zusammengehalten, das im Wasser bald aushärtet.

Aquarienhaltung: Die Tiere werfen schnell ihre Tentakel ab. Auch die Röhre wird sehr leicht beschädigt. Da solche Schäden unter Aquarienbedingungen nur schwer regeneriert werden, eignen sich für die erfolgreiche Haltung nur unversehrte Exemplare mit intakter Röhre unter kleinen Steinen. Für die meisten Fische stellen die Tentakel dieser Borstenwürmer eine Delikatesse dar.

Bispira volutacornis
Fächerröhrenwurm

Familie Sabellidae

Erkennungsmerkmale: Tentakelkrone in zwei jeweils trichterförmige Hälften differenziert, Durchmesser jeweils bis ca. 7 cm. Länge des Wurmes bis 15 cm, Länge der Röhre bis 20 cm. Röhre dünnwandig, gummiartig, mit Schlickteilchen durchsetzt. Röhre schmutzig graubraun, Tentakelkrone rotbraun mit hellerem Muster.
Verwechslungsmöglichkeiten: Einzige Art, bei der die Tentakelkrone in 2 trichterförmigen Hälften angeordnet ist.
Lebensraum: In Felsspalten und Löchern sowie zwischen Steinen. Vom Flachwasser bis in ca. 20 m Tiefe.
Biologie: Fächerröhrenwürmer sind ausgesprochen scheu und ziehen sich bei der geringsten Störung in ihre Röhre zurück. Die Öffnung der Röhre schließt sich, indem sie sich zusammenfaltet. Dieses Verhalten findet man auch bei der Schraubensabelle *(Spirographis spallanzani)*.
Aquarienhaltung: Nicht empfehlenswert.

Branchiomma spec.
Zwergsabelle

Familie Sabellidae

Erkennungsmerkmale: Durchmesser der Tentakelkrone je nach Art 20 bis 40 mm. Auf der Außenseite der Strahlen der Tentakelkrone zahlreiche Anhänge. Röhre pergamentartig, nur wenige mm Durchmesser. Tentakelkrone orangebraun und schwarz gebändert.
Verwechslungsmöglichkeiten: Die Arten dieser Gattung unterscheiden sich von den anderen Gattungen der Familie durch die Anhänge auf der Außenseite der Strahlen der Tentakelkrone. Bei der exakten Artbestimmung sind vor allem Form und Größe dieser Anhänge von Bedeutung.
Lebensraum: Meist zwischen Algen oder Steinkorallen. In verschiedenen Tiefen.
Biologie: Diese kleinen Röhrenwürmer werden häufig übersehen. Man kann sie einzeln oder in Kolonien antreffen.
Aquarienhaltung: Nicht bekannt.

Sabella pavonia Sav.
Pfauenwurm

Familie Sabellidae

Erkennungsmerkmale: Durchmesser der Tentakelkrone bis 10 cm, trichterförmig mit 2 Tentakeln im Zentrum, Länge des Wurmes bis 25 cm, Länge der Röhre bis 60 cm. Röhre pergamentartig, mit feinem Sand und Schlamm vermengt, steckt senkrecht im Boden und kann bis 8 cm herausragen. Röhre sandfarben bis dunkelgrau, Tentakelkrone variabel, weiß und rot, braun oder violett gebändert.

Verwechslungsmöglichkeiten: Aufgrund von Lebensraum und Färbung nicht vorhanden.

Lebensraum: Sand-, Schlicksand- und Schlickböden. Vom Flachwasser bis in ca. 30 m Tiefe.

Biologie: Das von der Tentakelkrone aus dem Wasser herausgefilterte Material wird von einem Sortiermechanismus der Größe nach sortiert und in Schleim verpackt auf 3 verschiedenen Wimperrinnen zum Mund transportiert. Zu großes Material wird dort mit dem abströmenden Wasser wieder weggespült. Organisches Material wird gefressen und der Rest als Baumaterial für die Röhre verwendet. Bei Störungen können sich Pfauenwürmer vollständig in ihre Röhre zurückziehen.

Aquarienhaltung: Die Pflege kleiner Exemplare bereitet keine Probleme. Aber wie bei allen im Boden steckenden Arten ist eine dicke Bodenschicht im Aquarium unabdingbar. Ähnlich wie die Schraubensabelle *(Spirographis spallanzani)* können auch Pfauenwürmer bei Veränderungen der Haltungsbedingungen ihre Tentakelkrone abwerfen. Innerhalb von ungefähr 3 Wochen kann sie jedoch wieder vollständig regeneriert werden.

Spirographis spallanzani Viviani
Schraubensabelle

Familie Sabellidae

Erkennungsmerkmale: Durchmesser der Tentakelkrone bis 15 cm, Röhre bis 60 cm lang, Durchmesser bis 2,5 cm, von pergamentartiger Konsistenz, Körper innerhalb der Röhre bis 30 cm. Tentakelkrone spiralig in 5 bis 6 Windungen gedreht. Röhre meist gräulich gefärbt, Färbung der Tentakelkrone variabel, einfarbig weiß, gelb, orange, braun, violett oder gemustert.
Verwechslungsmöglichkeiten: Einzige Art im Mittelmeer mit spiralig gedrehter Tentakelkrone und pergamentartiger Röhre.
Lebensraum: Auf Schlick- und Sandböden sowie an Felsen und Steinen. Vom Flachwasser bis in größere Tiefen.
Biologie: Bei Störungen kann die Tentakelkrone abgeworfen werden. Das Tier zieht sich dann meist tief in seine Röhre zurück, wo in kurzer Zeit eine neue Tentakelkrone gebildet wird. Zum Bau der pergamentartigen Röhre kommt der Wurm weiter als gewöhnlich aus ihr heraus. Dabei umfaßt er die Mündung mit einer kragenartigen Falte, die sekretbildende Drüsen enthält. Mit ihrer Hilfe wird neues Material unter Drehungen um die Längsachse angekittet.
Aquarienhaltung: Sehr ausdauernd. Nur unverletzte Tiere mit intakter Röhre eignen sich für die Pflege. Neue Tiere sollten zwischen Steinen aufgestellt werden, ohne die Röhre zu quetschen. Meist verankern sich die Tiere schon nach kurzer Zeit im Boden oder an der Dekoration. Als Futter benötigen die Tiere aufgelöste Futtertabletten und ähnlich kleine Partikel. Damit sie möglichst lange in einer Futterwolke stehen, sollte die Filterung während dieser Zeit ausgeschaltet und nur eine kräftige Durchlüftung angeschaltet sein.

Myxicola infundibulum (Renier) Schlicksabelle

Familie Sabellidae

Erkennungsmerkmale: Durchmesser der Tentakelkrone bis 6 cm, trichterförmig, Länge des Wurmes und der Röhre bis 20 cm. Röhre gallertig, im oberen Bereich teilweise mit Sandkörnchen, kleinen Steinen und Schalenbruchstücken bedeckt, steckt senkrecht im Boden und ragt nur wenig oder gar nicht heraus. Die einzelnen Strahlen der Tentakelkrone sind fast auf ganzer Länge durch eine feine Haut miteinander verbunden. Färbung der Tentakelkrone bräunlich bis violett.
Verwechslungsmöglichkeiten: Nicht vorhanden.
Lebensraum: Auf Schlick- und Schlicksandböden, seltener auf Sandböden, in Seegraswiesen und auf Felsböden in mit Schlick und Sand angefüllten Felsspalten. Vom Flachwasser bis in große Tiefen.
Biologie: Die Schlicksabelle steht meist in kleinen Gruppen zusammen. Dabei können die einzelnen Röhren zu gallertigen Klumpen verschmelzen. Die entfaltete Tentakelkrone liegt häufig flach auf dem Untergrund und kann bei Gefahr vollständig in die Röhre zurückgezogen werden. Die Tiere können ihre Röhre verlassen, um sich an einem anderen Platz eine neue zu bauen.
Aquarienhaltung: Nicht bekannt. Da die Tiere jedoch bis zu 20 cm lang werden können und nur die Tentakelkrone aus dem Boden herausragt, ist eine Bodenschicht von mindestens 10 bis 15 cm notwendig.

Salmacina spec.
Verflochtener Kalkröhrenwurm

Familie Serpulidae

Erkennungsmerkmale: Durchmesser der Tentakelkrone bis ca. 5 mm, Kalkröhre bis mehrere cm lang. Koloniebildung. Röhren der einzelnen Tiere miteinander verschlungen bzw. verflochten. Tentakelkrone weißlich, Basis der Tentakelkrone gelborange, Kalkröhre weiß.
Verwechslungsmöglichkeiten: Aufgrund der charakteristischen Wuchsform der Kolonien können die Vertreter dieser Gattung nicht mit anderen Gattungen der Familie verwechselt werden. Die exakte Artbestimmung bleibt Spezialisten vorbehalten.
Lebensraum: Auf verschiedenen Hartböden und anderen festen Untergründen, oft auch auf den Fächern verschiedener Gorgonienarten. In verschiedenen Tiefen.
Biologie: Vertreter dieser Gattung können bei großflächigem Auftreten massive „Bänke“ bilden.
Aquarienhaltung: Nicht bekannt. Da die Tiere ausschließlich feinste organische Teile aufnehmen können, ist die Fütterung schwierig und sollte mit Planktonersatz und Pipette direkt erfolgen. Dazu kommt, das die weißen Kolonien im meist zu hellen Aquarium leicht veralgen.

Serpula vermicularis L.
Bunter Kalkröhrenwurm

Familie Serpulidae

Erkennungsmerkmale: Durchmesser der Tentakelkrone bis 50 mm. Art in bezug auf Röhre, Operculum und Tentakelkrone sehr variabel. Ein Strahl der Tentakelkrone dekkelförmig (= Operculum). Kalkröhre oft spiralig gedreht, entweder nur mit der Basis oder auch fast vollständig auf dem Untergrund festgewachsen. Färbung variabel, oft rosa bis rötlich, zum Teil mit weißem Zeichnungsmuster.

Verwechslungsmöglichkeiten: Zur Zeit ist man der Ansicht, daß es sich um eine sehr variable Art handelt. Eine noch laufende Neubearbeitung könnte jedoch ergeben, daß sich hinter dieser Art eine ganze Reihe von eigenständigen Arten verbirgt. Wichtiges Artbestimmungsmerkmal ist vor allem das Operculum.

Lebensraum: Auf allen festen Untergründen. Vom Flachwasser bis in große Tiefe.

Biologie: Bei Gefahr wird zuerst die Tentakelkrone in die schützende Kalkröhre zurückgezogen. Anschließend wird auch das Operculum, der Deckel, zurückgezogen, der in die Öffnung der Röhre paßt und diese dadurch genau verschließt. Diese interessante Struktur verhindert, daß Freßfeinde in die Röhre eindringen.

Aquarienhaltung: Gut geeignet. Die Tiere benötigen jedoch eine ausreichende Strömung und einen regelmäßigen Wasserwechsel. Zur Ernährung ist feines Futter notwendig (aufgelöste Futtertabletten und ähnliches).

Protula spec.
Kalkröhrenwurm

Familie Serpulidae

Erkennungsmerkmale: Durchmesser der Kiemenkrone bis ca. 70 mm. Kalkröhre bis 150 mm lang, Durchmesser bis 10 mm, mit der Basis am Substrat befestigt, manchmal spiralig gewunden, Rest ragt frei ins Wasser. Färbung variabel, Kiemenkrone lachsfarben, orange oder kräftig rot, manchmal auch gemustert. Kalkröhre weiß, oft bewachsen.
Verwechslungsmöglichkeiten: Diese Familie ist mit fast 70 Arten aus 20 Gattungen im Mittelmeer vertreten. Die meisten dieser Arten sind nur schwer zu bestimmen. Nach Fotos läßt sich meist nur die Gattungszugehörigkeit mit einiger Sicherheit angeben. Wichtiges Bestimmungsmerkmal ist das Operculum, der Deckel, das bei manchen Arten aber reduziert sein kann oder auch völlig fehlt.
Lebensraum: Auf Felsen, Steinen und anderem festen Untergrund. Meist im Flachwasser, aber auch bis in große Tiefe. Bevorzugt abgeschattete Stellen und Überhänge. Im gesamten Mittelmeer.
Biologie: Manchmal kann man sehen, daß die Mündung der Kalkröhre von einem sogenannten „Kragen", einer sehr drüsenreichen Hautfalte des Wurmkörpers, bedeckt wird. Sie hat oftmals eine ähnliche Färbung wie die Kiemenkrone, wodurch sie sich gut von der weißen Kalkröhre abhebt. Mit Hilfe dieses drüsenreichen Gewebes kann Kalk abgeschieden und somit die Röhre vergrößert bzw. verlängert werden.
Aquarienhaltung: Siehe Bunter Kalkröhrenwurm *(Serpula vermicularis)*.

Mollusca
Stamm Weichtiere

Die Weichtiere bilden nach den Gliederfüßern, den Arthropoda, den zweitgrößten Tierstamm. Von den weltweit ca. 130 000 Arten lebt die weitaus größte Anzahl im Meer, dagegen eine vergleichsweise geringe Artenzahl im Süßwasser, und noch weniger Arten haben den Übergang zum Landleben geschafft. Charakteristisches Merkmal für die Mehrzahl der Weichtiere ist der Besitz einer harten Schale, die neben der Stütz- auch eine Schutzfunktion übernehmen kann. Innerhalb des Tierstammes der Weichtiere haben sich einige verschiedene Gruppen entwickelt, von denen die Muscheln oder Bivalvia, die Schnecken oder Gastropoda und die Kopffüßer oder Cephalopoda die wichtigsten sind. Sie unterscheiden sich nicht nur äußerlich deutlich voneinander, sondern haben auch völlig verschiedene Lebensweisen ausgebildet und ganz unterschiedliche ökologische Nischen in den Meeren besetzt.

Bivalvia
Klasse Muscheln

Von den ca. 20 000 bekannten Muschelarten kommen ca. 400 im Mittelmeer vor. Sie zeichnen sich durch einen seitlich zusammengedrückten Weichkörper mit einer zweiteiligen Schale aus, die auf dem Rücken mit einem Gelenk beweglich miteinander verbunden ist. Dieses Gelenk besteht aus einem elastischen Band, dem Ligament, und einem sogenannten Schloß mit oder ohne zahnartigen Fortsätzen oder Leisten auf den Innenrändern der beiden Schalen, die genau ineinander passen. Die beiden Schalen, die meist mehr oder weniger gleichgestaltet sind, können mit Hilfe von 1 oder 2 sogenannten Schließmuskeln, die auf beiden Schalen ansitzen, fest verschlossen werden. Die Ansatzstellen dieser Muskeln kann man auf den Innenseiten der Schalen meist deutlich erkennen. Muscheln sind ausnahmslos Filtrierer, die feines Plankton und abgestorbenes organisches Material mit Hilfe ihrer netzartigen Kiemen aus dem Wasser herausfiltern. Die Mehrzahl der Arten lebt eingegraben im Untergrund, wobei sie den oftmals weit vorstreckbaren Fuß zum Graben benutzen. Einige Arten können sich mit sogenannten Byssusfäden am Untergrund verankern, andere wachsen mit einer Schalenhälfte am Untergrund fest. Die meist getrenntgeschlechtlichen Tiere geben Ei- und Samenzellen einfach ins Wasser ab, wo die Befruchtung stattfindet. Von den zum Teil extrem zahlreichen Nachkommen (mehr als eine Million) überleben nur wenige das freischwimmende Larvenstadium. Auch ausgewachsen besitzen Muscheln sehr zahlreiche Feinde. Neben größeren Seesternen, räuberischen Schnecken, Krebsen und Fischen gehören auch viele Küstenvögel zu den natürlichen Feinden.

Pinna nobilis L., 1758
Große Steckmuschel

Familie Pinnidae

Erkennungsmerkmale: Größe bis über 100 cm. Beide Schalen gleichgestaltet, fächerförmig, nach unten spitz zulaufend. Wirbel an der Spitze. Schale außen mit zahlreichen, sehr dichtstehenden (Abstand kleiner als Durchmesser), kleinen, rinnenförmigen Schuppen, die besonders bei jungen, kleinen Exemplaren deutlich ausgebildet sind, bei älteren Exemplaren oft nur noch ansatzweise erkennbar. Färbung außen rötlichbraun, Spitze silbrig.
Verwechslungsmöglichkeiten: 2 Gattungen mit 3 Arten im Mittelmeer. Vor allem junge Exemplare mit deutlich ausgebildeten Stacheln können mit der Stacheligen Steckmuschel (*P. rudis* L., 1758) verwechselt werden. Diese erreicht nur eine Größe bis 30 cm und besitzt deutlich weniger, größere Stacheln, die einen größeren Abstand zueinander haben. Sie siedelt sich außerdem eher in sandigen Spalten an.
Lebensraum: Auf Sandböden, oft in der Nähe von Seegraswiesen. Vom Flachwasser bis in größere Tiefe. Im gesamten Mittelmeer.
Biologie: Steckmuscheln sind mit der Spitze, zum Teil bis zur Hälfte, im Sandboden eingegraben. Durch zahlreiche Byssusfäden, die oft an kleinen Steinen oder ähnlichem befestigt sind, sind sie zusätzlich im Boden verankert. Aus den Byssusfäden wurden bereits im Altertum bis ins Mittelalter hinein feine Gewebe wie Handschuhe und Strümpfe angefertigt, die ähnliche Eigenschaften wie Nylon hatten. Die Oberseite der Schalen ist meist von verschiedenen Aufwuchsorganismen bewachsen. In der Steckmuschel kann man manchmal dunkle oder seltener rote Perlen finden.
Im Mantelraum der Steckmuschel leben oftmals kleine Krebse, die Steckmuschelgarnele *(Pontonia pinnophylax)* und der Muschelwächter *(Pinnotheres pinnotheres).* Man kann sowohl einzelne Tiere und Paare einer Art als auch Exemplare beider Arten in einer Steckmuschel antreffen. Bei dieser Lebensgemeinschaft, bei der nur die Krebse Vorteile genießen, ohne die Steckmuschel zu schädigen, handelt es sich um eine Kombination aus Karpose und Kommensalismus, Wohn- und Tischgemeinschaft. Vom Muschelwächter ist bekannt, daß er bei Beunruhigungen die Steckmuschel zum Schließen ihrer Schalen veranlaßt. Durch übermäßiges Sammeln sind Steckmuscheln heute vielerorts selten geworden.
Aquarienhaltung: Nur junge, kleine Exemplare eignen sich für die Haltung. Sie müssen im Aquarium bis über den Byssus in Sand eingegraben werden. Um die häufig im Mantelraum lebenden kleinen Krebse beobachten zu können, empfiehlt es sich, die Art im Becken so zu plazieren, daß man in ihren Mantelraum schauen kann.

Pecten jacobaeus (L., 1758) Jakobs-Pilgermuschel

Familie Pectinidae

Erkennungsmerkmale: Größe bis 15 cm. Schalen ungleich, linke Schale flach, rechte deutlich gewölbt. Beide Schalen mit 14 bis 16 breiten, scharfkantigen Radiärrippen. Schalenform entspricht dem Firmenzeichen von Shell. Am Wirbel beidseits gleichgroße Fortsätze, sogenannte Ohren. Flache Schale dunkelbraun, gewölbte weißlich bis rötlich.
Verwechslungsmöglichkeiten: Zahlreiche weitere Arten dieser Familie im Mittelmeer, die sich bis auf eine Ausnahme in der Anzahl der Radiärrippen und/oder der Form der Ohren unterscheiden. Die Atlantische Pilgermuschel (*Pecten maximus* (L., 1758)), die etwas größer wird und nur im äußersten Westen des Mittelmeeres vorkommt, kann mit der Jakobs-Pilgermuschel verwechselt werden. Bei ihr sind die Radiärrippen jedoch abgerundet.
Lebensraum: Auf allen Weichböden. Vom Flachwasser bis in große Tiefe. Im gesamten Mittelmeer.

Biologie: Die gewölbte Schale wurde von Pilgern des Wallfahrtsortes Santiago de Compostella in Spanien als Trinkgefäß mitgeführt und ist neben dem Pilgerstab das Attribut des heiligen Jakobus (Name!). Durch heftiges Auf- und Zuschlagen der beiden Schalen kann die Art bei Gefahr rasch davonschwimmen. Nach ca. einem Dutzend Schwimmstößen fällt sie meist erschöpft wieder zu Boden. Parallel zur Schwimmfähigkeit haben die Pilgermuscheln auch Linsenaugen und Geruchs- und Tastsinnesorgane in Form von fadenförmigen Anhängen, die jeweils am Mantelrand sitzen, entwickelt.
Anders als andere Muschelarten wird diese Art nicht roh, sondern nur gekocht oder geröstet verzehrt, was eventuell mit der roten Färbung des Weichkörpers zusammenhängt.
Aquarienhaltung: Soll ausdauernd und anspruchslos sein.

Clamys varia (L., 1758)
Bunte Kammuschel

Familie Pectinidae

Erkennungsmerkmale: Größe bis 8 cm, meist kleiner. Schalen annähernd gleichgestaltet, beide deutlich gewölbt, mit 26 bis 30 Radiärrippen. Vorderes Ohr deutlich größer als das hintere. Färbung sehr variabel, von weiß, gelb, rosa, orange, dunkelrot, braun, violett bis fast schwarz, manchmal auch gemustert.
Verwechslungsmöglichkeiten: Zahlreiche weitere Arten dieser Familie im Mittelmeer, die sich durch die Anzahl der Radiärrippen unterscheiden.
Lebensraum: Freilebend auf Sedimentböden oder mit Byssusfäden unter Steinen angeheftet. Vom Flachwasser bis in große Tiefe. Im gesamten Mittelmeer.
Biologie: Auch die Bunte Kammuschel kann bei Gefahr durch Freßfeinde wie Seesterne oder Kraken, die sie optisch und auch geruchlich wahrnehmen kann, davonschwimmen. Dabei können die Tiere bis zu 30 cm pro Sekunde zurücklegen. Während diese Fluchtversuche bei Seesternen meist erfolgreich verlaufen, können Kraken eher darauf reagieren. Mit ihren Linsenaugen nehmen die Bunten Kammuscheln Helligkeitsunterschiede aus Entfernungen bis zu 6 m wahr. Die Fortpflanzung erfolgt über freischwimmende Larvenstadien, aus denen sich schließlich die bodenbewohnende Jungmuschel entwickelt.
Aquarienhaltung: Siehe Jakobs-Pilgermuschel *(Pecten jacobaeus)*.

Lima inflata (Chemnitz, 1784) Bauchige Feilenmuschel

Familie Limidae

Erkennungsmerkmale: Größe bis 5 cm. Beide Schalen gleichgestaltet, relativ dünn. Mantelrand mit langen, klebrigen Tentakeln. Schale weißlich, Weichkörper mit Tentakeln leuchtend orangerot gefärbt.
Verwechslungsmöglichkeiten: Es gibt einige weitere Arten dieser Gattung im Mittelmeer, die sich vor allem durch Form und Oberflächenstruktur der Schalen voneinander unterscheiden.
Lebensraum: Auf Weichböden und sekundären Hartböden, oft unter Steinen. Vom Flachwasser bis in größere Tiefe. Im gesamten Mittelmeer.
Biologie: Feilenmuscheln können sowohl in kleinen Löchern und Spalten, in den Hohlräumen von Schwämmen, mit Byssusfäden an Schwämmen und Seescheiden angeheftet als auch unter Steinen angetroffen werden. Mit Hilfe der Byssusfäden und Algen und kleinen Steinchen können die Tiere Nester bauen, in denen sie sich vorwiegend aufhalten. Sie dienen dem Schutz vor ihren Hauptfreßfeinden, vor allem Fischen. Wie die Kammuscheln schwimmen auch die Feilenmuscheln durch rasches Auf- und Zuklappen ihrer beiden Schalen. Die langen Tentakel können nicht vollständig eingezogen werden. Als Anpassung an ihre Schwimmfähigkeit besitzen sie relativ dünne und damit leichte Schalen.
Aquarienhaltung: Soll etwas problematisch sein. Es müssen ausreichende Unterschlupfmöglichkeiten angeboten werden.

Arca noae L., 1758
Archenmuschel

Familie Arcidae

Erkennungsmerkmale: Größe bis 10 cm. Beide Schalen gleichgestaltet, viereckig, länglich kahnförmig. Wibel deutlich erhoben, nach vorn gerichtet. Oft kurz behaart. Färbung hellbraun mit dunkel geflammten Bändern. Häufig mit Mulm bedeckt oder von verschiedenen Aufwuchsorganismen bewachsen.
Verwechslungsmöglichkeiten: Nicht vorhanden. Diese Familie ist im Mittelmeer mit 10 Arten vertreten, die sich auf 6 Gattungen verteilen.
Lebensraum: Verschiedene Hartböden. Vom Flachwasser bis in große Tiefe. Im gesamten Mittelmeer.
Biologie: Archenmuscheln sind eine altertümliche Gruppe, die fossil bereits aus dem Kambrium (vor ca. 500 Millionen Jahren) bekannt sind. Sie können ein Sekret ausscheiden, das im Wasser erhärtet und mit dem sie sich am Untergrund festheften. Anders als bei den Miesmuscheln der Gattung *Mytilus* ist dieser Byssus nicht fädig, sondern eher eine kompakte Masse. Die Schalen können von den verschiedensten Aufwuchsorganismen (Kalkalgen, Schwämme, Röhrenwürmer und ähnliches) besiedelt sein, so daß sie sich oft kaum von ihrem Untergrund abheben. Obwohl sie recht häufig sind, werden sie dadurch sehr leicht übersehen. Diese Art wird regional häufig auf Fischmärkten angeboten und roh gegessen.
Aquarienhaltung: Sehr gut geeignet, läßt sich leicht halten.

Placophora
Klasse Käferschnecken

Chiton olivaceus Spengler, 1797
Bunte Käferschnecke

Familie Chitonidae

Erkennungsmerkmale: Größe bis 4 cm. Rücken von 8 Schalenplatten bedeckt, die dachziegelartig übereinanderliegen, bauchseits mit fleischigem Kriechfuß. Färbung sehr variabel, reicht von gelbbraun bis olivgrau, schwarz, rot, orange und gelb, meist stark gemustert mit unterschiedlich gefärbten Platten.
Verwechslungsmöglichkeiten: Zahlreiche weitere Arten im Mittelmeer, diese jedoch stets einheitlicher gefärbt, Platten nicht unterschiedlich gefärbt und meist unauffälliger.
Lebensraum: Auf verschiedenen Hartböden und unter Steinen. Von der Gezeitenzone bis in geringe Tiefe.
Biologie: Käferschnecken ernähren sich von Algenaufwuchs, den sie überwiegend nachts abweiden. Anders als bei Gehäuseschnecken sind die Kalkplatten von lebendem Gewebe überzogen, das neben einfach gebauten Augen auch Sinneszellen für Tastempfindung und chemische Wahrnehmung besitzt. Als Hauptfreßfeinde werden in der Literatur die verschiedenen Brassenarten angegeben.
Aquarienhaltung: Bei ausreichendem Algenbewuchs lassen sich Käferschnecken gut im Aquarium halten. Beim Ablösen der Tiere muß unbedingt darauf geachtet werden, daß der Fuß nicht verletzt wird. Der Transport kann, vor allem bei Arten aus der Gezeitenzone, über kurze Zeit auch in feuchten Tüchern erfolgen, da die Tiere bei Ebbe unter Umständen ebenfalls trockenfallen können.

Gastropoda
Klasse Schnecken

Von den ca. 110 000 Schneckenarten leben ungefähr 1200 Arten im Mittelmeer. Bei ihnen findet man die einzigen Vertreter dieses Tierstammes, die den Übergang zum Landleben geschafft haben. Im Unterschied zu den Muscheln, die stets eine zweiteilige Schale besitzen, ist sie bei den Schnecken meist einteilig, oftmals spiralig aufgerollt. Neben einzelnen Vertretern aus verschiedenen Gruppen, bei denen die Schale teilweise oder ganz reduziert ist, zeichnet sich vor allem die Ordnung der Nacktkiemer, der Nudibranchia, durch ein völliges Fehlen der Schale aus. Aufgrund der besonderen Attraktivität der sogenannten Nacktschnekken und ihrer oftmals sehr interessanten Biologie soll ihnen in diesem Buch an anderer Stelle eine eigene Gruppenbeschreibung (Seite 118–119) gewidmet werden, die einen tieferen Einblick in die Systematik und die Biologie dieser Tiere ermöglicht.
Der Körper der Schnecken ist meist deutlich in 3 Abschnitte untergliedert: Kopf, Fuß und Mantel. Am Kopf befinden sich in der Regel die Mundöffnung, ein Paar Fühler und die Augen. Der Fuß bildet meist eine kräftige, muskulöse Kriechsohle und ist bei einigen Arten sogar zu Schwimmflossen umgebildet. Der Eingeweidesack schließlich ist in der Regel bruchsackartig aus dem Körper ausgestülpt, spiralig aufgerollt und befindet sich in der einteiligen, meist ebenfalls spiralig aufgerollten Schale, dem Schneckenhaus. Bei Arten mit teilweise oder völlig reduzierter Schale ist auch der Eingeweidesack meist nicht aus dem Körper ausgestülpt. Bei Störungen können sich die meisten Schnecken völlig in ihr Haus zurückziehen, das zahlreiche Arten sogar noch mit einem auf der Oberseite des Fußes befindlichem Deckel fest verschließen können. Arten, bei denen die Schale nicht spiralig gewunden, sondern napfförmig ist, können sich bei Störungen mit ihrem kräftigen Fuß so fest am Untergrund ansaugen, daß man sie kaum entfernen kann. Ihre Schale ist so gut dem Untergrund angepaßt, daß sie fast hermetisch von der Außenwelt abgeschlossen sind.
Abgesehen von den Nacktkiemern, die meist nur eine kurze Lebenserwartung unter einem Jahr aufweisen, kann die Mehrzahl der Schnecken mehrere, zum Teil sogar mehr als 10 Jahre alt werden. Je nach Art können die Tiere entweder getrenntgeschlechtlich oder zwittrig sein. Dabei kann es bei penistragenden Arten zu einer inneren Befruchtung kommen, oder die Geschlechtsprodukte werden einfach ins Wasser abgegeben. Oftmals werden die befruchteten Eier in einem Gelege in Form von gallertigen Eischnüren, -bändern oder -klumpen abgelegt. Solche Gelege können viele Millionen Eier enthalten. Die schlüpfenden Larven gehen meist erst nach einer planktischen Phase zum Bodenleben über und entwickeln sich zu Jungschnecken.
Es gibt kaum eine Nahrungsquelle, die die Schnecken nicht erschlossen haben. So findet man neben rein pflanzenfressenden Weidegängern auch Aasfresser, Planktonstrudler, räuberische Fleischfresser und zahlreiche ausgesprochene Nahrungsspezialisten. Unabhängig von der Ernährungsweise besitzen alle Schnecken eine sogenannte Raspelzunge oder Radula, die sich in der Mundöffnung befindet. Sie besteht aus Chitin und ist ein bandförmiges Organ, auf dem regelmäßige Reihen kleiner Zähne angebracht sind. Form und Bau der Raspelzungenzähnchen, die oft wichtige Bestimmungsmerkmale sind, lassen genaue Rückschlüsse auf die Art der Nahrung der betreffenden Art zu. Die Raspelzunge wird beim Fressen über das Futter hin und her geschoben, wodurch die Nahrung abgeraspelt wird. Die Form der Radula sowie Form und Anzahl der Zähnchen können ausgesprochen variabel sein, sind aber immer artspezifisch. Als Feinde der Schnecken findet man außer vielen Fischarten auch Seesterne, Krebse, große Borstenwürmer, räuberische Schnecken und Küstenvögel.

Haliotis tuberculata
(Lamarck, 1822)
Seeohr

Familie Haliotidae

Erkennungsmerkmale: Schale bis 70 mm, ohrförmig, mit zahlreichen, unregelmäßigen Radiär- und Spiralfalten, nur wenige, sich sehr schnell erweiternde Umgänge, am äußeren Rand der Schale zahlreiche Löcher. Färbung dunkelbraun marmoriert, aber meist bewachsen, innen Perlmutt. Weichkörper mit sehr breitem Fuß, mit einer großen Anzahl von seitlichen Tentakeln, auch durch die Öffnungen der Schalenoberseite ragt je ein Tentakel.
Verwechslungsmöglichkeiten: Verschiedene Autoren geben 3 verschiedene Arten für das Mittelmeer an. Andere vertreten die Ansicht, daß es sich nur um eine Art handelt.
Lebensraum: Auf Hartböden, meist auf der Unterseite von Steinen. Ab dem Flachwasser. Im gesamten Mittelmeer.
Biologie: Seeohren weiden den Algenaufwuchs auf Steinen und Felsen ab. Tagsüber findet man sie meist auf der Unterseite von Steinen, während man sie nachts auch frei herumkriechen sehen kann. Wenn sie erst einmal gestört wurden, haften sie sehr stark auf ihrer Unterlage und sind nicht ohne Verletzungen davon abzulösen. Die Saugkraft des Fußes kann das 4000fache des Körpergewichts betragen, so daß eher die kräftige Schale zerbricht, als daß sich das Tier vom Untergrund löst.
Aquarienhaltung: Die Haltung von Seeohren ist völlig unproblematisch. Sie gehören zu den widerstandsfähigsten Tieren im Aquarium.

Calliostoma conulum (L., 1758)
Rotbraune Kreiselschnecke

Familie Trochidae

Erkennungsmerkmale: Gehäusehöhe bis 23 mm, bis zu 10 Umgänge, Spitze gekörnt, die jüngeren Umgänge glatt, orangefarben mit variablen rotbraunen Flecken, Spiralstreifen vorspringend und weiß und rot gefleckt. Weichkörper orange bis rotbraun, seitlich mit je 3 fadenförmigen Anhängen.
Verwechslungsmöglichkeiten: Es gibt im Mittelmeer zahlreiche Arten der Gattung *Calliostoma*, die zum Teil nur schwer auseinanderzuhalten sind.
Lebensraum: Pflanzenbestände auf Hartböden, meist unter 10 m. Im gesamten Mittelmeer.
Biologie: Kreiselschnecken besitzen einen kreisrunden, hornigen Deckel auf dem hinteren Teil des Fußes, mit dem das Gehäuse verschlossen werden kann. Diesen Schutzmechanismus gegen mögliche Freßfeinde findet man auch bei zahlreichen Schnecken aus anderen Familien. Kreiselschnecken ernähren sich von Detritus und Algen.
Aquarienhaltung: In Aquarien mit gutem Algenbewuchs lassen sich Kreiselschnekken gut halten. Gelegentlich laichen die Tiere auch. Bei den meisten Schneckenarten schlüpfen aus den Gelegen aber planktonische Larven, die im Aquarium nicht überleben.

Lemintina arenaria (L., 1758)
Große Wurmschnecke

Familie Vermetidae

Erkennungsmerkmale: Sessile Schnecke mit einem unregelmäßig gewundenen, an Fels oder Steinen festgewachsenen Gehäuse, das der Kalkröhre eines Röhrenwurmes sehr stark ähnelt. Durchmesser der kreisrunden Röhrenöffnung bis zu 15 mm. Art ohne Deckel! Färbung der Kalkröhre grauweiß bis graugelb, meist jedoch bewachsen. Der Kopf des Tieres mit den Fühlern sowie der stark reduzierte Fuß sind rot gefärbt mit weißen Tupfen.
Verwechslungsmöglichkeiten: Insgesamt 9 weitere, zum Teil sehr variable Arten im Mittelmeer, die jedoch alle kleiner bleiben und alle einen Deckel zum Verschließen ihrer Kalkröhre (Schutz vor Freßfeinden) besitzen.
Lebensraum: Auf Hartböden und Steinen, stets festgewachsen. Vom Flachwasser bis in größere Tiefen. Im gesamten Mittelmeer.
Biologie: Bei den Wurmschnecken handelt es sich um die einzigen sessilen Vertreter unter den Schnecken. Dementsprechend besitzen sie nur noch einen stark zurückgebildeten Kriechfuß. Auch bei der Nahrungsaufnahme kann man eine interessante Anpassung an die sessile Lebensweise beobachten. Wurmschnecken scheiden aus speziellen Drüsen im Fuß lange Schleimfäden aus, die zum Teil weit ins freie Wasser ragen können. An ihnen bleiben kleine Planktonorganismen und Schwebstoffe hängen, die in regelmäßigen Abständen mit den Schleimfäden eingezogen und verspeist werden. Bei Beunruhigung können sich die Tiere weit in ihre Röhre zurückziehen.
Aquarienhaltung: Bei ausreichend geeignetem Futter in Form von Artemia, Daphnien, Cyclops oder Trockenfutter ist die Haltung von Wurmschnecken meist problemlos. Sie bevorzugen ruhige, schattige Plätze. Lebenserwartung bis zu 3 Jahre.

Strombus decorus Röding
Fechterschnecke

Familie Strombidae

Erkennungsmerkmale: Größe um 60 mm. Gehäuse kegelförmig, mit langgestreckter Öffnung. Tier mit langen Stielaugen und einem säbelförmigen, hornigen Fortsatz am Fuß. Färbung und Muster sehr variabel, meist eine Kombination aus verschiedenen Brauntönen und Weiß.
Verwechslungsmöglichkeiten: Nicht vorhanden. Einzige Art der sehr artenreichen tropischen Familie.
Lebensraum: Auf allen pflanzenbestandenen Böden. Vom Flachwasser bis in größere Tiefen, am häufigsten jedoch bis ca. 20 m Tiefe. Nur im östlichen Mittelmeer.
Biologie: Bei der Fechterschnecke handelt es sich um einen Einwanderer aus dem Roten Meer. Sie ernährt sich von Pflanzen und Detritus, abgestorbenem organischen Material. Im Mittelmeer hat die Fechterschnecke wegen der Neubesiedelung eine starke Vermehrungsrate. Stellenweise kann es zu Massenvorkommen dieser Art kommen. In Kas, Südtürkei, konnte der Verfasser stellenweise Bestände von ca. 50 bis 100 Tieren pro Quadratmeter beobachten. Mit Hilfe des sehr beweglichen, säbelförmigen Fortsatzes können sich die Tiere blitzschnell wieder umdrehen, wenn sie auf dem Rücken liegen. Außerdem können sie mit ihm auch regelrecht über den Boden staksen, wobei sie deutlich schneller als beim Kriechen sind. Auffällig sind auch die beiden Stielaugen, die ebenfalls sehr beweglich sind und nach fast allen Seiten gedreht werden können; mit ihnen beobachten die Tiere aufmerksam ihre Umwelt.
Aquarienhaltung: Nicht bekannt. Aufgrund der Lebensweise (Detritusfresser) aber wahrscheinlich unproblematisch.

Calyptra chinensis (L., 1758)
Chinesenhütchen

Familie Calyptraeidae

Erkennungsmerkmale: Größe bis 20 mm. Schale kegelig erhoben, bis 5 mm hoch, dünn, Windungen äußerlich kaum sichtbar, Spitze fast zentral. Erinnert in der Form an einen Chinesenhut. Färbung von Schale und Tier weißlich bis gelblich.
Verwechslungsmöglichkeiten: Nicht vorhanden. Einzige Art der Gattung im Mittelmeer.
Lebensraum: Meist auf den Innenseiten von leeren Muschel- und Schneckenschalen, auf verschiedenen Weichböden. Vom Flachwasser bis in größere Tiefe. Im gesamten Mittelmeer.
Biologie: Beim Chinesenhütchen handelt es sich, genau wie bei den Pantoffelschnekken der Gattung *Crepidula*, um einen Planktonfiltrierer. Feine Wimpern, die vor allem auf den Kiemen zu finden sind, erzeugen einen Wasserstrom. Ebenfalls auf den Kiemen vorhandene Drüsen fangen die mit dem Wasserstrom herbeigetragenen Nahrungspartikel auf und verpacken sie in Schleim. Die feinen Wimpern wiederum transportieren den Schleimfilm weiter, rollen ihn ein und führen ihn dem Mund zu. Dabei gibt es sogar getrennte Filtrationsmechanismen für grobe und feine Partikel. Parallel zu dieser für Schnecken sehr ungewöhnlichen Ernährungsweise ist das Chinesenhütchen mehr oder weniger stationär geworden und bleibt meist sehr lange an ein und derselben Stelle. Da die Nahrung mit dem Wasser herbeigestrudelt wird, ist es für die Art nicht notwendig, einen großen Aktionsradius zu besitzen. Die Anpassung kann so weit gehen, daß der Schalenrand so geformt ist, daß er genau auf eine Stelle des Untergrundes paßt.
Aquarienhaltung: Nicht bekannt.

Cyprea lurida L., 1758
Braune Kauri

Familie Cypraeidae

Erkennungsmerkmale: Größe bis 45 mm. Gehäuse walzen- bis eiförmig, die Mündung erstreckt sich auf der Unterseite über die gesamte Schale, auf ganzer Länge gezähnt. Spiralförmige Windung des Gehäuses nicht zu erkennen, da sie vom letzten Umgang eingeschlossen wird. Gehäuseoberfläche porzellanartig glatt und glänzend. Färbung graubraun bis dunkelbraun mit 2 helleren Querbändern, an beiden Enden orange mit je 2 schwarzen Flecken.
Verwechslungsmöglichkeiten: Nicht vorhanden.
Lebensraum: Auf Hart- und Weichböden und unter Steinen. Vom Flachwasser bis in größere Tiefen. Im gesamten Mittelmeer. Selten.
Biologie: Siehe Variable Kauri *(Cyprea spurca)*. Die Weibchen legen ihre bis zu 500 bis 600 Eier in einem klumpenförmigen Gelege ab, das sie bis zum Schlupf betreuen. Im klassischen Altertum wurden die hübschen Schalen als Amulette gegen Unfruchtbarkeit und Geschlechtskrankheiten getragen. In weiten Teilen Südostasiens, Afrikas und vor allem in Guinea wurden die fälschlicherweise als Kaurimuscheln bezeichneten Schnecken als Zahlungsmittel benutzt und ersetzten teilweise bis in das 19. Jahrhundert das Geld. Interessant ist auch, daß das erste chinesische Porzellan, das Marco Polo Ende des 13. Jahrhunderts nach Europa brachte, aufgrund seiner Ähnlichkeit mit den glänzenden Schneckenschalen seinen Namen bekam und nicht umgekehrt.
Aquarienhaltung: Siehe Variable Kauri *(Cyprea spurca)*.

Cyprea spurca L., 1758
Variable Kauri

Familie Cypraeidae

Erkennungsmerkmale: Größe bis ca. 35 mm. Gehäuse walzen- bis eiförmig, die Mündung erstreckt sich auf der Unterseite über die gesamte Schale, auf ganzer Länge gezähnt. Spiralförmige Windung des Gehäuses nicht zu erkennen, da sie vom letzten Umgang eingeschlossen wird. Gehäuseoberfläche porzellanartig glatt und glänzend. Färbung sehr variabel, man findet keine 2 gleichgefärbten Exemplare. Grundfärbung reicht von fast Weiß über Beige bis hin zu kräftigem Braun, meist mit einem mehr oder weniger intensiven weißen bis braunen Punkt- oder Fleckenmuster.
Verwechslungsmöglichkeiten: Die Variable Kauri kann mit 2 weiteren Arten verwechselt werden, die jedoch seltener sind.
Lebensraum: Auf Hartböden und unter Steinen. Vom Flachwasser bis in größere Tiefen. Im gesamten Mittelmeer. Kann stellenweise recht häufig sein.
Biologie: Kauris ernähren sich räuberisch von verschiedensten Korallen und Schwämmen. Der porzellanartige Glanz der Schale bleibt dadurch erhalten, daß der Mantel des lebenden Tieres das Gehäuse bedeckt und somit das Festsetzen von Aufwuchsorganismen verhindert. Da auf beiden Seiten des Gehäuses ein Mantellappen entspringt, der es jeweils nur etwa zur Hälfte bedeckt, treffen sie sich auf der Oberseite der Schale. Dort kann man meist auch einen Längsstreifen erkennen. Bei Gefahr kann der Mantel ins Haus gezogen werden. Kauris leben sehr versteckt und sind überwiegend nachtaktiv. Meist weisen nur leere, auf dem Boden liegende Gehäuse auf ihre Anwesenheit hin. Weiteres siehe bei der Braunen Kauri *(Cyprea lurida)*.
Aquarienhaltung: Nicht bekannt, müßte aufgrund der Ernährungsansprüche aber möglich sein.

Simnia spelta (L., 1758)
Gorgonien-Porzellanschnecke

Familie Cypraeidae

Erkennungsmerkmale: Größe bis ca. 20 mm. Gehäuse spindelförmig, an den Enden zugespitzt, die Mündung erstreckt sich auf der Unterseite über die gesamte Schale und ist auf ihrer ganzen Länge ungezähnt. Färbung der Schale weiß, glänzend. Tier und Mantel je nach Untergrund verschieden gefärbt mit weißen Tupfen.
Verwechslungsmöglichkeiten: Es gibt im Mittelmeer 3 weitere Arten, die sich jeweils von Weich-, Horn- und/oder Steinkorallen ernähren.
Lebensraum: Stets auf Hornkorallen der Gattungen *Eunicella* und *Paramuricea*. Unterhalb von 10 m bis in große Tiefe. Nur im westlichen Mittelmeer und Teilen der Adria.
Biologie: Die Gorgonien-Porzellanschnecke ist ein ausgesprochener Nahrungsspezialist, der sich ausschließlich vom Achsengewebe und den Polypen von Gorgonien ernährt. In der Natur kommt es trotzdem nie vor, daß diese und Schnecken mit ähnlicher Lebensweise ihren Wirt so schädigen, daß er abstirbt. Die Gorgonien-Porzellanschnecke frißt sehr langsam und hinterläßt dabei nur geringe Schäden. So erhält sie sich ihre Nahrungsgrundlage. Siehe auch Artbeschreibungen der Variablen Kauri *(Cyprea spurca)* und der Braunen Kauri *(Cyprea lurida)*.
Aquarienhaltung: Möglich, aber nicht empfehlenswert, da sich die Tiere ausschließlich von Gorgonien ernähren.

Trunculariopsis trunculus
(L., 1758)
Purpurschnecke

Familie Muricidae

Erkennungsmerkmale: Größe bis 85 mm. Schale mit 6 bis 7 Umgängen, mit Wülsten und zahlreichen Höckern. Färbung grauweiß bis graugrün, meist jedoch von Algen, Schwämmen, Moostierchen, Röhrenwürmern, etc. überwachsen oder mit Mulm bedeckt.

Verwechslungsmöglichkeiten: Kann unter Umständen mit anderen Muriciden verwechselt werden. Arterkennungsmerkmale sind aber meist deutlich genug ausgeprägt, um Verwechslungen zu verhindern.

Lebensraum: Auf Weich- und Hartböden. Von der Gezeitenzone bis in größere Tiefen. Auch in verschmutztem Wasser. Im gesamten Mittelmeer. Häufig.

Biologie: Purpurschnecken ernähren sich in erster Linie von Aas, sind aber auch in der Lage, Muscheln zu öffnen und auszufressen. Bis ins Mittelalter hinein dienten sie neben dem Brandhorn *(Murex brandaris)* (L., 1758) und anderen Muriciden der Gewinnung des äußerst teuren Farbstoffes Purpur. Der von speziellen Drüsen gebildete Farbstoff wurde durch Auskochen der kompletten Tiere inklusive der Schalen gewonnen. Ursprünglich gelblich, verfärbt er sich erst unter Sonneneinstrahlung über grünlich, blau und dunkelrot zu dem begehrten purpurvioletten Farbton. Zur Gewinnung von einem Gramm Farbstoff wurden ca. 10 000 Tiere benötigt. Außer dem Färben von Stoffen, Wolle, Elfenbein und Pergament wurde Purpur auch zur Herstellung von Schminke benutzt. Außerdem wurde aus ihm auch eine nur den Kaisern vorbehaltene rote Tinte hergestellt.

Aquarienhaltung: Wie die meisten Aasfresser sind Purpurschnecken problemlos und ausdauernd. Man sollte jedoch nur wenige Exemplare gemeinsam halten, da die Tiere sehr viel Schleim absondern.

Charonia tritonis (L., 1758)
Echtes Tritonshorn

Familie Ranellidae

Erkennungsmerkmale: Größe bis 40 cm. Gehäuse spindelförmig mit bis zu 9 Umgängen, wirkt schlank. Spirale der Umgänge ungleichmäßig, Oberseite ohne Höckerreihen. Gehäuse meist bewachsen. Tier gelblich bis bräunlich marmoriert mit 2 schwarzen Binden auf den Fühlern.
Verwechslungsmöglichkeiten: Kann mit dem Gewöhnlichen Tritonshorn (*Charonia lampas* (L., 1758)) verwechselt werden, das nur im westlichen und Teilen des östlichen Mittelmeeres vorkommt und ebenfalls bis zu 40 cm groß werden kann. Gehäuse gedrungener, Spirale gleichmäßig, Umgänge mit Höckerreihen. Tier fleischfarben mit 2 schwarzen Binden auf den Fühlern.
Lebensraum: Auf verschiedenen Böden. Vom Flachwasser bis in große Tiefe. Östliches Mittelmeer bis Sizilien und stellenweise im westlichen Mittelmeer, fehlt in der Adria.
Biologie: Ernährt sich räuberisch von Seesternen. Diese größte Schnecke unserer „einheimischen" Tierwelt ist die Unterart einer sonst im Indo-Pazifik verbreiteten Art. Ihr Gehäuse wurde in der Südsee als Kriegstrompete benutzt. Auch das Gehäuse des im gesamten Mittelmeer vorkommenden Gewöhnlichen Tritonshornes *(C. lampas)* wurde von den Römern benutzt, um die Bürger zu den Waffen zu rufen. Es dient auch heute noch manchen Fischern als Signalhorn; anders als in der Südsee, wo man seitlich ein Loch in die Schale der Gehäuse machte und diese dann wie eine Querflöte benutzte, wurde und wird im Mittelmeerraum einfach die Spitze der Schale entfernt.
Aquarienhaltung: Nicht bekannt. Aufgrund von Größe und Ernährungsweise jedoch wahrscheinlich ungeeignet.

Cymatium corrugatum
(Lamarck, 1822)
Behaartes Tritonshorn

Familie Ranellidae

Erkennungsmerkmale: Größe bis ca. 10 cm. Schale spindelförmig mit unregelmäßigen Umgängen, kräftig, in mehreren Längsreihen „borstig behaart". Behaarung und Schale bräunlich, Tier gelblich mit rötlichen bis braunschwarzen Flecken.
Verwechslungsmöglichkeiten: Aufgrund der Behaarung des Gehäuses und der charakteristischen Färbung des Tieres nicht vorhanden.
Lebensraum: Auf verschiedenen Böden. Vom Flachwasser bis in große Tiefe. Im gesamten Mittelmeer, soll jedoch in der Adria fehlen.
Biologie: Die Behaarung der Schale wird vom sogenannten Periostracum, einer Schutzschicht organischen Ursprungs auf der Außenseite der Schale, gebildet. Die Art ernährt sich räuberisch von verschiedenen Stachelhäutern.
Aquarienhaltung: Die Tritonshörner sind im allgemeinen Räuber, die selbst vor stark nesselnden Anemonen usw. nicht zurückschrecken. Außerdem produzieren alle großen Schnecken relativ viel Schleim, der das Aquarium verschmutzt und andere Wirbellose verkleben kann. Die Aquarienhaltung kann also nur in Ausnahmefällen (Artenbecken) empfohlen werden.

Aplysia rosea Rathke, 1799
Kleiner Gepunkteter Seehase

Familie Aplysiidae

Erkennungsmerkmale: Größe bis 8 cm. Tier wird meist für eine Nacktschnecke gehalten, da keine Schale zu sehen ist. Diese befindet sich jedoch auf dem Rücken, ist vom Mantel überwachsen, uhrglasförmig, sehr zerbrechlich und bis ca. 15 mm groß. Körper sehr weich. Fuß beidseits mit großen Seitenlappen, sogenannten Parapodien, die meist über dem Rücken zusammengelegt sind und mit deren Hilfe die Tiere schwimmen können. Kopf mit eingerollten Rhinophoren, die wie Hasenohren aussehen (Name!), Augen direkt davor. Färbung erwachsener Tiere grünbraun mit rosa bis weißen Punkten, Mantelsaum meist weiß. Jungtiere rötlich.
Verwechslungsmöglichkeiten: Siehe Großer Brauner Seehase *(A. fasciata)*.
Lebensraum: Schlick-, Sand- und Felsböden mit Algenbewuchs. Im Flachwasser bis in ca. 15 m Tiefe. Im gesamten Mittelmeer.
Biologie: Erwachsene Tiere sind nur im Frühjahr anzutreffen. Zu dieser Zeit findet auch die Fortpflanzung statt. Jungtiere findet man ab dem Sommer bis in den Herbst hinein in meist großen Individuenzahlen. Anders als der Große Braune Seehase *(A. fasciata)* ist der Kleine Gepunktete Seehase bei weitem nicht so schwimmfreudig. Sonstiges siehe auch *A. fasciata*.
Aquarienhaltung: Siehe Großer Brauner Seehase *(A. fasciata)*.

Aplysia fasciata Poiret, 1789
Großer Brauner Seehase

Familie Aplysiidae

Erkennungsmerkmale: Größe bis 30 cm. Tier wird meist für eine Nacktschnecke gehalten, da keine Schale zu sehen ist. Diese jedoch auf dem Rücken, vom Mantel überwachsen, uhrglasförmig, sehr zerbrechlich, bis ca. 50 mm groß. Körper sehr weich. Fuß beidseits mit großen Seitenlappen, sogenannten Parapodien, die meist über dem Rücken zusammengelegt sind und mit deren Hilfe die Tiere schwimmen können. Bei dieser Art sind sie am Schwanz nicht miteinander vereinigt. Kopf mit eingerollten Rhinophoren, die wie Hasenohren aussehen (Name!), Augen direkt davor. Färbung grünlich dunkelbraun mit dunklerem Netzmuster, Parapodien und Rhinophoren meist mit orangefarbenem bis weißem Saum.

Verwechslungsmöglichkeiten: Es gibt im Mittelmeer insgesamt 8 Arten der Gattung *Aplysia*, die sich in Größe, Färbung und teilweise auch in der Lebensweise unterscheiden. Die genaue Artbestimmung nach äußeren Merkmalen und der Färbung, die sehr variabel sein kann, ist oft schwierig. Erst die Untersuchung der stark reduzierten, im Körper liegenden Schale liefert eindeutige Ergebnisse. Laut Literatur unterscheiden sich die nachstehenden Arten in Größe und Färbung wie folgt:

A. depilans L., 1761, Größe bis 25 cm, Färbung grünlich dunkelbraun marmoriert, teilweise mit rosa Punkten

A. dactylomella Rang, 1828, Größe bis 30 cm, Färbung bläulich hellgrau mit großen schwarzen Ringen

A. melanopus Crouch, 1870, Größe bis 12 cm, Färbung brilliantgelb mit roten Flekken

A. rosea, siehe Artbeschreibung

A. marmorata Blainville, 1823, Größe bis 6 cm, Färbung dunkelgrün schwarz marmoriert.

Lebensraum: Schlick-, Sand- und Felsböden mit Algenbewuchs. Meist vom Flachwasser bis in ca. 20 m Tiefe, selten auch tiefer. Im gesamten Mittelmeer.

Biologie: Seehasen gehören nicht zu den Nacktschnecken, da sie noch eine, wenn auch stark reduzierte, Schale besitzen. Sie

sind reine Pflanzenfresser, die sich vor allem von verschiedenen Algen ernähren. Bei Beunruhigung können sie aus ihrer Mantelhöhle ein weißes bis violettes Sekret ausstoßen, das ungiftig ist und der Abschreckung von Feinden dienen soll. Die Fortpflanzung der zwittrigen Seehasen findet während des gesamten Jahres statt, wobei jedoch im Frühjahr der Höhepunkt liegen soll. Die Tiere begatten sich gegenseitig. Dabei können manchmal Begattungsketten aus mehreren Tieren gebildet werden. Die meist mehrere Meter langen, gallertigen Laichschnüre werden im Flachwasser abgelegt und können bis zu mehrere Millionen Eier enthalten. Erwachsene Tiere sind während des gesamten Jahres zu finden. Trotz seines Gewichts bis zu 1 kg kann der Große Braune Seehase ausdauernd und sehr graziös schwimmen. Dabei krümmt sich der ganze Körper abwechselnd nach oben und unten und die beiden Parapodien werden mit wellenförmigen Bewegungen als Schwimmorgane benutzt. Während des Schwimmens wird der Fuß in Längsrichtung zusammengefaltet und die Rhinophoren nach hinten an den Körper angelegt.

Aquarienhaltung: Aufgrund der Größe wenig geeignet. Kleine Exemplare sind für die Aquarienhaltung ebenfalls nur bedingt zu empfehlen, wobei reichlicher Algenbewuchs die Voraussetzung für eine erfolgreiche Haltung ist.

Tylodina perversa (Gmelin, 1891)
Goldschwammschnecke

Familie Tylodinidae

Erkennungsmerkmale: Schalenlänge bis 35 mm, Körper ausgestreckt ca. 50 mm. Schale relativ dünn, nicht spiralig gewunden, sehr flach, ähnlich der Schale von Napfschnecken, Färbung dunkelbraun bis durchscheinend, eventuell mit braunen Radiärstreifen. Körper leuchtend gelb.

Verwechslungsmöglichkeiten: Kann auf den ersten Blick mit Napfschnecken verwechselt werden, diese haben aber eine massivere Schale und kommen meist im Bereich der Gezeitenzone oder wenig tiefer vor. Bei Napfschnecken kann man nie den Körper der Tiere sehen, da dieser vollständig unter der Schale liegt.

Lebensraum: Meist auf dem Goldschwamm *(Verongia aerophoba)* zu finden, seltener auf anderen Schwämmen oder sekundären Hartböden. Ab 10 m Tiefe, nicht häufig. Mittelmeer und Atlantik.

Biologie: Diese Art ernährt sich von Schwämmen, vor allem vom Goldschwamm *(Verongia aerophoba)*, auf dem sie am häufigsten zu finden ist. Durch ihre Körperfärbung ist sie sehr gut an den Goldschwamm angepaßt. Wahrscheinlich kommt diese Färbung dadurch zustande, daß die Farbstoffe ihrer Nahrung, des Goldschwammes, unverändert in ihre Haut eingelagert werden.

Aquarienhaltung: Über eine Haltung dieser Art ist nichts bekannt. Sie ist jedoch wahrscheinlich wie bei fast allen Nahrungsspezialisten heikel.

Umbraculum mediterraneum
(Lamarck, 1812)
Warzige Schirmschnecke

Familie Umbraculidae

Erkennungsmerkmale: Größe des Körpers bis 20 cm, Größe der Schale bis 7,5 cm. Schale napfförmig, ohne erkennbare Windungen, sitzt schirmartig auf dem Weichkörper. Körper mit zahlreichen Warzen. Fuß sehr groß und massig. Färbung des Körpers schmutzig orangebraun, Fühler orange, Schale gelblich bis schmutzig sandfarben, oft mit Mulm bedeckt.
Verwechslungsmöglichkeiten: Einzige Art der Familie im Mittelmeer. Das ruhende Tier kann jedoch in der Aufsicht leicht mit der Mundscheibe einer Anemone verwechselt werden. Die Spitze der Schale erinnert an die Mundöffnung, während die rundherum sichtbaren Warzen des Körpers für Tentakel gehalten werden können.
Lebensraum: Meist auf Schlick- und Sandböden, seltener auf Geröll und Fels. Vom Flachwasser bis in große Tiefe. Im gesamten Mittelmeer.

Biologie: Die Ernährungsweise dieser Art ist nicht genau bekannt. Eventuell ernährt sie sich von Schwämmen, da sie oft auf solchen angetroffen werden kann.
Aquarienhaltung: Nicht bekannt. Sollte es sich tatsächlich um einen Nahrungsspezialisten handeln, der sich von Schwämmen ernährt, ist die Art für die Aquarienhaltung ungeeignet.

Nudibranchia
Ordnung Nacktschnecken

Nacktschnecken, die oft auch als Nacktkiemer oder Nacktkiemerschnecken bezeichnet werden, gehören zu den farbenprächtigsten und skurrilsten Meeresbewohnern und sind weltweit mit ca. 5000 Arten vertreten. Aus dem Mittelmeer sind ungefähr 110 Arten bekannt. Alle Nacktschnecken zeichnen sich dadurch aus, daß sie keine schützende Schale mehr besitzen. Zwar besitzen zahlreiche Arten beim Schlupf noch ein larvales Gehäuse, dieses wird jedoch schon nach kurzer Zeit reduziert. Der fehlende Schutz durch die Reduzierung der Schale wird bei den meisten Arten durch die Entwicklung von chemischen und biologischen Verteidigungswaffen wieder ausgeglichen. Dabei werden diese „neuen" Verteidigungsmechanismen je nach Art entweder selbst produziert oder aber der Beute entnommen.
Die Farbenpracht vieler Nacktschneckenarten steht in unmittelbarem Zusammenhang mit ihrer Verteidigung. Ihre leuchtenden Farben und die oftmals extrem auffälligen Muster dienen möglichen Freßfeinden als Warnsignale, die ihre Ungenießbarkeit oder sogar Giftigkeit signalisieren sollen. Bei zahlreichen anderen Arten dienen Färbung und Muster, die oft exakt an ihre Beute, wie z. B. Schwämme, angepaßt sind, der Tarnung. Dabei nehmen die betreffenden Arten ihre Farbstoffe oft mit ihrer Nahrung auf, lagern sie in ihrem eigenen Körper ein und passen sich so farblich ihrer Beute an. Meist handelt es sich bei den interessanten Tieren um ausgesprochene Nahrungsspezialisten, die nur eine geringe Lebenserwartung haben und deshalb jeweils nur wenige Wochen bis Monate in ihrem natürlichen Lebensraum anzutreffen sind. So unterschiedlich die äußere Gestalt der einzelnen Arten auch ist, allen gemeinsam ist der Besitz von einem Paar Rhinophoren am Kopf. Diese ursprünglich stabförmigen Fortsätze, die quergerillt, längsgerillt, glatt, gefiedert oder mit Lamellen besetzt sein können, sind Sitz des chemischen Sinnes. Sie tragen aber auch den Strömungssinn, der der gerichteten Bewegung und der Orientierung dient. Bei zahlreichen Arten können sie in eine spezielle Körperhöhle mit oft erhöhtem Rand, der sogenannten Rhinophorenscheide, zurückgezogen werden. Außerdem besitzen viele Arten in Mundnähe unterschiedlich gestaltete Fortsätze, die Labialtentakel.
Man kann 4 verschiedene Gruppen bzw. Unterordnungen unterscheiden.

Doridacea
Unterordnung Sternschnecken

Die Vertreter der Sternschnecken zeichnen sich in der Mehrzahl durch den Besitz einer Kiemenkrone aus, die aus mehreren kreis- oder hufeisenförmig angeordneten, einfach oder mehrfach gefiederten Ästen besteht. In ihrem Zentrum befindet sich der After. Die Kiemen können bei Gefahr eingezogen werden. 2 der 9 Familien sollen noch gesondert erwähnt werden. Die **Prachtsternschnecken** oder Chromodorididae stellen die wohl farbenprächtigsten und auffälligsten Vertreter unter den Nacktschnecken. Die **Warzenschnecken** oder Phyllidiidae, die trotz ihrer abweichenden Körperform ebenfalls zu den Sternschnecken gerechnet werden, besitzen keine sternförmige Kiemenkrone. Statt dessen befinden sich zwischen Mantel und Fuß beidseits zahlreiche Kiemenblättchen. Ihre Vertreter kann man leicht an ihrer mit warzigen Fortsätzen bedeckten Körperoberfläche erkennen.

Dendronotacea
Unterordnung Baumschnecken

Bei Baumschnecken ist der Mantelrand in der Regel mit zahlreichen mehr oder weniger verzweigten Fortsätzen und Kiemen versehen. Ihre Form und Struktur ist artspezifisch und kann wertvolle Hinweise auf die Art- oder Gattungszugehörigkeit geben.

Arminacea
Unterordnung Furchenschnecken

Die Vertreter dieser Unterordnung, die die wenigsten Arten umfaßt, können entweder eine gefurchte Körperoberfläche oder aber auch zahlreiche Fortsätze, die meist am Mantelrand ansetzen, aufweisen.

Aeolidacea
Unterordnung Fadenschnecken

Fadenschnecken, die Vertreter der letzten der 4 Unterordnungen der Nacktschnecken, kann man im allgemeinen leicht an ihren meist fadenförmigen und spitz zulaufenden Fortsätzen, die auch als Kolben oder Cerata bezeichnet werden, erkennen. Sie können ihre Rhinophoren nicht einziehen und besitzen auch keine speziellen Kiemen. Durch ihre zum Teil sehr zahlreichen Fortsätze auf dem Rücken besitzen sie eine sehr große Körperoberfläche, so daß bei ihnen der Gasaustausch über die Haut stattfinden kann, was man als Hautatmung bezeichnet. Die Mehrzahl der Arten ernährt sich von Nesseltieren unterschiedlicher Art. Die Fortsätze stehen gruppenweise auf dem Rücken der Tiere und sind oft auffällig gefärbt oder gebändert. Bei zahlreichen Arten enthalten diese Fortsätze Ausstülpungen der Mitteldarmdrüse, einer zum Verdauungsapparat gehörenden Drüse. Sie münden in der Spitze der Fortsätze jeweils in einen Nesselsack, in dem die beim Fressen aufgenommenen, noch voll funktionsfähigen Nesselzellen gespeichert werden. Wieso die Nesselzellen beim Fressen nicht ausgelöst werden, und warum sie nicht verdaut werden, ist noch nicht geklärt. Bei Gefahr reißen die Nesselsäcke an einer Sollbruchstelle auf, die Nesselzellen werden ausgestoßen und dienen der eigenen Verteidigung. Man spricht in diesem Zusammenhang auch von Cleptocniden, von „geklauten“ Nesselzellen. Möglicherweise werden sie wegen dieser Eigenschaft praktisch nie von Freßfeinden behelligt.

Saccoglossa
Ordnung Saftsauger

Die Vertreter dieser Ordnung, die fälschlicherweise ebenfalls oft als Nacktschnecken bezeichnet werden, unterscheiden sich von diesen durch ihre in Längsrichtung eingerollten Rhinophoren sowie die stets fehlenden Kiemen und Mundtentakel. Es handelt sich in erster Linie um algenfressende Arten, die mit Hilfe ihrer speziellen Raspelzähne Algenzellen anstechen und deren Inhalt aussaugen. Dabei ist normalerweise nur ein einziger Zahn in Funktion. Verbrauchte Zähne werden in einer blasigen Struktur, dem Saccus, gesammelt und können je nach Art von Zeit zu Zeit auch ausgeschieden oder auf Dauer gespeichert werden.

Chromodoris krohni
(Vérany, 1846)
Gelbrand-Sternschnecke

Familie Chromodorididae

Erkennungsmerkmale: Größe bis ca. 30 mm. Die Kiemenkrone befindet sich im hinteren Drittel des Körpers und besteht aus 3 bis 7 einfach gefiederten Ästen. Rhinophoren bis ca. 4 mm lang mit bis zu 20 - Lamellen, Rhinophorenscheiden nicht erhöht. Grundfärbung von Körper und Fuß durchscheinend weiß bis hellrosa, wobei die Mitteldarmdrüse graurosa durchscheint, Mantelrand kräftig gelb gesäumt, auf dem Rücken 1 bis 3 unterschiedlich breite, mehr oder weniger stark unterbrochene gelbe Streifen sowie einige kleine ebenfalls gelbe Flecken dazwischen. Rhinophoren und Kiemen dunkelrot bis purpurviolett.
Verwechslungsmöglichkeiten: Nicht vorhanden, es gibt aber 2 weitere Arten dieser Gattung im Mittelmeer, die sich in Bezug auf ihre Färbung und das Farbmuster deutlich von dieser Art unterscheiden.
Lebensraum: Auf Hartböden mit Schwammbewuchs und in Seegraswiesen. Vom Flachwasser bis in größere Tiefen. Westliches Mittelmeer und Adria.
Biologie: Über die Ernährungsweise dieser Art liegen keine genauen Angaben vor.
Aquarienhaltung: Nicht bekannt, aber wahrscheinlich nicht geeignet. Man sollte sich von den herrlichen Farben dieser Tiere nicht dazu verleiten lassen, sie im Aquarium zu halten, denn mangels geeigneter Nahrung verhungern sie langsam.

Chromodoris luteorosea
(von Rapp, 1827)
Gefleckte Sternschnecke

Familie Chromodorididae

Erkennungsmerkmale: Größe bis ca. 55 mm. Die Kiemenkrone befindet sich im hinteren Drittel des Körpers und besteht aus 9 einfach gefiederten Ästen. Rhinophoren bis ca. 6 mm lang, mit ca. 15 Lamellen in den oberen beiden Dritteln. Färbung kräftig purpur, Mantelrand gelb, oft weiß gegen das Purpur abgesetzt, Rücken mit einigen runden bis ovalen, kräftig gelben bis weißen Flecken, die ebenfalls weiß gesäumt sind.
Verwechslungsmöglichkeiten: Aufgrund der charakteristischen Färbung nicht vorhanden.
Lebensraum: Auf Schwämmen und in Seegraswiesen. Meist unterhalb von ca. 10 m bis in ca. 50 m Tiefe. Bisher nur im westlichen Mittelmeer nachgewiesen.
Biologie: Diese Art soll sich von Schwämmen der Gattung *Spongionella* ernähren. Färbung und Muster sind bei dieser Art ziemlich einheitlich. Auch bei den einzelnen Individuen ändern sie sich während des Heranwachsens nicht oder nur kaum.
Aquarienhaltung: Nicht geeignet. Die Schwammarten, von denen *C. luteorosea* lebt, können weder in ausreichender Menge beschafft noch im Aquarium längere Zeit gehalten werden.

Hypselodoris elegans
(Cantraine, 1835)
Gelb-violette Sternschnecke

Familie Chromodorididae

Erkennungsmerkmale: Größe bis 190 mm. Die Kiemenkrone befindet sich im hinteren Drittel des Körpers und besteht aus 11 einfach gefiederten Ästen, die einer gemeinsamen stielförmigen Basis entspringen, die Fiedern der Äste ragen ins Zentrum der Kiemenkrone, bis ca. 20 mm hoch. Rhinophoren bis 10 mm lang, mit ca. 30 dichtstehenden Lamellen, verjüngen sich zur Spitze hin. Kiemenkrone und Rhinophoren sind an ihrer Basis jeweils von einer Scheide umgeben, die deutlich über den Körper ausgestreckt sein können und in die sie bei Störungen zurückgezogen werden. Der Mantel, dessen Rand leicht gewölbt ist, bedeckt den Fuß nur bis zum oberen Drittel und läßt auch das Schwanzende frei. An der Kopfvorderseite unterhalb des Mantels befinden sich 2 Labialtentakel.
Grundfärbung variiert von Gelblich-grau über verschiedene Blautöne bis hin zu Schwarz-violett, jeweils mit einer mehr oder weniger umfangreichen, leuchtend gelben Zeichnung aus Punkten, Kreisen, kurzen Streifen und durchgehenden Bändern. Mantelrand und oft auch der Fußrand sind kräftig weiß oder leuchtend gelb gefärbt. Rhinophoren stets einfarbig und am dunkelsten gefärbt (Grundfärbung). Kiemen meist heller als Rhinophoren, die nach außen gerichteten Aststiele mit zwei unterbrochenen, leuchtend gelben Bändern. Jungtiere können unter anderem eine kräftig blauviolette Grundfärbung besitzen, mit weißgelbem Mantelrand und gelbem Längsstreifen auf der Rückenmitte, dazwischen je ein unterbrochener gelber Längsstreifen.
Verwechslungsmöglichkeiten: Im Atlantik kommt eine nah verwandte *Hypselodoris*-Art vor, die der violetten Farbvariante von *Hypselodoris elegans* sehr stark ähnelt. Es ist jedoch nicht geklärt, ob sie eventuell in das westliche Mittelmeer eingewandert ist.
Lebensraum: Primäre und sekundäre Hartböden. Vom Flachwasser bis in größere Tiefen. Im gesamten Mittelmeer regelmäßig, stellenweise häufig. Zum Teil kann man in einem Gebiet nur eine Farbvariante, in an-

deren Gebieten dagegen alle Übergangsformen finden.

Biologie: Diese Art soll sich von Schwämmen der Gattung *Ircinia* ernähren.

Bei geringen Störungen werden die Kiemenkrone und die Rhinophoren eingezogen. Bei größeren Störungen bilden die Tiere eine Kugel, wobei der Fuß in Längsrichtung eingefaltet wird, so daß man nur die gemusterte Fußoberseite sehen kann. Außerdem wird der Körper im Bereich hinter den Rhinophoren regelrecht „aufgeblasen".

Aquarienhaltung: Die Aquarienhaltung ist wie bei den meisten Nahrungsspezialisten sehr heikel und gelingt bestenfalls über einen kurzen Zeitraum.

Hypselodoris messinensis

(von Ihering, 1880)

Gemusterte Sternschnecke

Familie Chromodorididae

Erkennungsmerkmale: Größe bis 41 mm. Die Kiemenkrone befindet sich im hinteren Drittel des Körpers und besteht aus 6 einfach gefiederten Ästen. Rhinophoren bis 2,5 mm, mit ca. 15 Lamellen in den beiden oberen Dritteln. Grundfärbung blau bis violett, Mantelrand kräftig orange. Auf dem Rücken befinden sich ein breites, unregelmäßiges Band, von dem beidseits je 3 Äste zum Mantelrand abgehen, sowie einige weiß bis gelb gefärbte Flecken. Die hinten liegenden Kiemen und die fühlerartigen Rhinophoren sind kräftig violett.
Verwechslungsmöglichkeiten: Aufgrund der charakteristischen Färbung nicht vorhanden.
Lebensraum: Auf Hartböden und in Algenbeständen. Laut Literatur und Beobachtungen des Autors zufolge unterhalb von 15 m. Bisher nur im westlichen Mittelmeer nachgewiesen.
Biologie: Über die Ernährungsweise dieser Art liegen keine genaueren Angaben vor.
Aquarienhaltung: Nicht bekannt, aber wahrscheinlich nicht geeignet. Auch diese Art sollte keinesfalls für die Aquarienhaltung gefangen werden, denn mangels geeigneter Nahrung verhungert sie langsam.

Hypselodoris tricolor
(Cantraine, 1835)
Dreifarbige Sternschnecke

Familie Chromodorididae

Erkennungsmerkmale: Größe bis ca. 30 mm. Die Kiemenkrone befindet sich im hinteren Drittel des Körpers und besteht aus 8 bis 11 einfach gefiederten Ästen, von denen meist nur einer etwas kürzer bleibt. Rhinophoren bis 2 mm, mit 20 Lamellen und kleinem Endknopf. Grundfärbung tief dunkelblau, mit orangem bis weißem Mantelrand. Auf dem Rücken ein hellgelbes bis weißes Längsband, zwischen Längsband und Mantelrand je eine Reihe weißlicher bis hellblauer Flecken. Seitlich am Fuß je ein weißer Streifen, die sich beide am Schwanz vereinigen und dort auf der Oberseite verlaufen.
Verwechslungsmöglichkeiten: Nicht vorhanden.
Lebensraum: Auf Hartböden und in Seegraswiesen. Stets unterhalb von 5 m bis in ca. 60 m, meist im Bereich zwischen 20 bis 40 m Tiefe. Westliches Mittelmeer.
Biologie: Die Färbung dieser Art ist wahrscheinlich variabler als bei vielen anderen Arten. Über die Ernährungsweise dieser Art liegen keine genaueren Angaben vor.
Aquarienhaltung: Nicht geeignet. Da die meisten Nacktschnecken ausgesprochene Nahrungsspezialisten sind, muß auf eine Pflege verzichtet werden.

Hypselodoris villafranca
(Risso, 1818)
Gestreifte Sternschnecke

Familie Chromodorididae

Erkennungsmerkmale: Größe bis 36 mm. Die Kiemenkrone befindet sich im hinteren Drittel des Körpers und besteht aus 8 einfach gefiederten Ästen, wobei die Fiedern der Äste ins Zentrum der Kiemenkrone ragen. Rhinophoren bis 5 mm lang, mit ca. 20 dichtstehenden Lamellen in den oberen beiden Dritteln. Am Kopf und hinter den Kiemen steht der Mantelrand 1 bis 2 mm vor. Grundfärbung grün-blau bis schwarz-blau, mit einigen gelben bis orangen Längsbändern, die keine Kreise oder Punkte bilden. Rhinophoren- und Kiemenscheiden mit gelbem bis orangem Ring. Mantelrand gelb bis orange mit einem unterbrochenen weißen bis hellblauen Band. Rhinophoren blau bis violett mit weißer bis gelber Zeichnung. Kiemenäste ebenfalls weiß bis gelb.

Verwechslungsmöglichkeiten: Aufgrund der charakteristischen Färbung nicht vorhanden.

Lebensraum: Auf Hartböden und in Seegraswiesen. Vom Flachwasser bis in größere Tiefen. Im gesamten Mittelmeer.

Biologie: Über die Ernährungsweise dieser Art liegen keine genaueren Angaben vor. Färbung und Muster können sich während des Heranwachsens stark verändern.

Aquarienhaltung: Nicht bekannt, wahrscheinlich aber nicht geeignet.

Dendrodoris limbata

(Cuvier, 1804)

Kleine Marmornacktschnecke

Familie Dendrodorididae

Erkennungsmerkmale: Größe bis 70 mm. Kiemenkrone besteht aus 6 dreifach gefiederten Ästen, entspringt am Ende der Körperoberseite und kann ausgestreckt den Körper hinten überragen, Durchmesser bis 20 mm. Rhinophoren bis 9 mm, mit ca. 20 - Lamellen in ihrer oberen Hälfte. Körperoberfläche glatt, Konsistenz weich, Mantelrand stark gefaltet und gewölbt. Grundfärbung von Körper, Kiemen und Rhinophoren variiert von Hellbeige über verschiedene Brauntöne bis hin zu Schwarzbraun, mit Marmorierung durch individuell sehr verschiedene Fleckenmuster verschiedener Brauntöne. Mantelrand und Spitzen der Rhinophoren gelb, Spitzen der Kiemen weiß.
Verwechslungsmöglichkeiten: Kann eventuell mit der Großen Marmornacktschnecke (*Dendrodoris grandiflora* (von Rapp, 1827)) verwechselt werden. Diese erreicht jedoch eine Größe bis 190 mm, Rhinophoren mit 24 bis 30 Lamellen, Grundfärbung des Körpers weiß mit Marmorierung, Mantelrand ohne gelben Saum, statt dessen mit einem ca. 5 mm breiten Saum aus zahlreichen, senkrecht zum Mantelrand stehenden braunen Streifen.
Lebensraum: Sandige und sekundäre Hartböden mit Algen und Schwämmen, vom Flachwasser bis in größere Tiefen, häufig jedoch unter 30 m. Im gesamten Mittelmeer.
Biologie: Laut Literatur sollen sich beide Arten von Schwämmen ernähren. *Dendrodoris limbata* kann erheblich stinken.
Aquarienhaltung: Wie die meisten Nahrungsspezialisten sind auch die beiden Marmornacktschnecken nicht für die Aquarienhaltung geeignet.

Platydoris argo (L., 1767)
Rotbraune Ledernacktschnecke

Familie Doriidae

Erkennungsmerkmale: Körpermaße beim kriechenden Tier: Länge 100 mm, Breite 75 mm und Höhe ohne Kiemenkrone 25 mm. Der Fuß wird vom Mantel bedeckt. Die Kiemenkrone besteht aus 6 dreifach gefiederten Kiemen. Die ungeteilten Rhinophoren tragen ca. 22 Lamellen und einen kleinen Endkopf. Der Körper ist ledrig-fest, die Körperoberfläche erscheint glatt. Die Oberseite der Art ist leuchtend rotbraun gefärbt mit unzähligen kleinen, leuchtendweißen Pünktchen, die am Mantelrand, den Rhinophoren und der Kiemenkrone gehäuft auftreten. Die Unterseite ist leuchtend orange gefärbt.
Verwechslungsmöglichkeiten: Nicht vorhanden.
Lebensraum: Die Art wurde meist in Tiefen bis 10 m auf primären und sekundären Hartböden mit Algenbestand beobachtet. Sie scheint nicht häufig zu sein. Im westlichen Mittelmeer.
Biologie: Über die Biologie dieser Art ist kaum etwas bekannt. Sie ernährt sich eventuell von Algen. Im Frühsommer (Juni) findet man häufig Tiere während der Paarung.
Aquarienhaltung: Nicht bekannt, wahrscheinlich ebenso problematisch wie bei anderen Nacktschnecken.

Peltodoris atromaculata

Bergh, 1180

Leopardschnecke

Familie Discodorididae

Erkennungsmerkmale: Die Körpermaße beim kriechenden Tier können folgende Maximalmaße erreichen: Länge 120 mm, Breite 50 mm und Höhe ohne Kiemenkrone 20 mm. Der Fuß wird vom Mantel bedeckt. Die Kiemenkrone besteht aus 8 dreifach gefiederten Kiemen, die bis 1 cm lang sein können. Am Kopf 2 unverzweigte Rhinophoren mit 25 feinen Lamellen. Körperoberfläche rauh, feste ledrige Konsistenz. Färbung milchig-weiß mit unregelmäßig verteilten, runden bis ovalen schwarzbraunen Flekken, Fleckengröße und -anordnung kann individuell stark variieren.

Verwechslungsmöglichkeiten: Aufgrund der charakteristischen Färbung nicht vorhanden.

Lebensraum: Sekundäre Hartböden mit reichlichem Schwammbewuchs (Schwammböden), vom Flachwasser bis in größere Tiefen, oft auf dem Feigenschwamm *(Petrosia ficiformis)*. Häufig. Im gesamten Mittelmeer.

Biologie: Die Leopardschnecke ist wie fast alle Nacktschnecken ein ausgesprochener Nahrungsspezialist. Sie ernährt sich, wie ihr Lebensraum schon andeutet, von Schwämmen, und zwar fast ausschließllich von dem Feigenschwamm *(Petrosia ficiformis)*. Ihre kontrastreiche Färbung dient der Tarnung und soll die Gestalt auflösen. Sie reagiert auf Druckwellen sofort mit dem Einziehen ihrer empfindlichen Kiemenkrone und der Rhinophoren, die sie nur sehr langsam wieder ausstreckt.

Aquarienhaltung: Die Aquarienhaltung ist wie bei den meisten Nahrungsspezialisten sehr heikel und gelingt bestenfalls über einen kurzen Zeitraum.

Phyllidia pulitzeri Pruvot-Fol, 1962
Weißgepunktete Warzenschnecke

Familie Phyllidiidae

Erkennungsmerkmale: Körpermaße beim ruhenden Tier: Länge 20 mm, Breite 13 mm und Höhe 5 mm. Der Fuß wird vom Mantel bedeckt. Die Kiemen befinden sich auf der Manteluntersseite und sind von oben nicht sichtbar. Die Rhinophoren sind ungeteilt und tragen je 10 Lamellen. Körperoberfläche rauh mit zahlreichen verschiedengroßen Warzen, feste Konsistenz. Färbung dunkelgelb bis orange, die größeren Warzen sind meist leuchtend weiß gefärbt.
Verwechslungsmöglichkeiten: In dieser Gattung soll es 2 nah verwandte Arten geben, die dieser Art ähnlich sein sollen.
Lebensraum: Die Art scheint relativ selten zu sein. Alle dem Autor bekannten Tiere wurden in Tiefen unterhalb von 20 m auf sekundären Hartböden beobachtet. Laut Literatur und Beobachtungen des Autors zufolge wurde die Mehrzahl der Tiere auf Schwämmen der Art *Axinella canabina* gefunden. Im gesamten Mittelmeer.

Biologie: Über die Biologie dieser Art ist kaum etwas bekannt. Wahrscheinlich ernährt sie sich von Schwämmen *(Axinella canabina?)*. Warzenschnecken besitzen keine Radula, keine Raspelzunge mehr. Stattdessen stülpen sie spezielle Munddrüsen heraus, mit deren Hilfe sie ihre Nahrung „auflösen“ und dann aufnehmen. Das Foto zeigt 2 Tiere mit Eigelege.
Aquarienhaltung: Nicht bekannt, wahrscheinlich ebenso problematisch wie bei anderen Nahrungsspezialisten unter den Nacktschnecken.

Flabellina affinis (Gmelin, 1791)
Violette Fadenschnecke

Familie Flabellinidae

Erkennungsmerkmale: Größe bis 50 mm, wirkt eher gedrungen. Fortsätze wesentlich zahlreicher als bei der Violetten Weißenspitzen-Fadenschnecke, beidseits in je 8 Gruppen. Die Fortsätze reichen bis auf den Schwanz, nur das letzte Stück ohne Fortsätze. Rhinophoren in den oberen 3/4 mit ca. 15 Lamellen. Grundfärbung hell purpurviolett, Mitteldarmdrüse in den Fortsätzen orange bis rot, Spitzen der Fortsätze kräftig violett.
Verwechslungsmöglichkeiten: Kann leicht mit der Violetten Weißspitzen-Fadenschnecke (C. pedata) verwechselt werden. Diese besitzt jedoch deutlich weniger Fortsätze, deren Spitzen weiß sind. 2. Art im Mittelmeer ist *F. babai* Schmekel 1972, deren Grundfärbung milchigweiß mit einem leichten bläulichen Schimmer ist. Rhinophoren- und Fortsatzspitzen hellorange.
Lebensraum: Meist auf *Eudendrium*-Kolonien (siehe Seite 46). Vom Flachwasser bis in größere Tiefen. Im gesamten Mittelmeer verbreitet.
Biologie: Auch diese Art ernährt sich hauptsächlich von *Eudendrium*. Dort wird auch die Gelege-Schnur mit den rosa bis violett gefärbten Eiern um die Äste gewikkelt. Sonstiges siehe Violette Weißspitzen-Fadenschnecke *(C. pedata)*.
Aquarienhaltung: Die Haltung von Fadenschnecken ist nicht zu empfehlen, da den Nahrungsspezialisten im Aquarium die nötige Nahrung fehlt und sie bereits nach kurzer Zeit verenden. Selbst bei ausreichendem Nahrungsangebot gelingt die Haltung nur eine begrenzte Zeit, da die Tiere eine kurze Lebenserwartung besitzen und auch in ihrem Lebensraum meist nur wenige Wochen bis Monate im Jahr vorkommen.

Coryphella pedata (Montagu, 1815) Violette Weißspitzen-Fadenschnecke

Familie Flabellinidae

Erkennungsmerkmale: Größe bis 50 mm, wirkt sehr schlank. Fortsätze beidseits in je 7 Gruppen: 1. Gruppe 4 Fortsätze, 2. bis 4. Gruppe 2 Fortsätze und 5. bis 7. Gruppe nur je ein Fortsatz. Schwanz ohne Fortsätze, nimmt ca. 1/4 der Gesamtlänge ein. Grundfärbung rosa bis purpurviolett, Mitteldarmdrüse in den Fortsätzen rötlich, Spitzen der Fortsätze, der Rhinophoren und der Labialtentakel weiß.

Verwechslungsmöglichkeiten: Kann leicht mit der Violetten Fadenschnecke *(Flabellina affinis)* verwechselt werden. Diese besitzt jedoch eine wesentlich größere Anzahl von Fortsätzen, deren Spitzen kräftig purpurviolett gefärbt sind. 2. Art der Gattung ist die Kleine Orangerote Fadenschnecke (*C. lineata* (Loven, 1846)).

Lebensraum: Meist auf *Eudendrium*-Kolonien. Vom Flachwasser bis in größere Tiefen. Westliches Mittelmeer und Adria.

Biologie: Die Art ernährt sich in erster Linie von Polypen der Hydroidpolypen-Kolonien der Gattung *Eudendrium*, an deren Stämmchen sie auch ihre langen, bandförmigen Gelege mit den reinweißen Eiern ablegt. Wie auch bei anderen Fadenschnekken, die sich von Polypen ernähren, werden deren Nesselzellen beim Fressen nicht ausgelöst, sondern über die Mitteldarmdrüse in einen an der Spitze eines Fortsatzes gelegenen Nesselsack transportiert. Diese Nesselzellen werden als Cleptocniden bezeichnet. Über eine Soll-Bruchstelle im Nesselsack können die voll funktionsfähigen Nesselzellen ins Wasser gestoßen werden, wo sie explodieren und der Abwehr von Freßfeinden dienen. Die auffällige Färbung kann also als Warnfärbung gedeutet werden.

Aquarienhaltung: Siehe Violette Fadenschnecke *(F. affinis)*.

Facelina rubrovittata

(A. Costa, 1866)

Rotgestreifte Fadenschnecke

Familie Facelinidae

Erkennungsmerkmale: Größe bis 25 mm, wirkt sehr schlank. Fortsätze beidseits in 4 Gruppen, wobei der Abstand zwischen der 1. und 2. sehr groß ist, zwischen den restlichen deutlich geringer. Fortsätze vergleichsweise kurz, Anzahl gering. Labialtentakel etwas länger als die Rhinophoren, diese mit 7 deutlichen Lamellen in der oberen Hälfte und 3 undeutlichen darunter. Körper durchscheinend, mit 5 zum Teil unterbrochenen, rötlichen bis orangen Längsstreifen: eine Linie von der Gabelung zwischen den Labialtentakeln über dem Rükken bis dicht vor das Schwanzende, deren vorderer Teil von einem kräftigen Weiß umgeben ist, je ein Streifen unterhalb der Rhinophoren auf der Höhe der Fortsätze und je ein Streifen auf den Körperseiten unterhalb der Fortsätze. Die äußeren 2/3 der Labialsis durchscheinend grau bis braun. Obere Hälfte der Rhinophoren ebenfalls kräftig weiß bis weißrosa, die untere Hälfte tief braun bis schwarz. Mitteldarmdrüse in den durchscheinend weißen Fortsätzen rot.

Verwechslungsmöglichkeiten: Nicht vorhanden. Es gibt 4 weitere Arten der Gattung im Mittelmeer.

Lebensraum: Meist auf *Eudendrium*-Kolonien. Vom Flachwasser bis in ca. 20 m Tiefe. Westliches Mittelmeer.

Biologie: Ernährt sich von Hydroidpolypen der Gattung *Eudendrium*. Siehe auch Violette Weißspitzen-Fadenschnecke *(C. pedata)*.

Aquarienhaltung: Siehe Violette Fadenschnecke *(F. affinis)*.

Cratena peregrina (Gmelin, 1791)
Blau-weiß-rote Fadenschnecke

Familie Facelinidae

Erkennungsmerkmale: Größe bis 48 mm. Fortsätze beidseits in 9 Gruppen, zahlreich. Schwanz zugespitzt und ohne Fortsätze, nimmt ca. 1/3 der Gesamtlänge ein. Labialtentakel ungefähr doppelt so lang wie die Rhinophoren. Körper milchigweiß mit orangefarbenem Schimmer durch die durchschimmernden Geschlechtsdrüsen und die Mitteldarmdrüse. Labialtentakel an der Basis durchsichtig, sonst reinweiß. Basis und äußerste Spitzen der Rhinophoren durchsichtig, sonst kräftig orange. Je ein orangefarbener Fleck zwischen der Basis von Labialtentakel und Rhinophorenbasis. Mitteldarmdrüse in den durchsichtigen Fortsätzen an der Basis orange bis rot, an den Enden bis purpurviolett, Spitzen der Fortsätze bläulich irisierend.

Verwechslungsmöglichkeiten: Aufgrund der charakteristischen Färbung nicht vorhanden. Einzige Art der Gattung im Mittelmeer.

Lebensraum: Meist auf *Eudendrium*-Kolonien. Vom Flachwasser bis in größere Tiefen. Im gesamten Mittelmeer.

Biologie: Auch diese Art ernährt sich hauptsächlich von *Eudendrium.* Dort wird auch ihre Gelegeschnur mit den lachsfarbenen Eiern um die Stämmchen geschlungen. tentakel kräftig weiß bis weißrosa, ihre Ba-
Sonstiges siehe Violette Weißspitzen-Fadenschnecke *(C. pedata).*

Aquarienhaltung: Siehe Violette Fadenschnecke *(F. affinis).*

Caloria elegans

(Alder und Hancock, 1845)

Schwarzgepunktete Fadenschnecke

Familie Facelinidae

Erkennungsmerkmale: Größe bis 15 (35?) mm, wirkt eher schlank. Fortsätze beidseits in 5 Gruppen, vergleichsweise kurz, sehr dichtstehend und zahlreich, bedecken den gesamten Körper bis auf die Schwanzspitze. Vordere Fußecken tentakelförmig ausgezogen. Labialtentakel fast doppelt so lang wie die Rhinophoren. Grundfärbung milchigweiß, Mitteldarmdrüse in den Fortsätzen beige bis hellbraun, knapp unterhalb der Spitzen der Fortsätze jeweils ein kleiner tiefschwarzer Bereich. Vorderrand der Labialtentakel und Innenseiten der Rhinophoren mit kräftig-weißem Streifen. Gesamteindruck der Schnecke ist weiß mit schwarzen Punkten.

Verwechslungsmöglichkeiten: Nicht vorhanden.

Lebensraum: Meist auf *Perigonimus*-Kolonien. Unterhalb von 10 m bis in größere Tiefe. Westliches Mittelmeer, von Nordafrika bis Italien.

Biologie: Ernährt sich von Hydroidpolypen der Gattung *Perigonimus*. Bei Störungen werden die meist nach hinten gerichteten Fortsätze aufgerichtet und bis zur doppelten Länge ausgestreckt. Siehe auch Violette Weißspitzen-Fadenschnecke *(C. pedata)*.

Aquarienhaltung: Siehe Violette Fadenschnecke *(F. affinis)*.

Godiva banyulensis

(Portmann und Sandmeier, 1960)

Große Orangerote Fadenschnecke

Familie Facelinidae

Erkennungsmerkmale: Größe bis 70 mm, wirkt eher gedrungen. Fortsätze zahlreich, beidseits in 5 Gruppen. Schwanz zugespitzt und ohne Fortsätze, nimmt ca. 1/7 der Gesamtlänge ein. Vordere Fußecken tentakelförmig ausgezogen und gefaltet. Labialtentakel mehr als doppelt so lang wie die Rhinophoren. Körper durchscheinend hellorange gefärbt. Mitteldarmdrüse in den Fortsätzen kräftig orange, Spitzen rot. Rhinophoren vollständig orange. Vordere Hälfte der Labialtentakel weiß, hinterer Teil orange mit einem blassen weißen Streifen. Auf dem Kopf zwischen den Labialtentakeln und den Rhinophoren beginnt ein kräftiger weißer Streifen, der auf dem Rükken bis zum Schwanzende verläuft.

Verwechslungsmöglichkeiten: Kann leicht mit der sehr ähnlich gefärbten Kleinen Orangeroten Fadenschnecke *(Coryphella lineata)* verwechselt werden. Diese jedoch nur bis 30 mm Größe, Rhinophoren und Labialtentakel gleichlang, Rhinophorenspitzen und Spitzen der Fortsätze kräftig weiß.

Lebensraum: Auf Hydroidpolypen-Kolonien. Zwischen 10 bis 30 m Tiefe. Laut Literatur im westlichen Mittelmeer, vom Verfasser in der Südtürkei fotografiert.

Biologie: Die Orangerote Fadenschnecke ernährt sich, wie auch viele andere Fadenschnecken, von Hydroidpolypen. Der Stamm einer Kolonie wird bei der Fortbewegung vom Fuß rinnenförmig umgriffen. Siehe auch Violette Weißspitzen-Fadenschnecke *(C. pedata)*.

Aquarienhaltung: Siehe Violette Fadenschnecke *(Flabellina affinis)*.

Aeolidiella soemmeringi

(Leuckhart, 1828)

Schmutzigweiße Fadenschnecke

Familie Aeolidiidae

Erkennungsmerkmale: Größe bis 30 mm. Körper langgestreckt und abgeflacht. Fuß breiter als der Körper, vorne beidseits zu kurzen, spitzen Zipfeln ausgezogen. Fortsätze beidseits in 12 bis 13 Gruppen, sehr zahlreich und dichtstehend. Labialtentakel bis ca. 1/4 der Körperlänge, Rhinophoren etwas kürzer. Grundfärbung schmutzigweiß bis schmutziggelb, Mitteldarmdrüse in den Fortsätzen bräunlich. Spitzen der Fortsätze weiß bis gelblichweiß, Spitzen der Rhinophoren und der Labitaltentakel meist weiß bis gelblichweiß, häufig auch leuchtend orange, Oberseite des Fußrandes weiß.

Verwechslungsmöglichkeiten: Es gibt eine weitere Art dieser Gattung im Mittelmeer, *A. orientalis takanosimensis* Bergh, 1888, die sich aber sowohl durch ihre Färbung als auch ihre geringere Größe (bis 7 mm) unterscheidet.

Lebensraum: Auf verschiedenen Böden. Vom Flachwasser bis in ca. 20 m Tiefe. Bisher nur aus dem westlichen Mittelmeer bekannt.

Biologie: Diese Art ernährt sich von verschiedenen Anemonenarten der Familie Sagartiidae, z. B. dem Seemannsliebchen *(Cereus pedunculus)*. Die oben beschriebene, mögliche Orangefärbung im Vorderkörperbereich ist eine Folge der Ernährung von roten Actinien. Die Eier sind weiß bis hellrosa gefärbt. Ungefähr 2 Stunden nach dem Schlupf werfen die Larven ihre embryonale Schale ab.

Aquarienhaltung: Siehe Violette Fadenschnecke *(F. affinis)*.

Janolus cristatus

(Delle Chiaje, 1841)

Gestreifte Dickkolbenschnecke

Familie Janolidae

Erkennungsmerkmale: Größe bis 80 mm, wirkt eher gedrungen. Fortsätze (= Kolben) zahlreich, wesentlich dicker als bei Fadenschnecken, bandförmig an der Grenze zwischen Rücken und Fuß angeordnet. Die Rhinophoren haben eine große, gemeinsame Basis, die bis zu 1/3 der Gesamtlänge der Rhinophoren erreichen kann, Rhinophorenkeule schlank spindelförmig mit schrägen bis senkrechten Lamellen. Auf der Basis zwischen den beiden Keulen eine blumenkohlartige Struktur, der Rhinophorenkamm. Grundfärbung durchscheinend orange mit 2 bzw. 1 weißen Streifen auf dem Rücken, Rhinophoren und Kamm etwas kräftiger orange, Mitteldarmdrüse in den Fortsätzen als dünner schwarzbrauner Schlauch, der sich erst nahe der Kolbenspitze schirmartig verzweigt, Spitzen der Fortsätze und der Rhinophoren weiß bis schwach bläulich irisierend.

Verwechslungsmöglichkeiten: Es gibt eine weitere Art dieser Gattung im Mittelmeer, die ähnlich gefärbte Kleine Dickkolbenschnecke (*J. hyalinus* (Alder und Hancock, 1854)), die nur bis 10 mm groß wird und keine weißen Längsstreifen auf dem Rükken besitzt. Von anderen Nacktschnecken unterscheiden sich die Dickkolbenschnekken durch ihre dicken Fortsätze und den blumenkohlartigen Rhinophorenkamm zwischen den Rhinophoren.

Lebensraum: Meist auf Moostierchenkolonien. Vom Flachwasser bis in große Tiefe. Laut Literatur im westlichen Mittelmeer; wurde aber auch schon bei Bodrum/Türkei beobachtet.

Biologie: Die Art ernährt sich von den strauchförmigen Moostierchen der Gattung *Bugula*. Ausgewachsene Tiere sowie Eiablagen wurden im Sommer beobachtet.

Aquarienhaltung: Siehe Violette Fadenschnecke *(F. affinis)*.

Tethys fimbria L., 1767
Fimbria

Familie Tethyidae

Erkennungsmerkmale: Größe bis 30 cm. Körper in „Kopf" und restlichen Körper mit Fuß unterteilt. Kopf ca. 1/3 der Gesamtlänge, durch riesige Kopflappen breiter als lang. Rhinophoren lappenförmig. Beidseits des Rückens je eine Reihe von 9 1- bis 3zipfeligen, teils aufgeblasenen Fortsätzen, an deren Basis Kiemenbüschel. Färbung gelblichweiß mit feinen orangen Punkten. Die inneren Organe schimmern rötlich durch. Rhinophoren graubraun, Kopflappenrand und Fortsätze mit schwarzbraunen bis violetten keilförmigen Flecken.
Verwechslungsmöglichkeiten: Nicht vorhanden. Einzige Art der Familie im Mittelmeer.
Lebensraum: Auf Schlick- und Schlicksandböden. Meist in größerer Tiefe bis 200 m, selten oberhalb von 50 m Tiefe. Im gesamten Mittelmeer.
Biologie: Fimbria kann durch Kontraktionen des Körpers und Schlagen der Rhinophoren gut schwimmen und ernährt sich räuberisch von nicht zu großer und schneller Beute. Diese soll aus Krebsen, Stachelhäutern, Weichtieren, Hohltieren und kleinen Fischen bestehen, wird von den Kopflappen überstülpt und dann verschlungen. Laut Literatur liegt die Fortpflanzungszeit zwischen Januar und März. Im Labor wurde die Eiablage im März beobachtet, im Freiland dagegen Ende September/Anfang Oktober. Eventuell ist Fimbria nur deshalb in größerer Tiefe zu finden, weil sie kälteres Wasser benötigt. Es konnte beobachtet werden, daß ihr Erscheinen in flacheren Bereichen (ca. 40 m) auch mit dem Vorhandensein von kälteren Strömungen zusammenfiel. Nach dem Verschwinden dieser Strömungen verschwanden auch die Fimbrias.
Aquarienhaltung: Nicht bekannt, aufgrund von Größe und Lebensweise jedoch wahrscheinlich ungeeignet.

Elysia viridis (Montagu, 1804) Grüne Samtschnecke

Familie Elysiidae

Erkennungsmerkmale: Größe bis max. 55 mm, fast immer deutlich kleiner. Ohne Kiemenkrone oder Rückenanhänge. Körper mit seitlichen Lappen, sogenannten Parapodien, die meist in Längsrichtung über dem Rücken gefaltet sind, so daß man meist nur ihre Unterseite sehen kann. Rhinophoren ebenfalls in Längsrichtung eingerollt. Färbung sehr variabel, weißlich, grünlichweiß, grün, schwarzgrün oder rötlich, oft mit andersfarbigen Flecken, Pünktchen oder Aderung.

Verwechslungsmöglichkeiten: Nicht vorhanden. Da die Art sehr variabel in Form und Färbung ist, wurden aufgrund der äußerlichen Merkmale einige eigenständige Arten beschrieben. Neuere Untersuchungen bei äußerlich verschiedenen Tieren anhand zuverlässigerer Merkmale (Radula und Genitalsystem) lassen eine Auftrennung in verschiedene Arten gegenwärtig jedoch nicht gerechtfertigt erscheinen.

Lebensraum: Auf algenbewachsenen Felsböden und in Seegraswiesen. Vom Flachwasser bis in ca. 20 m Tiefe. Wahrscheinlich im gesamten Mittelmeer.

Biologie: Die Art ernährt sich von verschiedenen Algen der Gattungen *Bryopsis, Codium, Ulva* und *Acetabularia*. Die in der Nahrung enthaltenen Chloroplasten der Algen werden nicht verdaut und können bei der Grünen Samtschnecke bis zu 24 Stunden photosynthetisch aktiv bleiben. Sie gelangen unverdaut in Zellen der Mitteldarmdrüse und werden als intrazelluläre symbiontische Organellen gespeichert. Dort produzieren sie Einfachzucker, die als Bausteine für körpereigene Verbindungen der Schnecke dienen.

Aquarienhaltung: Nicht geeignet. Die kleinen Tiere kümmern selbst in veralgten Bekken und gehen nach kurzer Zeit ein.

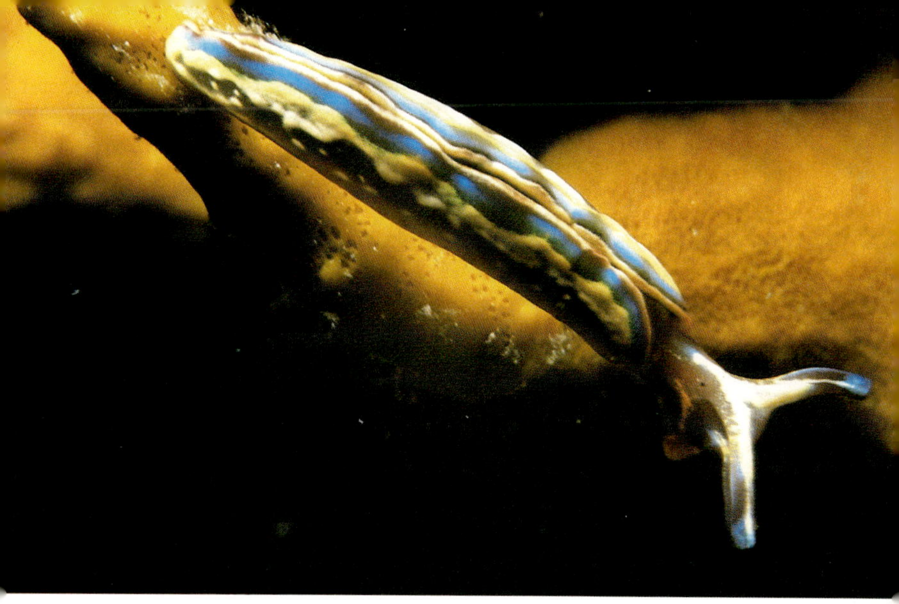

Thuridilla hopei (Vérany, 1853)
Gestreifte Flügelschnecke

Familie Elysiidae

Erkennungsmerkmale: Größe bis 25 mm. Ohne Kiemenkrone oder Rückenanhänge. Körper mit seitlichen Lappen (Flügel), die stets in Längsrichtung über dem Rücken gefaltet sind, so daß man deren Unterseite sieht. Auch die bis 4 mm langen Rhinophoren sind in Längsrichtung eingerollt. Grundfärbung der Körperoberseite schwarzviolett. Unterseite der Lappen gelb, blau und weiß gestreift, wobei das blaue und das weiße Band unterbrochen sein können. Oberseite der Rhinophoren und Nacken weiß. Zwischen den Rhinophoren und dem Beginn der Lappen kann man die Augen erkennen.
Verwechslungsmöglichkeiten: Nicht vorhanden.
Lebensraum: Küstennahe Pflanzenbestände, vor allem verschiedene Braunalgen. Vom Flachwasser bis in 25 m Tiefe. Im gesamten Mittelmeer regelmäßig und zum Teil sehr häufig.
Biologie: Diese Art ernährt sich wahrscheinlich von pflanzlichem Material (Braunalgen?), da ihr Vorkommen an Pflanzenbestände gebunden ist. Sie wurde allerdings auch schon auf dem Schwamm *Verongia aerophoba* gefunden.
Aquarienhaltung: Nicht bekannt. Die Nacktschnecken der Familie *Elysiidae* ernähren sich häufig von Algen, deren Zellen sie anstechen und aussaugen.
Gelegentlich vergreifen sich versehentlich eingeschleppte Tiere an *Caulerpa*-Arten, die dann absterben.

Cephalopoda
Klasse Kopffüßer

Die dritte Gruppe schließlich stellen die Kopffüßer dar, die oft fälschlicherweise auch als Tintenfische bezeichnet werden. Von den weltweit ca. 760 bekannten, ausschließlich in den Meeren lebenden Arten kommen 53 im Mittelmeer vor. Bei ihnen kann man 3 verschiedene Gruppen unterscheiden: die meist freischwimmenden, zehnarmigen Kalmare der Ordnung Teuthoidea, die meist in Bodennähe lebenden, ebenfalls zehnarmigen Sepien der Ordnung Sepioidea und die achtarmigen, meist bodenbewohnenden Kraken der Ordnung Octopoda.

Auffallendstes gemeinsames Merkmal der Kopffüßer sind ihre meist 8 bis 10 mit Saugnäpfen ausgestatteten Fangarme, die am Kopf um den Mund herum angeordnet sind. Ebenfalls am Kopf befindet sich ein röhrenförmiger, nach allen Seiten frei beweglicher Trichter. Durch Auspressen des Atemwassers durch diesen Trichter sind die Tiere hervorragende „Rückstoßschwimmer". Des weiteren sind sie in der Lage, bei Bedrohung eine „Tintenwolke", eine schwarzbraune, zähe Flüssigkeit auszustoßen. Gleichzeitig schwimmen sie blitzschnell davon. Über die Wirkungsweise der ausgestoßenen Tintenwolke gibt es unterschiedliche Auffassungen. Sie soll dem möglichen Freßfeind einerseits die Sicht auf sein Opfer nehmen, andererseits aber auch den Geruchssinn des Jägers betäuben. Da sich die Tintenwolke nicht sofort ausbreitet, sondern eine Zeitlang scharf abgegrenzt im Wasser „steht", wird auch die Meinung vertreten, sie soll das Opfer nachahmen, das sich in der Zwischenzeit in Sicherheit bringen kann. In jedem Fall führt das Ausstoßen einer Tintenwolke meist zu einer Verwirrung des Jägers. Dabei hilft den Tieren auch noch eine weitere Fähigkeit. Sie sind nämlich ausgesprochene Tarnungskünstler, die sich in kürzester Zeit mit ihrer Färbung und ihrer Oberflächenstruktur ihrer Umgebung anpassen können, so daß sie selbst für geübte Augen von einem Moment zum anderen nahezu unauffindbar sind. Außerdem können sie sich durch kleinste Spalten zwängen und sich so Nachstellungen entziehen. Laut Literatur soll zum Beispiel ein Krake in der Lage sein, sich mit dem gesamten Körper durch ein Loch zu zwängen, das nur den Durchmesser seiner größten Saugnäpfe aufweist.

Eine weitere Gemeinsamkeit der Kopffüßer ist der Besitz eines „richtigen" Gehirns und echter Linsenaugen, deren Sehleistung mit der der Wirbeltieraugen vergleichbar ist. Dadurch sind sie in der Lage, Farben und Formen zu unterscheiden. Dazu kommt auch noch die Fähigkeit, daß sie ausgesprochen lernfähig sind. Sie sind durchaus in der Lage, gemachte Erfahrungen so zu verarbeiten, daß sie sie in vielfältige Verhaltensweisen umsetzen können. Auch ihre Orientierungsfähigkeit ist sehr beeindrukkend. Neuen und unbekannten Objekten oder Situationen begegnen sie in der Regel mit großer Neugier, wenn auch gepaart mit einer guten Portion Vorsicht. All diese Fähigkeiten und Eigenschaften vermitteln den Eindruck, daß es sich bei Kopffüßern um sehr „intelligente" Lebewesen handelt, was eine Begegnung mit ihnen stets zu einem Erlebnis werden läßt.

Bei den 3 oben erwähnten Gruppen ist die unpaare, meist im Körperinnern liegende Schale unterschiedlich ausgebildet. Bei den Sepien befindet sie sich meist in Form des sogenannten Schulps im Rücken der Tiere. Bei den Kalmaren befindet sie sich an der gleichen Stelle, doch ist sie in der Regel zu einem elastischen, hornigen Gebilde reduziert. Bei den Kraken schließlich fehlt sie fast immer völlig.

Octopus macropus Risso, 1826
Langarmiger Krake

Familie Octopodidae

Erkennungsmerkmale: Länge mit Armen bis mehr als 1 m, wobei schon die Arme bis 1 m lang werden können. Arme im Verhältnis zum Körper länger als beim Gemeinen Kraken *(O. vulgaris)*, mit 2 Reihen von Saugnäpfen auf der Unterseite. Körperoberfläche glatt oder mit Fortsätzen. Färbung meist rötlichbraun mit zahlreichen weißen Flecken.

Verwechslungsmöglichkeiten: Die 9 Mittelmeerarten dieser Familie verteilen sich auf 5 verschiedene Gattungen: *Octopus, Eledone, Bathypolypus, Pteroctopus* und *Scaeurgus.* Dabei ist die Gattung *Octopus* mit 3 weiteren Arten vertreten. Der Gemeine Krake *(O. vulgaris)* unterscheidet sich vor allem durch seine deutlich kürzeren Arme und eine andere, sehr variable Färbung.

Lebensraum: Auf verschiedenen Fels- und Sandböden. Ab dem Flachwasser. Wahrscheinlich im gesamten Mittelmeer, selten.

Biologie: Ein bekannter Wissenschaftler beschrieb die Färbung des Langarmigen Kraken ganz anschaulich so: „Mousse au chocolat garniert mit Sahne". Weiteres siehe Gemeiner Krake *(O. vulgaris).*

Aquarienhaltung: Siehe Gemeiner Krake *(O. vulgaris).*

Octopus vulgaris Cuvier, 1797
Gemeiner Krake

Familie Octopodidae

Erkennungsmerkmale: Länge mit Armen bis 1 m, Gewicht bis ca. 10 kg, oft kleiner (soll laut Literatur in Ausnahmefällen bis 3 m lang werden, davon entfallen mehr als 2 m auf die Arme, Gewicht bis 25 kg, Durchmesser der größten Saugnäpfe bis 4 cm, wahrscheinlich nur in großer Tiefe). Arme mit 2 Reihen von Saugnäpfen auf der Unterseite. Körperoberfläche glatt oder mit Fortsätzen. Färbung sehr variabel, stimmungsabhängig, rötlich, bräunlich, gelblich, bläulich oder grau.
Verwechslungsmöglichkeiten: Im Mittelmeer leben neun verschiedene Arten, von denen der Gemeine Krake *(Octopus vulgaris)* sicherlich der häufigste Vertreter ist. Die beiden Arten der Gattung *Eledone*, zu denen der Moschuskrake (*Eledone moschata* (Lamark, 1799)) gehört, unterscheiden sich von den anderen Arten durch nur eine Reihe von Saugnäpfen auf der Unterseite der Arme. Der Langarmige Krake *(O. macropus)* unterscheidet sich durch seine deutlich längeren Arme und seine rötlichbraune Färbung mit zahlreichen weißen Flecken.
Lebensraum: Verschiedene Felsböden, Sandböden und in Seegraswiesen. Vom Flachwasser bis in ca. 100 m Tiefe. Im gesamten Mittelmeer.
Biologie: Kraken sind ausgesprochene Bodentiere, die sich so gut wie nie ins freie Wasser begeben. Mit Hilfe ihrer langen, äußerst kräftigen Fangarme kriechen oder stelzen sie bevorzugt auf felsigem Grund umher, doch können sie bei Gefahr auch hervorragend schwimmen, indem sie Wasser aus der Atemhöhle durch einen in verschiedene Richtungen drehbaren Trichter kraftvoll ausstoßen. Hierbei machen sie sich das Rückstoßprinzip zunutze.
Überwiegend nachtaktiv, hält sich der Gemeine Krake tagsüber meist in einem Versteck, einer natürlichen Höhle oder Spalte auf. Sind solche sicheren Unterschlüpfe nicht vorhanden, oder ist der Eingang einer Höhle zu groß, dann betätigt sich der Krake als geschickter Baumeister und trägt umherliegende Steine zusammen. Dabei kann

er mehrere kg schwere Steine hinter sich herschleppen, um sie in seine „Burg" einzubauen bzw. den Eingang seiner Höhle zu verkleinern. Kleinere Kraken nisten sich zur Brutzeit auch in leeren Muschelschalen ein, die sie bei Gefahr schließen können, um sich so vor Freßfeinden zu schützen.

Der Gemeine Krake macht so ziemlich auf alles Jagd, was er überwältigen kann. Seine Hauptnahrung besteht aus Krebstieren, Muscheln und Fischen, doch wird auch Aas nicht verschmäht. Beim Nahrungserwerb konnten zwei verschiedene Strategien beobachtet werden. Zum einen verhalten sich die Kraken als Lauerjäger und überfallen ihre Beute wie ein Wegelagerer aus dem Hinterhalt. Zum anderen konnte beobachtet werden, wie sie nachts Spalten absuchen und Steine umdrehen. Ein Beutetier wird blitzschnell von den Armen ergriffen und zum Mund mit den kräftigen papageischnabelähnlichen Hornkiefern gezogen. Diese können selbst starke Krebspanzer „knacken". Muscheln überwältigt der Krake, indem er die beiden Schalen mit seinen kräftigen Armen auseinanderzieht. Anschließend wird ein Verdauungssaft aus den Speicheldrüsen eingespritzt und die verdaute Körpersubstanz eingeschlürft. Die Reste seiner Mahlzeit, Muschelschalen und Teile von Krebspanzern, legt der Krake oft in der Nähe seines Unterschlupfes ab, wodurch man seine sonst gut getarnte Wohnung schon von weitem entdecken kann.

Wie eingangs schon angedeutet, besitzen Kraken die Fähigkeit, sowohl ihre Färbung als auch ihre Körperoberfläche der Umgebung anzupassen. Waren sie im einen Moment mit zottigen Körperanhängen versehen und schmutzig dunkel gefärbt, können sie nur wenige Augenblicke später völlig glatt und ganz hell gefärbt sein. Diese Verwandlungskünste schützen zum einen vor Freßfeinden und helfen zum anderen, ihre Beute zu überlisten. Darüber hinaus kann man an der Färbung eines Kraken auch seine jeweilige „Stimmung" erkennen. Ist er erregt, so laufen regelrechte blaue Farbwellen über seinen Körper. Hat er Angst, wird er ganz blaß, und ist er verärgert, dann dominieren rote Farbtöne bei ihm.

Der Paarung, die meist im küstennahen Bereich erfolgt, gehen oft erbitterte Kämpfe der Männchen um ein Weibchen voraus.

Der Sieger kann dann die Begattung vollziehen, die ganz anders verläuft, als man es sich vielleicht vorstellt. Die Partner sitzen nämlich auf Armeslänge voneinander entfernt, wobei das Männchen das Weibchen mit einem seiner Arme, dem etwas anders gebauten Begattungsarm, betastet. Dieser wird in die Mantelhöhle des Weibchens eingeführt, um schließlich das Samenpaket an der Geschlechtsöffnung des Weibchens abzusetzen. Der ganze Paarungsvorgang kann mehr als eine Stunde in Anspruch nehmen. Geraume Zeit später legt das Weibchen bis zu 150 000 Eier, die als kleine durchsichtige Kapseln zu Tausenden an kurzen Stielen zu langen Trauben vereinigt sind und an der Decke ihrer Höhle befestigt werden (siehe Foto Seite 2). Dort werden sie vom Muttertier bewacht und bis zum Schlupf, der ca. 2 Monate später erfolgt, ständig mit frischem Wasser versorgt. Ohne diese intensive Pflege durch das Muttertier, das während der ganzen Zeit keine Nahrung zu sich nimmt, würden die Eier in kurzer Zeit verpilzen und absterben. Nach dem Schlupf soll das Muttertier meist an Entkräftung sterben. Die Jungtiere schweben 1 bis 2 Monate kopfabwärts im Plankton, bevor sie zum Leben am Boden übergehen. In dieser Zeit sind sie schutzlos den Planktonfressern ausgesetzt, die ihre anfangs hohe Anzahl drastisch reduzieren.

Auch mit dem Übergang zum Bodenleben sind sie noch zahlreichen Freßfeinden ausgesetzt, wie zum Beispiel Muränen und Conger-Aalen. Einziger Schutz vor ihnen ist neben der guten Tarnung die Fähigkeit, bei Bedrohung eine Tintenwolke ausstoßen zu können. Im gleichen Moment schwimmen sie mit Hilfe des Rückstoßes davon, suchen ein neues Versteck auf und passen sich dort farblich an. Das alles geschieht so schnell, und der Überraschungseffekt durch die Tintenwolke, die eine ganze Zeit wie ein einheitlicher Körper im Wasser steht, verwirrt den Freßfeind und auch den Taucher so sehr, daß der Octopus unbemerkt entkommen kann.

Neben sehr leistungsfähigen Linsenaugen besitzen Kraken auch ein hochentwickeltes Gehirn. Man kann bei den ausgesprochen lernfähigen Tieren sogar von einer gewissen Intelligenz sprechen. Dementsprechend neugierig verhalten sich die Tiere normalerweise auch. Aufmerksam beobachten sie tagsüber aus ihrer Höhle heraus ihre Umwelt. Dem Taucher gegenüber verhalten sie sich meist sehr scheu, was sicherlich damit zusammenhängt, daß sie von ihnen sehr häufig nur als Spielzeug betrachtet werden. Oft kann man beobachten, wie Taucher Kraken mit Hilfe des Schnorchels oder sogar ihres Tauchermessers aus ihren Wohnungen vertreiben, um sie dann ausführlich zu quälen. Solche Leute vergessen offensichtlich, daß sie nur Gäste unter Wasser sind und sich auch so verhalten sollten.

Verhält man sich diesen Tieren gegenüber partnerschaftlich und bedrängt sie nicht, dann belohnen sie den Beobachter mit interessanten Verhaltensweisen. Die Frau des Verfassers entdeckte bei ihrem ersten Tauchgang nach dem Tauchkurs einen kleinen Octopus in einer Spalte. Ganz offensichtlich hatte dieses junge Exemplar noch keine negativen Erfahrungen mit den blasenspuckenden Gummiwesen gesammelt, denn es betrachtete sie genauso interessiert wie sie ihn. Die beiden schauten sich eine ganze Weile aus ca. 20 cm Entfernung in die Augen, als der kleine Krake ganz plötzlich einen seiner acht Arme ausstreckte und quer über die Brille seines Gegenübers legte, ganz so, als wollte er herausfinden, wer da mit ihm flirtet. Erst als sich seine neue Freundin langsam wieder zurückzog, ließ auch er zögernd wieder los.

Aquarienhaltung: Sehr interessante Pfleglinge, aber nur bedingt geeignet. Becken gut abdecken, da die Tiere jeden Spalt zur Flucht nutzen.

Sepia officinalis L., 1758
Gemeine Sepia

Familie Sepiidae

Erkennungsmerkmale: Länge des Mantels ohne Kopf und Arme bis 35 cm, Gesamtlänge bis 65 cm. Körper abgeflacht und von einem Flossensaum umgeben, Flossen am hinteren Körperende nicht vereinigt. 10 Arme vorhanden, 8 kürzere mit jeweils 2 Saugnapfreihen und 2 lange, einziehbare Fangarme, die am Ende keulenförmig verdickt sind und nur dort Saugnäpfe tragen. Färbung sehr variabel, stimmungsabhängig, von sandfarben, gräulich bis bräunlich, oft auch marmoriert.
Verwechslungsmöglichkeiten: Es gibt 2 weitere Arten dieser Gattung, die die einzige der Familie im Mittelmeer darstellt. Sicherstes Unterscheidungsmerkmal sind Anordnung, Größe und Form der Saugnäpfe an den Keulen der beiden langen Fangarme sowie die Form des „Begattungsarmes" der Männchen. Die Dornsepia (*S. orbignyana* Ferrusac, 1826) besitzt einen Dorn am hinteren Ende ihres Schulps, der meist gut zu sehen ist, und kann eine Mantellänge ohne Kopf bis 12 cm erreichen. Sie ist meist unterhalb von 50 m bis in große Tiefe anzutreffen.
Die Kleine Sepia (*S. elegans* Blainville, 1827), die eine Mantellänge ohne Kopf bis zu 9 cm erreichen kann, bevorzugt Tiefen unterhalb von ca. 30 m bis in große Tiefe. Beide Arten kommen im gesamten Mittelmeer vor.
Die Vertreter der nahverwandten Familie der Zwergsepien bzw. Sepiolas oder Sepiolidae, die im Mittelmeer 15 Arten aus 6 Gattungen umfaßt, sind meist nur wenige cm groß. Sie unterscheiden sich von den Sepien durch einen meist kurzen und zylindrischen Körper mit je einer gerundeten Flosse beidseits des Körpers. Außerdem ist bei ihnen die Schale meist ganz rückgebildet.
Lebensraum: Meist auf Sandböden oder in Seegraswiesen bzw. in deren Nähe, seltener auch auf algenbewachsenen Felsböden. Vom Flachwasser bis in große Tiefe. Im gesamten Mittelmeer.
Biologie: Sepien sind überwiegend nachtaktiv und ernähren sich in erster Linie von

Garnelen, Krabben und kleinen Fischen. Den Tag verbringen sie meist eingegraben im Boden oder versteckt im Seegras. Kommt ein mögliches Beutetier in die Reichweite der beiden langen Fangarme der versteckten und gut getarnten Sepia, dann werden sie lassoartig vorgeschleudert, wobei die mit Saugnäpfen besetzten keulenförmigen Enden die Beute packen. Befindet sich die Beute jedoch nicht in Reichweite, dann pirscht sich die Sepia fast unmerklich an. Vorsichtig verläßt sie ihr Versteck, und durch leichten Schlag des Flossensaumes sowie Steuerung durch den Wasserstrom des nach hinten gerichteten Atemrohrs, des Syphons, nähert sie sich langsam ihrem Opfer, um es dann plötzlich mit ihren vorschnellenden langen Fangarmen zu packen. Dabei wird stets versucht, wehrhafte Opfer wie Krabben von ihrer ungefährlicheren Seite zu packen. Das erbeutete Opfer wird zum Mund herangezogen, wo es von den anderen 8 Armen festgehalten wird, während die scharfen Kiefer es aufbeißen. Während der Fortpflanzung, die hauptsächlich im Frühjahr stattfindet, nehmen vor allem die Männchen eine auffallende, zebraartige Zeichnung an. Während der Balz übergibt das Männchen seine Samenkapseln mit Hilfe seines „Begattungsarmes" an das Weibchen. Meist werden bereits wenige Stunden später die Eier abgelegt, wobei das Männchen häufig beim Weibchen bleibt und es auch nach der Eiablage bis zu ihrem Tod nicht verläßt. Die bis mehr als 500 zitronenförmigen, tiefbraunen bis schwarzen, ca. 8 mm großen Eier werden in Trauben an verschiedenen Substraten befestigt. Aus den Eiern, die anders als beim Kraken sich selbst überlassen werden, schlüpfen nach knapp 2 Monaten kleine, fertig entwickelte, ca. 10 mm große Sepien, die sofort die gleiche Lebens- und Jagdweise wie die Erwachsenen aufweisen. Die Lebenserwartung von Sepien beträgt zwischen 18 bis 30 Monate. Zu ihren natürlichen Hauptfeinden zählen neben dem Menschen vor allem Conger-Aale und Muränen.

Aquarienhaltung: Sehr interessante Pfleglinge, deren Haltung möglich, aber nicht unproblematisch ist.

Arthropoda
Stamm Gliederfüßer

Namensgebend für diesen Tierstamm, zu dem außer den Krebstieren auch die Spinnen, Insekten, Tausendfüßer und andere gehören, sind die Extremitäten, die aus einer Anzahl rohrförmiger, starrer Glieder bestehen, die durch biegsame Gelenkhäute miteinander verbunden sind. Der Körper ist, je nach Gruppe, in verschiedene Körperabschnitte gegliedert, die durch die Verschmelzung von jeweils einer unterschiedlichen Anzahl von Segmenten entstanden sind. Dabei ist pro ursprünglich vorhandenem Körpersegment auch ein Paar Extremitäten vorhanden. Bei zahlreichen Gruppen fehlen einige dieser Extremitäten, besonders die in hinteren Körperabschnitten. Diese Extremitäten übernehmen, je nach Lage und Position, die Funktion von Schreitbeinen, Schwimmbeinen, Mundwerkzeugen, Antennen oder Fühlern und einigem mehr. Ein weiteres Charakteristikum der Gliederfüßer ist der Besitz eines starren Außenskeletts, eines harten Panzers, der im Laufe des Wachstums mehrfach abgelegt und wieder erneuert werden muß.

Crustacea
Unterstamm Krebse

Die einzigen Vertreter der Gliederfüßer, die im Meer leben, sind die Krebse, die Crustacea. Von den ca. 40 000 bekannten Krebsarten lebt die Mehrzahl in den Meeren. Sie zeichnen sich durch 2 Antennenpaare und zahlreiche sogenannte Spaltbeinpaare aus, deren Bau und Funktion noch erläutert wird. Das Außenskelett, der Panzer, setzt sich aus zahlreichen verschiedenen Teilen zusammen, die entweder durch biegsame Gelenkhäute beweglich miteinander verbunden oder unbeweglich zu größeren Einheiten verschmolzen sind. Es besteht aus einer hornigen Substanz, dem Chitin, in das bei den verschiedenen Krebsarten mehr oder weniger Kalk eingelagert sein kann. Seine Hauptaufgabe ist die gleiche Stützfunktion, die die Wirbelsäule bei den Wirbeltieren übernimmt. Durch mögliche Kalkeinlagerungen bietet sie zusätzlich einen guten Schutz vor Verletzungen oder möglichen Freßfeinden. Die zum Teil sehr massive Panzerung bringt jedoch nicht nur Vorteile mit sich. Zumindest bei den größeren Formen kann durch den Panzer die Atmung nicht mehr durch die Haut erfolgen, sondern muß über spezielle Atmungsorgane, die Kiemen, stattfinden. Ein weiteres Problem stellt ein starrer Außenpanzer in punkto Wachstum dar, da er nicht dehnbar ist und somit nicht mitwachsen kann. Aus diesem Grund müssen ihn die Tiere während ihres Lebens von Zeit zu Zeit gegen einen größeren eintauschen, indem sie sich häuten. Unter ihrem zu eng gewordenen Panzer wird von der Haut ein neuer Panzer gebildet, der noch weich und dehnbar ist. Daraufhin reißt der alte Panzer an einer Sollbruchstelle auf und der Krebs schlüpft heraus. Dabei werden nicht nur alle Extremitäten (Beine, Scheren, Antennen,. . .) sondern auch Borsten und Behaarungen, die Auskleidung der Mundhöhle und der dem Magen vorgelagerte Kaumagen, der wie die Mundwerkzeuge nochmals der Zerkleinerung der Nahrung dient, mitgehäutet. Der alte Panzer, das sogenannte Häutungshemd oder die Exhuvie, wird oftmals für ein totes Tier gehalten. Durch die Aufnahme von Wasser vergrößert der Krebs dann sein Volumen. Bis zur vollständigen Aushärtung des neuen Panzers sind die Tiere ausgesprochen verwundbar. Daher sind sie während dieser Zeit auch meist extrem scheu und leben sehr versteckt. Der nun etwas zu große Panzer ermöglicht dem Krebs ein weiteres Wachstum, bis ihm auch der neue wieder zu eng und die nächste Häutung nötig wird. Die während des Wachstums regelmäßigen Häutungen ermöglichen auch die Neubildung von Gliedmaßen, die bei innerartlichen Auseinandersetzungen oder durch Freßfeinde abgerissen wurden. Die betreffenden Extremitäten

werden unter dem alten Panzer verkleinert neu angelegt und erreichen nach einigen Häutungen meist wieder ihre ursprüngliche Größe.
Der Grundtyp der Krebsextremität ist das schon erwähnte Spaltbein, das aus 2 „Ästen" besteht, die als Exopodit und Endopodit bezeichnet werden. Bei den verschiedenen systematischen Großgruppen der Krebse sind nun die Anzahl, die Form und zum Teil auch die Funktion dieser Spaltbeine sehr unterschiedlich. Sie können entweder völlig reduziert worden sein oder nur noch aus einem Ast bestehen, sie können fadenförmig verlängert und mit zahllosen Sinneszellen besetzt sein, stark vergrößert sein und mit einer Schere enden oder blattförmig abgeflacht sein.
Wenn von Krebsen die Rede ist, dann denkt wahrscheinlich die Mehrzahl der Leser an Hummer und Langusten, an Garnelen und Krabben. Diese oft großen und auffälligen Krebstiere gehören jedoch alle zur Ordnung der **Zehnfußkrebse**, den Decapoda, die mit ca. 1000 Arten nur ein Viertel aller Crustaceen stellen und zur Klasse der höheren Krebse, den Malacostraca, gerechnet werden.
Meist wesentlich kleiner und unauffälliger, für das Ökosystem Meer jedoch von großer Bedeutung, sind die Vertreter der restlichen 9 Klassen der Krebse, zu denen unter anderem auch folgende gehören: Blattfußkrebse (Phyllopoda), Ruderfußkrebse oder Hüpferlinge (Copepoda), Rankenfüßer (Cirripedia).

Decapoda
Ordnung Zehnfußkrebse

Zehnfußkrebse, die mit ca. 300 Arten aus 46 Familien im Mittelmeer vertreten sind, besitzen, wie ihr Name schon sagt, 5 Paar Schreitbeine, die Pereiopoden, bei denen nur noch einer der beiden Äste des ursprünglichen Spaltbeins gut entwickelt ist. Je nach Art können ein oder mehrere dieser Schreitbeinpaare gut entwickelte Scheren an ihrem Ende tragen. Der Körper der Zehnfußkrebse ist meist deutlich in einen Kopf-Brust-Abschnitt, den Cephalothorax, und einen Hinterleib, das Abdomen, untergliedert. Am Cephalothorax befinden sich neben den 5 Schreitbeinpaaren auch noch die beiden Antennenpaare und 3 Paar Mundwerkzeuge, die Kieferfüße oder Maxillipoden. Diese halten und zerkleinern die Nahrung und stehen somit im Dienst der Nahrungsaufnahme. Am Abdomen befinden sich insgesamt 6 Paar Hinterleibsbeine, die Pleopoden, die noch als echte Spaltbeine mit 2 Ästen ausgebildet sind. Das erste Hinterleibsbeinpaar ist bei Weibchen meist zurückgebildet, während es bei Männchen zu einem Begattungsorgan, dem Gonopod, umgebildet ist. Bei den Weibchen dienen das 2. bis 5. Pleopodenpaar als Eiträger, das heißt, an ihnen werden die Eier befestigt und durch ständiges Fächeln mit Frischwasser versorgt. Bei zahlreichen Arten dienen die Pleopoden außerdem beiden Geschlechtern auch der schwimmenden Fortbewegung. Das 6. Hinterleibsbeinpaar ist bei beiden Geschlechtern als Schwanzfächer, dem Uropod, ausgebildet.
Entsprechend ihrer Körperform und der Festigkeit ihres Panzers unterteilt man die Decapoden klassischerweise in 2 Großgruppen, die Garnelen oder Natantia und die Panzerkrebse oder Reptantia. Die Garnelen, die mit ca. 110 Arten im Mittelmeer vertreten sind, besitzen meist einen langgestreckten, seitlich abgeflachten Körper mit einem langen Hinterleib, der nach hinten gestreckt ist. Sie sind meist nur schwach gepanzert und wirken deshalb oft zart und zerbrechlich. Ihre Hinterleibsfüße sind in der Regel gut entwickelt und werden auch zum Schwimmen benutzt.
Die Panzerkrebse wiederum kann man in 4 verschiedene Großgruppen unterteilen, die sich äußerlich in ihrer Körperform deutlich voneinander unterscheiden. Sie sind in der Regel stärker gepanzert und deshalb meist auch nicht in der Lage zu schwimmen.
Zu den größten und auffälligsten Zehnfuß-

Häutungshemd oder Exuvie einer Scherengarnele (Stenopus spinosus)

krebsen gehören die Hummer- und Langustenartigen. Bei ihnen handelt es sich meist um massige, kräftige Arten mit einem langgestreckten Hinterleib.
Die Einsiedlerkrebse, die die zweite Gruppe darstellen, zeichnen sich durch ihren weichhäutigen, meist spiralig gewundenen Hinterleib aus, den sie in der Regel in leeren Schneckenhäusern oder Ähnlichem verbergen.
Bei der dritten Gruppe, den Springkrebsartigen, ist der unterschiedlich stark reduzierte Hinterleib stets stark bauchseits gekrümmt und wird auch immer unter dem Bauch eingeschlagen getragen.
Bei den Krabben schließlich ist der Hinterleib sehr klein und stark reduziert und wird direkt unter die Brust geschlagen getragen. Außerdem ist der Körper der Krabben meist deutlich abgeflacht.
Viele der interessantesten Zehnfußkrebse wird man beim Schnorcheln und Tauchen nicht finden, da sie oft versteckt leben oder nachtaktiv sind. Es lohnt sich daher, den örtlichen Fischmarkt aufzusuchen, denn dort findet man all jene Arten, die eßbar sind. Die Auswahl ist oft reichhaltig und fast immer gibt es Hummer, Langusten oder Taschenkrebse. Aber auch weniger bekannte Arten werden gegessen. So werden mit Schleppnetzen als Beifang auch Heuschreckenkrebse, verschiedene Garnelen und sogar Seespinnen angelandet und auf dem Markt verkauft. Manche Krebse findet man auch an unerwarteter Stelle. Je nach Jahreszeit wird man beim Essen von Miesmuscheln auf »etwas Hartes« beißen. Es handelt sich um winzige Krebse (*Pinnotheres*), die in der Muschel als Raumparasiten leben. Sie schaden aber weder der Muschel noch dem, der sie versehentlich mitißt.

Lepas ansifera L., 1767
Entenmuschel

Familie Lepadidae

Erkennungsmerkmale: Muschelähnliche, aus 5 glatten Kalkplatten zusammengesetzte Schale bis 5 cm Größe auf einem bis 10 cm langen, zusammenziehbaren Stiel, mit 6 Paar doppelästigen Fangarmen. Färbung des Stiels dunkelgrau bis braun, Schalenplatten weiß bis cremefarben, mit gelborangen bis bräunlichen Rändern und Flekken.

Verwechslungsmöglichkeiten: Es gibt 3 weitere Arten dieser Gattung im Mittelmeer, die sich jedoch durch ihre Körperform von dieser Art unterscheiden.

Lebensraum: An verschiedenen festen, schwimmenden Objekten, z. B. Treibholz, Bootsrümpfen, Bojen und sogar an Meeresschildkröten. Im gesamten Mittelmeer.

Biologie: Bei Entenmuscheln handelt es sich nicht, wie der Name vermuten läßt, um Muscheln sondern um Vertreter einer sessilen Krebsgruppe, die sogenannten Rankenfüßer oder Cirripedia, zu denen auch die Seepocken gehören. Durch ihre sessile Lebensweise zeigen sie außer durch den Besitz von typischen Krebslarven kaum noch Ähnlichkeiten mit anderen Krebsen. Ihre Beine sind zu Fangarmen umgebildet, mit deren Hilfe sie durch rhythmisches Einziehen und Ausstrecken Plankton und Schwebstoffe aus dem Wasser filtern. Sie sind Zwitter, bei denen die Befruchtung im Körper stattfindet. Erst die schlüpfenden Krebslarven werden ins Wasser entlassen, wo sie sich nach einer planktischen Phase an einem treibenden Objekt festsetzen und zur Entenmuschel umwandeln. Im Mittelalter war man der Auffassung, daß sich aus Entenmuscheln Enten bzw. Gänse entwickeln. Dies nahm man zum Vorwand, Enten während der Fastenzeit zu verzehren zu dürfen, da sie ja weder Fleisch noch von fleischlicher Herkunft seien.

Aquarienhaltung: Nicht bekannt.

Pyrgoma anglicum Sow.
Korallenseepocke

Familie Chthamalidae

Erkennungsmerkmale: Größe meist nur wenige mm. Art mit verwachsenem, ovalem, steil konischem Gehäuse (= Mauerkrone), mit kleiner Gehäuseöffnung. Meist vom Gewebe der Koralle überwachsen, so daß man am Kelch der Steinkoralle nur noch eine Beule mit einem Loch an der Spitze erkennen kann.
Verwechslungsmöglichkeiten: Aufgrund der Lebensweise nicht vorhanden.
Lebensraum: Stets in Gemeinschaft mit verschiedenen Steinkorallen, z. B. aus den Gattungen *Caryophyllia* und *Leptopsammia*. In verschiedenen Tiefen.
Biologie: Diese Art siedelt stets am Kelch und am Rand der Mundscheibe verschiedener Steinkorallen. Es handelt sich bei dieser Lebensgemeinschaft um eine Form von Symphorismus, dem dauerhaften Siedeln eines Tieres auf der Oberfläche eines anderen. Der jeweiligen Steinkoralle entsteht durch diese Lebensgemeinschaft wahrscheinlich kein Nachteil, während die Seepocke durch die Nesselzellen ihres Partners wahrscheinlich einen besseren Schutz vor Freßfeinden genießt. Berichten eines Autors zufolge sind an der englischen Küste etwa 30% der Ovalen Nelkenkoralle *(Caryophyllia smithi)* von der Korallenseepocke „befallen". Dabei sollen sich bis zu 30 Exemplare an einer einzigen Koralle befinden, wodurch deren Wachstum „ganz erheblich beeinträchtigt wird". Bei einem solchen Massenbefall würde es sich demnach um eine Form von Parasitismus handeln.
Aquarienhaltung: Nicht bekannt.

Sicyonia carinata (Brünnich, 1768) Furchengarnele

Familie Penaeidae

Erkennungsmerkmale: Größe bis 80 mm. Körper nicht so zierlich wie bei anderen Garnelen. Panzer dick und hart. Rostrum etwas kürzer als die Antennenstiele, mit wenigen Zähnen. Auch auf dem Körper einige Zähne. Die ersten 3 Schreitbeinpaare mit kleinen Scheren. Färbung variabel, grünlich, gelblich oder rötlich mit Marmorierung.

Verwechslungsmöglichkeiten: Es gibt keine andere Garnelenart im Mittelmeer, die gleichzeitig 3 Schreitbeinpaare mit Scheren und einen so harten Panzer besitzt.

Lebensraum: Schlick-, Schlicksand- und Sandböden, sowie Seegraswiesen. Unterhalb von 3 m Tiefe. Im gesamten Mittelmeer.

Biologie: Bei dieser Art handelt es sich um eine vergleichsweise träge Garnele. Bei Gefahr gräbt sie sich eher im Boden ein, als nach typischer Garnelenmanier durch rasches Einklappen des Hinterleibs davonzuschwimmen.

Aquarienhaltung: Problemlose Art, die leicht zu pflegen ist. Wie alle Garnelen, so sollte auch diese Art nicht mit größeren, räuberischen Krebsen zusammengehalten werden, da diese die Garnelen spätestens in der Häutungsphase, in der sie wehrlos sind, überwältigen können.

Hippolyte huntii (Gosse, 1877)
Haarsterngarnele

Familie Hippolytidae

Erkennungsmerkmale: Größe bis ca. 20 mm. Durchscheinend mit oranger bis brauner Zeichnung, nicht ausgewachsene Tiere nur mit Längsbändern, ausgewachsene zusätzlich mit einigen (6) Querbändern auf den Seiten von Brust und Hinterleib.

Verwechslungsmöglichkeiten: Aufgrund der Lebensgemeinschaft mit Haarsternen gibt es keine Verwechslungsmöglichkeiten. Es gibt zwar noch eine weitere Haarsterngarnele im Mittelmeer, *Hippolyte leptometrae*, die erst vor gut 20 Jahren entdeckt und beschrieben wurde. Diese ist jedoch anders gefärbt.

Lebensraum: Diese Art ist in ihrem Vorkommen an die Anwesenheit von Haarsternen der Gattung *Antedon* gebunden. Sie konnte bisher nur im westlichen Mittelmeer nachgewiesen werden. Dies gilt auch für die Schwesterart *H. leptometrae* .

Biologie: Beide Garnelenarten scheinen auf Haarsterne als Partner angewiesen zu sein, wonach es sich um obligate Lebensgemeinschaften handelt. Da nur die Garnelen Vorteile aus dieser Gemeinschaft ziehen und die Haarsterne nicht geschädigt werden, handelt es sich um eine Karpose. Karposen, bei denen Tiere dauerhaft auf der Oberfläche eines anderen leben, werden als Symphorismus bezeichnet. Aquarienbeobachtungen zufolge fraßen die Garnelen Kot von der Analpapille ihres Haarsterns. Eventuell nehmen sie auch geringe Mengen des vom Haarstern erbeuteten und eingeschleimten Planktons auf. Beobachtungen des Autors zufolge waren die Garnelen auf orangegefärbten Haarsternen am häufigsten (auf ca. jedem 3.). Auf rotbraunen Tieren mit weißer Fleckung konnten nur nicht ausgewachsene Garnelen beobachtet werden (auf ca. jedem 10.), und auf roten Haarsternen fehlten sie völlig.

Aquarienhaltung: Sollte nur gemeinsam mit Haarsternen gepflegt werden.

Hippolyte leptocerus

(Heller, 1863)

Bucklige Seegrasgarnele

Familie Hippolytidae

Erkennungsmerkmale: Größe der Weibchen bis ca. 25 mm, Männchen bis ca. 20 mm. Gattung mit deutlich sichtbarem Rostrum und Scheren am 1. und 2. Schreitbeinpaar. Hinterleib stark buckelig nach unten abgeknickt. Färbung erwachsener Tiere sehr variabel, hellgrün, dunkelgrün, bräunlich oder dunkelrot, jeweils mit oder ohne weißlichem Punkt- und Fleckenmuster, Jungtiere farblos mit einem weißen Längsstreifen auf dem Rücken.

Verwechslungsmöglichkeiten: Es gibt 2 weitere Seegrasgarnelen dieser Gattung, die im selben Lebensraum vorkommen. Sie unterscheiden sich jedoch beide durch ihren nur wenig abgeknickten Hinterleib eindeutig von dieser Art.

Lebensraum: Seegraswiesen und verschiedene Algenbestände. Bereits ab dem Flachwasser. Im gesamten Mittelmeer.

Biologie: Die sehr variable Färbung dieser Art ist abhängig von der des Substrats, auf dem die Tiere jeweils leben. Auf mehr oder weniger einheitlich gefärbten Unterlagen sind auch die Garnelen einheitlich gefärbt, während sie auf gescheckten Unterlagen ebenfalls gescheckt sind. Exemplare in frischem Seegras sind saftig grün, solche auf älteren, dunkelgrünen bis bräunlichen Blättern sind dunkelgrün bis bräunlich gefärbt. Exemplare, die auf Rotalgen leben, sind dementsprechend rot gefärbt. Die Anpassung der Färbung an den Untergrund ist dabei so perfekt, daß man die Tiere in der Regel übersieht, obwohl sie z. B. in Seegraswiesen fast allgegenwärtig sind. Die Anpassung der Färbung an den Untergrund soll bei Jungtieren schneller gehen als bei erwachsenen Tieren, weshalb ausgefärbte Tiere laut Literatur einen ihrer Färbung entsprechenden Untergrund wählen.

Aquarienhaltung: Siehe Seegrasgarnele *(H. inermis)*.

Hippolyte inermis
Leach, 1814 und

H. holthuisi Paulson, 1875
Seegrasgarnele

Familie Hippolytidae

Erkennungsmerkmale: Größe bei beiden Arten bis ca. 30 mm. Gattung mit deutlich sichtbarem Rostrum und Scheren am 1. und 2. Schreitbeinpaar. Hinterleib nur sehr wenig nach unten abgeknickt, Körper dadurch langgestreckt. Färbung von *H. inermis* variabel, grünlich bis bräunlich, manchmal auch hell gescheckt, außerdem mit oder ohne weißem Längsstreifen auf Rücken und Bauch und/oder blauen Punkten auf dem Körper. Färbung von *H. holthuisi* meist grün mit zahlreichen hell- bis türkisblauen Punkten auf dem gesamten Körper, laut Literatur auch bräunlich gefärbt.
Verwechslungsmöglichkeiten: Diese beiden Arten unterscheiden sich von der Buckligen Seegrasgarnele *(H. leptocerus)* vor allem dadurch, daß ihr Hinterleib nur wenig nach unten abgeknickt ist. Die Unterscheidung der beiden Arten untereinander ist in erster Linie anhand einiger Körpermerkmale, die nur mit der Lupe zu erkennen sind, möglich. Außerdem ist bei *H. holthuisi* das letzte (6.) Hinterleibssegment deutlich länger als bei *H. inermis*, was aber im Freiland und auf dem Foto ebenfalls nur schwer zu erkennen ist.
Lebensraum: Seegraswiesen und verschiedene Algenbestände. Bereits ab dem Flachwasser. *H. inermis* im gesamten Mittelmeer, *H. holthuisi* bisher nur im westlichen Mittelmeer und der Adria nachgewiesen.
Biologie: Wie auch bei der Buckligen Seegrasgarnele *(H. leptocerus)* (siehe auch deren Artbeschreibung) sind bei diesen beiden Arten die Weibchen größer als die Männchen.
Aquarienhaltung: Problematisch. Seegrasgarnelen sollen im Aquarium bereits nach kurzer Zeit eingehen.

Lysmata seticaudata (Risso, 1816)
Mittelmeer-Putzergarnele

Familie Hippolytidae

Erkennungsmerkmale: Größe bis 35 mm. Auffallend sind die großen Augen und die langen rotgefärbten Antennen. Der Körper ist kräftig rot-weiß längsgestreift, wobei die roten Streifen 3- bis 4mal so breit sind wie die weißen. Kurzes Rostrum mit 6 bis 7 Zähnen auf dem oberen Rand, die auf den Carapax übergreifen.
Verwechslungsmöglichkeiten: Keine Verwechslungsmöglichkeiten, da es sich um die einzige Art dieser Gattung im Mittelmeer handelt und aufgrund der charakteristischen Färbung. In den Tropen gibt es jedoch zahlreiche sehr ähnliche Arten.
Lebensraum: Die Art lebt versteckt in Löchern, Spalten und Höhlen, bereits in geringen Tiefen, oft in kleinen Trupps und in Gesellschaft von Muränen.
Biologie: Bei *L. seticaudata* handelt es sich um die einzige Putzergarnele im Mittelmeer. Neben Muränen wurde sie auch schon beim Putzen von Conger-Aalen beobachtet. Außerdem soll sie auch Schleimfische, Grundeln und kleine Barsche putzen, was aber leider noch nicht im Bild festgehalten werden konnte. Da man die zierlichen Garnelen meist ohne Muräne oder andere Putzkunden antrifft, ist sie sicher in ihrer Ernährung nicht auf das Putzgewerbe angewiesen, obwohl es sehr stark ausgeprägt ist. Hält man einen Finger in ihr Felsloch, reagieren sie sofort darauf. Erst betasten sie ihn mit ihren Antennen, dann bekommt man ihre kleinen Scheren zu „spüren" und schließlich besteigen sie den Finger sogar, um ihn nach Freßbarem abzusuchen. Bewegt man den Finger, dann verlassen ihn die Garnelen sofort und begeben sich wieder an die Höhlenwand. Genau das gleiche Verhalten kann man auch gegenüber echten Putzkunden, gegenüber Muränen regelmäßig beobachten. Meist befinden sich gleich mehrere, zum Teil sogar unterschiedlich große Garnelen an den Wänden eines Loches bzw. einer kleinen Höhle, in der sich auch eine Muräne befindet. Diese wird immer zuerst im Bereich der Brustflossen, also deutlich hinter dem Kopf mit den Antennen betastet. Wird das von

der Muräne geduldet, verläßt die Garnele die Höhlenwand und besteigt die Muräne in diesem Bereich. Sofort beginnt sie, die Körperoberfläche mit ihren Scheren eifrig nach Parasiten abzusuchen. Dabei wandert sie immer weiter in Richtung Kopf der Muräne, stets bereit, ihren Wirt auf sein Zeichen hin, ein unwilliges Schütteln oder ruckartige Bewegungen, sofort wieder zu verlassen. Wenn die Garnele den Kopf der Muräne erreicht, beginnt die kritischste Phase des Putzvorgangs. Nicht selten öffnet die Muräne dann ihr Maul, verharrt bis auf die Atembewegungen völlig ruhig und fordert damit die Garnele auf, Mund- und Kiemenraum zu „verarzten". Diese Bereiche sind, wie auch bei uns, wesentlich empfindlicher als die Körperoberfläche. Trotzdem geht die Garnele hier nicht etwa behutsamer vor, sondern sie erfüllt ihren Dienst genauso gewissenhaft wie auf der Haut. Häufig wird das der Muräne zuviel. Sie zuckt plötzlich zusammen, was für die Garnele das Signal ist, das offene Maul ihres Wirtes augenblicklich zu verlassen. Erst wenn das geschehen ist, schließt die Muräne ihr Maul, um es kurz darauf wieder auffordernd zu öffnen. Wird ihr die Prozedur endgültig zu lästig, schüttelt sie sich unwillig, worauf sich die Garnele wieder an die Höhlenwand begibt.
Nie konnte beobachtet werden daß es bei der Verständigung zwischen Muräne und Garnele Mißverständnisse gab. Stets konnte die Garnele das Maul ihres Wirtes unbeschadet wieder verlassen. Häufig kann man sogar gleich mehrere Garnelen gleichzeitig bei dieser nicht uneigennützigen Arbeit beobachten. Die Laichzeit der Tiere fällt in die Monate Mai und Juli bis September. In dieser Zeit kann man eiertragende Weibchen finden. Eine weitere Besonderheit ist die Tatsache, daß die Tiere eine Geschlechtsumwandlung vom Männchen in Weibchen durchmachen.
Aquarienhaltung: Die Haltung der Tiere ist nicht besonders problematisch und gelingt bereits in kleinen Becken. Die Tiere benötigen Versteckmöglichkeiten. Es werden sowohl Trockenfutter als auch Frostfutter willig angenommen. Bei optimalen Haltungsbedingungen ist sogar die Zucht schon gelungen. Aus den Eiern werden Larven entlassen, die nach 25 bis 35 Tagen allmählich die Gestalt der Eltern annehmen. Bei der Aufzucht der Larven gibt es drei Probleme, die generell bei der Aufzucht von marinen Organismen, die planktische Larvenstadien besitzen, auftreten: die Wasserreinhaltung, die Futterbeschaffung und die Bereitstellung von Futter während der Nacht.

Stenopus spinosus Risso, 1827
Scherengarnele

Familie Stenopodidae

Erkennungsmerkmale: Größe bis 80 mm. Die ersten 3 Schreitbeinpaare mit Scheren, 3. Schreitbeinpaar deutlich verdickt und länger als die anderen, zu einer kräftigen Schere ausgebildet. Körper und die größten Scheren stark bedornt. Antennen deutlich mehr als körperlang. Körper, Beine und Scheren gelborange bis kräftig orange gefärbt, Antennen weiß, Augen dunkel. Die Scherenspitzen sollen bei Weibchen weiß und bei Männchen orange gefärbt sein. Die körpernahe Hälfte der großen Scheren des 3. Schreitbeinpaares werden meist rechtwinklig vom Körper weggestreckt, wodurch die Garnele breiter wirkt als sie lang ist.
Verwechslungsmöglichkeiten: Einzige Art dieser Gattung im Mittelmeer. In tropischen Gewässern zahlreiche Arten von Scherengarnelen, die oft als Putzergarnelen tätig sind.
Lebensraum: Versteckt lebender Tiefenbewohner, der jedoch lokal (z. B. Ibiza) auch in Höhlen und Spalten ab dem Flachwasser zu finden ist. Gesamtes Mittelmeer.
Biologie: Wie viele andere Tiefenbewohner ist auch die Scherengarnele stellenweise in Höhlen zu finden, wo sie einzeln oder paarweise Spalten und Löcher bewohnt. Von dort aus unternimmt sie ausgedehnte Streifzüge entlang der Höhlenwände. Bei Störungen, z. B. durch den Schein der Lampe, schreitet sie gemächlich in den Schutz von Spalten, in die sie sich so weit wie möglich zurückzieht.
Aquarienhaltung: Die Haltung ist ziemlich problemlos, aber die Tiere leben tagsüber meist versteckt. Erst mit Einbruch der Dämmerung und während der Nacht durchstreifen sie das Aquarium. Als Futter werden Trocken- und tiefgefrorenes Futter angenommen.

Palaemon elegans Rathke, 1837
Kleine Felsgarnele

Familie Palaemonidae

Erkennungsmerkmale: Größe bis 50 mm. Gattung mit langem gezähnten Rostrum. Körper durchscheinend mit kräfitgen, braunen Bändern an den Segmentgrenzen und dazwischen schmaleren, auf den Rücken beschränkten Bändern, mit zahlreichen weißen, gelben und dunklen Flecken. Beine gelb und braun gebändert. Augen graugrün.
Verwechslungsmöglichkeiten: 3 weitere Arten der Gattung *Palaemon* im Mittelmeer. Große Felsgarnele *(Palaemon serratus)* siehe deren Artbeschreibung.
Palaemon adspersus Rathke, 1837, Größe bis 45 mm, durchscheinend ohne dunkle Bänder, eventuell mit bräunlich-oranger Zeichnung.
Palaemon xiphias Risso, 1816, Größe bis 60 mm, durchscheinend ohne dunkle Bänder, manchmal blaugrün gepunktet. Augen rötlich bis schwarz.
Lebensraum: Pflanzenbestandener Felsgrund und Ebbetümpel, stets im Flachwasser von der Oberfläche bis in ca. 2 m Tiefe. Häufig, stellenweise sogar sehr häufig.
Biologie: Die Kleine Felsgarnele ist überwiegend tagaktiv und ernährt sich von fast allem, was sie zwischen ihre kleinen Scheren bekommt. Ihrem Lebensraum entsprechend, bereitet ihr turbulentes Wasser (Brandung) keinerlei Probleme. Aufgrund ihrer Färbung wird sie sehr leicht übersehen. Auch auf Fotos ist sie nur vor gleichmäßigem Hintergrund oder vor freiem Wasser gut zu erkennen.
Aquarienhaltung: Sehr gut geeignet und ebenso robust. Sind im Aquarium ständig auf der Suche nach Freßbarem und beseitigen dabei abgestorbene Organismen und Futterreste. Trotzdem sollte eine gezielte Fütterung mit Fisch- oder Muschelfleisch und Trockenfutter nicht fehlen.

Palaemon serratus (Pennant, 1777) Große Felsgarnele

Familie Palaemonidae

Erkennungsmerkmale: Größe bis 110 mm. Gattung mit langem, gezähnten Rostrum. Körper durchscheinend mit kräftigen, braunen bis violetten Bändern an den Segmentgrenzen, schmalere Bänder dazwischen fehlen häufig, ohne weiße und gelbe Flecken. Beine meist ohne gelbe und braune Bänder.
Verwechslungsmöglichkeiten: 3 weitere Arten der Gattung *Palaemon* im Mittelmeer. Kleine Felsgarnele *(Palaemon elegans)*, siehe deren Artbeschreibung.
Palaemon adspersus, Größe bis 45 mm, durchscheinend ohne dunkle Bänder, eventuell mit bräunlich-oranger Zeichnung.
Palaemon xiphias, Größe bis 60 mm, durchscheinend ohne dunkle Bänder, machmal blaugrün gepunktet. Augen rötlich bis schwarz.
Lebensraum: Pflanzenbestandener Felsgrund und Höhlen. Meidet die Brandungszone, meist unterhalb von 2 m Tiefe. Etwas seltener als die Kleine Felsgarnele.

Biologie: Im Gegensatz zur Kleinen Felsgarnele ist die Große Felsgarnele überwiegend nachtaktiv. Nachts verlassen die Tiere ihre Verstecke und begeben sich auf Nahrungssuche. In Höhlen kann man die Große Felsgarnele auch tagsüber beobachten. Wie auch ihre kleinere Verwandte wird die Große Felsgarnele vielerorts auf Fischmärkten angeboten und gegessen.
Aquarienhaltung: Auch diese Art ist für die Aquarienhaltung geeignet, allerdings soll sie etwas empfindlicher sein als die Kleine Felsgarnele. Sie lebt etwas versteckter und hält sich im Aquarium bevorzugt in den ruhigen, dunklen Zonen auf. Die Nahrungsansprüche entsprechen denen der Kleinen Felsgarnele.

Periclimenes scriptus (Risso, 1822)
Durchsichtige Partnergarnele

Familie Palaemonidae

Erkennungsmerkmale: Größe bis 30 mm. Bis auf ein sehr kleines „v" auf der Oberseite des Hinterleibs und manchmal zahlreiche winzige Pünktchen, jeweils weiß bis violett gefärbt, ist diese Art sonst völlig durchscheinend.

Verwechslungsmöglichkeiten: 3 weitere Arten Partnergarnelen, jedoch alle mit umfangreicherem Zeichnungsmuster.

Lebensraum: Stets in Gemeinschaft mit der Sandgoldrose *(Condylactis aurantiaca)*, die ihrerseits auf Sand- und Schlickböden zu finden ist. Vom Flachwasser bis in 60 m Tiefe. Im gesamten Mittelmeer im Verbreitungsgebiet der Sandgoldrose.

Biologie: Die Durchsichtige Partnergarnele scheint eine sehr enge Lebensgemeinschaft mit der Sandgoldrose einzugehen. Laut Literatur und Beobachtungen des Autors zufolge konnte sie nur in Gesellschaft dieser einen Anemonenart beobachtet werden, wobei die Tiere einzeln, paarweise und zu mehreren eine Anemone bewohnen. Die Garnele genießt durch die gefährlichen, mit Nesselzellen besetzten Tentakel ihres Wirtes, zwischen denen sie bei Gefahr Schutz sucht, einen guten Schutz vor Freßfeinden. Ihr eigener Schutz gegen die Nesselzellen scheint angeboren zu sein, da er nach Häutungen nicht verloren geht. Bei dieser Lebensgemeinschaft konnte nicht beobachtet werden, daß die Garnele ihrem Wirt Schaden zufügt, so daß es sich offensichtlich um eine Form von Symphorismus handelt, also eine Wohngemeinschaft, bei der die Garnele Vorteile genießt ohne ihren Wirt zu schädigen.

Aquarienhaltung: Gemeinsam mit ihrem Wirt, der Sandgoldrose, ist die Haltung unproblematisch. Man sollte diese zierliche Art jedoch nicht mit anderen Anemonen oder robusteren Arten vergesellschaften.

Periclimenes sagittifer
(Norman, 1861)
Blau-weiße Partnergarnele

Familie Palaemonidae

Erkennungsmerkmale: Größe bis 30 mm. Großes, blau-violettes „V“ mit weißer Umrandung auf der Oberseite des Hinterleibs, oft je ein ebenso gefärbter Fleck vor den beiden Schenkeln des „V“, Kopf-Brust-Bereich mit zahlreichen, kleinen blauen Punkten, Beine und Scheren blau-weiß gebändert, sonst durchscheinend.
Verwechslungsmöglichkeiten: 3 weitere Arten Partnergarnelen, diese Art erkennbar an der großen, „V“-förmigen Zeichnung.
Lebensraum: Lebt in Gemeinschaft mit verschiedenen Anemonenarten: Wachsrose *(Anemonia sulcata)*, Sand-Goldrose *(Condylactis aurantiaca)* und Felsen-Goldrose *(Cribinopsis crassa)*. Vom Flachwasser an bis in größere Tiefen. Ärmelkanal bis westliches Mittelmeer und Adria.
Biologie: Die Blau-weiße Partnergarnele akzeptiert verschiedene Anemonenarten als Partner, wobei der bevorzugte Wirt von Gebiet zu Gebiet variiert. Der Schutz vor den Nesselzellen muß nach jeder Häutung erneuert werden, was mehrere Stunden in Anspruch nimmt. Mit den Scheren des ersten Beinpaares streift die Garnele den Schleim der Anemone ab, der verhindert, daß sich die Tentakel gegenseitig nesseln, und verteilt ihn auf ihrem Körper.
Bei dieser Art wurde beobachtet, daß die Garnele Spitzen der Tentakel abzwickte und fraß. Diese Verhaltensweise zeigt, daß es sich bei dieser Lebensgemeinschaft um eine Übergangsform zum Parasitismus handelt.
Aquarienhaltung: Die Haltung ist unproblematisch. Die Art akzeptiert manchmal auch andere Anemonenarten als Wirt, z. B. Erdbeerrose *(Actina equina)*. Als Futter werden Trockenfutter, Mysis, Artemia und ähnliches angenommen. Die Tiere können unter günstigen Bedingungen mehr als 2 Jahre leben.

Periclimenes amethysteus

(Risso, 1827)

Gebänderte Partnergarnele

Familie Palaemonidae

Erkennungsmerkmale: Größe bis 30 mm. Die Rückenzeichnung besteht aus 3 großen, ungleichen und 2 bis 3 kleinen Querbändern, die auf dem hinteren Teil des Schwanzes liegen, das erste große Band erstreckt sich teilweise auf das Rostrum, das dritte ähnelt einem mit der Spitze zum Schwanz gerichteten „v“ mit sehr dicken Schenkeln. Die Färbung dieses weißumrandeten Zeichnungsmusters ist weiß bis hellrosa mit zahlreichen blau-violetten Punkten. Auf der Bauchseite können 4 bis 5 schmale Querbänder und einige runde Flecken in der gleichen Färbung liegen. Beine und Scheren sind blau-weiß gebändert. Der restliche Körper ist durchscheinend.

Verwechslungsmöglichkeiten: 3 weitere Arten Partnergarnelen, nur diese Art mit zahlreichen Bändern auf Rücken und Bauch. Bei der 4. Art dieser Gattung, über die keine weiteren Informationen vorliegen, handelt es sich um *P. granulatus* Holthuis, 1950.

Lebensraum: Wirtsanemonen wie bei der Blau-weißen Partnergarnele *(P. sagittifer)*, jedoch zusätzlich auf der Siebanemone *(Aiptasia mutabilis)*. Vom Flachwasser bis in größere Tiefen. Kommt ausschließlich im Mittelmeer vor.

Biologie: Siehe Blau-weiße Partnergarnele *(P. sagittifer)*. Es konnte nachgewiesen werden, daß diese Art ihre Wirtsanemone geruchlich erkennt und auffinden kann.

Aquarienhaltung: Die Gebänderte Partnergarnele verträgt auch höhere Temperaturen bis 25 °C. Außerdem nimmt sie auch tropische Anemonen sofort als Wirt an. Weiteres siehe Blau-weiße Partnergarnele *(P. sagittifer)*.

Pontonia pinnophylax (Otto, 1821)
Steckmuschelgarnele

Familie Palaemonidae

Erkennungsmerkmale: Größe bis 40 mm. Grundfärbung fleischfarben bis rot-braun mit weißem Linienmuster. Rostrum ohne Zähne, kurz und nach unten gebogen. Scheren annähernd gleichgroß.

Verwechslungsmöglichkeiten: Kann eventuell mit *Typton spongicola* verwechselt werden, die auch in den Hohlräumen von Schwämmen vorkommt, aber kleiner bleibt (25 mm) und weiß gefärbt ist. Außerdem ist bei ihr eine Schere wesentlich größer als die zweite.

Lebensraum: Lebt in den Hohlräumen größerer Schwämme und im Mantelraum der Steckmuschel *(Pinna nobilis)*, unterhalb von 5 m Tiefe.

Biologie: Bei den Lebensgemeinschaften mit der Steckmuschelgarnele handelt es sich um einen Fall von Karpose, also um eine Lebensgemeinschaft, bei der ein Partner Vorteile genießt ohne den anderen zu schädigen. Da die Garnele in beiden Fällen in nach außen offenen Körperhöhlen ihres Wirtes lebt, spricht man von Entökie. Im Fall der Steckmuschel ernährt sich die Garnele wahrscheinlich auch von dem von der Steckmuschel ausfiltrierten Plankton, so daß es sich um eine Kombination aus Karpose und Kommensalismus, Wohn- und Tischgemeinschaft, handeln würde. Auch eine kleine Krabbe, der bis 15 mm große Muschelwächter *(Pinnotheres pinnotheres)*, lebt regelmäßig in Steckmuscheln. In Bezug auf Lebensweise und Ernährung gilt für ihn das gleiche wie für die Steckmuschelgarnele. Er ist außerdem auch selten in anderen Muscheln und Seescheiden anzutreffen.

Aquarienhaltung: Über die Haltung ist nichts bekannt. Sie ist aber wahrscheinlich unproblematisch, wenn man sie gemeinsam mit kleinen Steckmuscheln pflegt.

Gnathophyllum elegans
(Risso, 1816)
Gepunktete Garnele

Familie Gnathophyllidae

Erkennungsmerkmale: Größe bis 30 mm. Körper untersetzt, Rostrum sehr kurz. Die ersten 2 Schreitbeinpaare mit Scheren, 2. Paar deutlich kräftiger, Körpergrundfärbung dunkelbraun bis schwarzbraun mit einem gleichmäßigen, auffallenden, meist gelben Punktmuster. Schwanz, Scheren und Antennen weißlich durchscheinend bis weiß, restliche Beinpaare bläulich.
Verwechslungsmöglichkeiten: Nicht vorhanden. Einzige Art der Gattung im Mittelmeer.
Lebensraum: Auf algenbewachsenen Fels- und Geröllböden, in Seegraswiesen und in Höhlen. Vom Flachwasser bis in mittlere Tiefen.
Biologie: Bei dieser wohl am attraktivsten gefärbten Art handelt es sich um eine ausgesprochen träge und plumpe Garnele, die sich ohne große Gegenwehr leicht fangen läßt. Wie die meisten überwiegend nachtaktiven Tiere ist sie jedoch in Höhlen auch während des Tages aktiv. Bei der Aquarienhaltung konnte beobachtet werden, daß die Tiere ständig Kontakt zu Schwarzen Seeigeln *(Arbacia lixula)* suchten. Freilandbeobachtungen dieser Verhaltensweise fehlen bislang noch. Der Grund für das Verhalten der Garnelen ist ebenfalls noch ungeklärt.
Aquarienhaltung: Problemlos. Nach einer Eingewöhnungszeit kann man die Tiere auch tagsüber bei der Futtersuche beobachten.

Pleisionika narval (Fabricius, 1787) Einhorngarnele

Familie Pandalidae

Erkennungsmerkmale: Größe ohne Rostrum bis 95 mm, wobei das Rostrum fast körperlang sein kann. 3. bis 5. Schreitbeinpaar und die Antennen sehr lang. Körper durchscheinend fleischfarben mit dünnen, roten und silbrigweißen Längsstreifen. Extremitäten ebenfalls durchscheinend fleischfarben, Antennen und Rostrum rot.
Verwechslungsmöglichkeiten: Im Mittelmeer kommen einige weitere Arten der Gattung sowie nahverwandte Arten vor, die sich jedoch in der Färbung und in der Länge des Rostrums unterscheiden.
Lebensraum: Sand-, Kies- und Felsböden. Vereinzelt bereits ab 10 m Tiefe, dann jedoch fast immer in Höhlen, normalerweise zwischen 200 bis 400 m oder tiefer. Fehlt in der nördlichen Adria und in Teilen des östlichen Mittelmeeres.
Biologie: Es ist ein häufig beobachtetes Phänomen, daß typische Tiefwasserbewohner auch in Höhlen flacherer Wasserschichten anzutreffen sind. Dort finden sie ähnliche Lebensbedingungen wie in ihrem bevorzugten Lebensraum: z. B. Lichtarmut, geringe Wasserbewegung und ähnliches. Auch bei den anderen Vertretern der Gattung handelt es sich um typische Tiefenbewohner, die nur vereinzelt in Höhlen flacherer Wasserschichten anzutreffen sind. Die größeren Arten werden gegessen und regelmäßig auf den Fischmärkten des westlichen Mittelmeeres angeboten.
Aquarienhaltung: Nicht bekannt.

Scyllarides latus (Latreille, 1803)
Großer Bärenkrebs

Familie Scyllaridae

Erkennungsmerkmale: Größe bis 45 cm. 2. Antennenpaar sehr stark verkürzt und schildförmig verbreitert, 1. bis 3. Schreitbeinpaar ohne Scheren. Grundfärbung rötlichbraun, mit roten Flecken am 1. Hinterleibssegment. Antennen teilweise blauviolett.
Verwechslungsmöglichkeiten: 4 weitere Bärenkrebse im Mittelmeer, z. B.:
Kleiner Bärenkrebs (*Scyllarus arctus* (L., 1758)), Größe bis 16 cm. 3 leuchtend rote Querbinden an den Segmentgrenzen auf der Oberseite des Hinterleibs. Beine gelb und braun gebändert. Im gesamten Mittelmeer. Kann zuweilen in Gesellschaft der Wachsrose *(A. sulcata)* beobachtet werden. Zwergbärenkrebs (*Scyllarus pygmaeus* (Bate, 1888)), Größe bis 55 mm. Färbung blaßbraun bis rosa. Fehlt im südlichen Mittelmeer.
Diese beiden Arten werden häufig miteinander verwechselt.

Lebensraum: Felsböden aller Art, in Höhlen und Spalten. Vom Flachwasser bis in große Tiefen. Fehlt nur in der nördlichen Adria.
Biologie: Über die Biologie der Bärenkrebse ist nur wenig bekannt.
Aquarienhaltung: Nur die kleinen Arten bzw. junge Tiere sind für die Aquarienhaltung geeignet. Sie können sehr ausdauernd sein.

Palinurus elephas (Fabricius, 1787)
Europäische Languste

Familie Palinuridae

Erkennungsmerkmale: Größe bis 50 cm. 2. Antennenpaar mehr als körperlang, 1. bis 3. Schreitbeinpaar ohne Scheren. Grundfärbung rotbraun bis violettbraun, Antennen rotbraun und gelb gebändert. Jungtiere mit gelbem Längsband auf der Körperoberseite. Antennen gelb.
Verwechslungsmöglichkeiten: 2 weitere Langustenarten im Mittelmeer:
Rosa Languste (*Palinurus mauritanicus* Gruvel, 1911), rötlich bis rosa gefärbt mit Marmorierungen und Flecken auf dem gesamten Körper, Größe bis 50 cm, nur im westlichen Mittelmeer bis Süditalien, Malta, stets unter 200 m Tiefe.
Königslanguste (*Panulirus regius* de Brito Capello, 1864), grünlich gefärbt mit einem weißen Querstreifen auf jedem Hinterleibssegment, Größe bis 35 cm, nur an einigen Teilen der spanischen und französischen Mittelmeerküste zwischen 5 und 40 m Tiefe.

Lebensraum: Felsböden aller Art. Ab 10 m Tiefe, meist jedoch unterhalb von 40 m bis in große Tiefe. Fehlt in Teilen des östlichen Mittelmeeres (Syrien, Libanon, Israel, Ägypten und den östlichen Teilen von Libyen und der Südtürkei).
Biologie: Langusten sind nachtaktiv und ernähren sich von Muscheln und Schnekken, die sie trotz der fehlenden Scheren aufbrechen können, und auch von Aas. Den Tag verbringen sie in Höhlen oder Spalten, aus denen oft nur ihre bis zu 80 cm langen Antennen herausragen. Ausgewachsene Tiere können bis zu 8 kg schwer werden. Fortpflanzung siehe Europäischer Hummer *(Homarus gammarus)*.
Aquarienhaltung: Ausgewachsene Tiere sind nur für große Schaubecken geeignet. Jungtiere dagegen sind auch in kleineren Becken sehr ausdauernd.

Homarus gammarus (L., 1758)
Europäischer Hummer

Familie Nephropidae

Erkennungsmerkmale: Größe bis 60 cm. 2. Antennenpaar ca. körperlang. 1. bis 3. Schreitbeinpaar mit Scheren, die des 1. auffallend groß, sehr kräftig und ungleich. Gundfärbung blaugrau mit gelblichen Flekken. Scheren gelborange mit weißem Rand, Antennen rot.
Verwechslungsmöglichkeiten: Nicht vorhanden. 2. Art der Familie im Mittelmeer: Kaiserhummer (*Nephrops norvegicus* (L., 1758)), Größe bis 24 cm, deutlich schlanker, Scheren gleichgroß, rosa gefärbt mit roten bis orangen Flecken. Auf Schlick- und Schlicksandböden, unterhalb von 20 m, meist deutlich tiefer, fehlt nur im östlichen Teil des Mittelmeeres. Lebt in selbstgegrabenen, u-förmig verlaufenden Röhren, aus denen nur die 2. Antennen herausragen. Begibt sich nur nachts auf Nahrungssuche. Die Friesgrundel (*Lesueurigobius friesii* (Malm, 1874)) lebt vermutlich in einer Lebensgemeinschaft mit dem Kaiserhummer und hält sich wahrscheinlich in dessen Höhlen auf.
Lebensraum: Auf Felsböden, in Spalten und Höhlen sowie zwischen großen Steinen. Vom Flachwasser an, meist aber unterhalb von 25 m bis in große Tiefe. Fehlt im östlichen Teil des Mittelmeeres.
Biologie: Überwiegend nachtaktiv. Ernährt sich von Muscheln, Würmern, kleinen Krebsen und Aas. Wandert im Winter in tieferes Wasser. Mit der größeren und kräftigeren rechten Knackschere kann er problemlos die Schalen erbeuteter Muscheln zermalmen. Mit der linken, kleineren Greifschere werden dann Weichteile herausgerissen und zum Mund geführt. Bei Verlust der Knackschere wird die Greifschere bei der folgenden Häutung zur Knackschere umgebildet. Weibchen werden erst im Alter von 6 Jahren geschlechtsreif. Vorsicht, die Knackschere kann einen Fingerknochen durchschneiden!
Aquarienhaltung: Aufgrund der Größe nicht geeignet.

Paguristes eremita (L., 1767)
Augenfleck-Einsiedler

Familie Diogenidae

Erkennungsmerkmale: Größe bis 40 mm. Scheren annähernd gleichgroß. Rostbraun bis ziegelrot, Augenstiele orange, Augen hellblau, Antennen rot. Innenseiten der Scherenbeine mit auffälligem, violetten Augenfleck.

Verwechslungsmöglichkeiten: Nicht vorhanden.

Lebensraum: Auf allen Böden, auf schlammigem Grobsediment besonders zahlreich. Vom Flachwasser bis in größere Tiefen.

Biologie: Der Augenfleck-Einsiedler kann regelmäßig mit 2 verschiedenen Partnern beobachtet werden. Zum einen geht er eine Symbiose mit der Schmarotzerrose *(C. parasitica)* ein. Siehe dazu auch Großer Einsiedlerkrebs *(D. calidus)*. Sein anderer Partner kann der Korkschwamm *(Suberites domuncula)* sein. In beiden Fällen handelt es sich um eine fakultative, echte Symbiose, bei der beide Partner Vorteile genießen, aber nicht aufeinander angewiesen sind. Schwamm und Anemone genießen die gleichen Vorteile; die neu „erworbene" Mobilität und ein erweitertes Nahrungsangebot durch die Tischmanieren des Einsiedlers. Als Gegenleistung bieten beide Partner dem Einsiedler einen erhöhten Schutz vor dessen Hauptfreßfeind, dem Kraken; die Anemone durch ihre nesselbewehrten Tentakel und der Korkschwamm durch in ihm enthaltene Giftstoffe. Des weiteren überwuchert der Schwamm das Haus des Einsiedlers, wodurch dieser nicht mehr regelmäßig umziehen muß, um weiterwachsen zu können. Statt dessen muß er nur das Gewinde seines Hauses im Schwamm fortsetzen und besitzt somit ein Haus, das „mitwächst".

Aquarienhaltung: Sowohl ohne als auch mit Partnern unproblematisch, da beide Lebensgemeinschaften ausdauernd sind. Die Vergesellschaftung mit anderen Arten ist aufgrund der geringen Größe weniger problematisch als bei *D. calidus*.

Dardanus calidus (Risso, 1827)
Großer Roter Einsiedlerkrebs

Familie Diogenidae

Erkennungsmerkmale: Größe bis 100 mm. Schere links größer als rechts. Beine und Scheren mit Höckern und Borsten, rot gefärbt. Antennen orange, Augenstiele rotweiß geringelt.
Verwechslungsmöglichkeiten: 2. Art dieser Gattung im Mittelmeer *D. arrosor* (Herbst, 1796), fast genauso gefärbt wie *D. calidus*. Besitzt keine Höcker auf den Scheren. Obere Verbreitungsgrenze von *D. arrosor* unterhalb der üblichen Tauchtiefen.
Lebensraum: Verschiedene Sediment- und Felsböden. Vom Flachwasser bis in größere Tiefen.
Biologie: Der große Einsiedlerkrebs geht oft eine Lebensgemeinschaft mit der Schmarotzerrose *(Calliactis parasitica)* ein. Da beide Partner aus dieser Gemeinschaft Vorteile genießen, handelt es sich um eine echte Symbiose, die jedoch für beide fakultativ, also nicht lebensnotwendig ist. Bis zu 7 Anemonen wurden schon auf einem Einsiedler-Haus beobachtet. Der Einsiedler genießt durch seine nesselnden Partner einen größeren Schutz vor seinem Hauptfeind, dem Kraken. Die Anemonen profitieren zum einen durch ihre neu „erworbene“ Beweglichkeit und die „Tischmanieren“ des Einsiedlers. Siehe auch Schmarotzerrose *(C. parasitica)*.
Aquarienhaltung: Unproblematisch. Allerdings handelt es sich um einen sehr aggressiven Räuber, der nur mit sehr robusten Krebsen und Fischen vergesellschaftet werden sollte. Auch die gemeinsame Haltung mit sessilen Tieren ist kritisch. Entweder sie stehen auf seinem Speiseplan, oder sie werden dadurch beschädigt, daß der robuste Einsiedler mit seinem großen Haus rücksichtslos über sie hinwegkriecht.

Diogenes pugilator (Roux, 1829)
Sand-Einsiedler

Familie Diogenidae

Erkennungsmerkmale: Größe bis 25 mm. Linke Schere deutlich größer als die rechte. Antennen lang behaart (= gekämmt). Unauffällig sandfarben, manchmal mit schwarzen Querbändern auf den Beinen.
Verwechslungsmöglichkeiten: Aufgrund der gekämmten Antennen verbunden mit der Färbung unverwechselbar.
Lebensraum: Meist auf Sand- und Schlicksandböden. Unterhalb von 15 m Tiefe.
Biologie: Sand-Einsiedler können auf geeigneten Böden in großen Mengen leben.
Aquarienhaltung: Unproblematisch. Aufgrund der geringen Größe ist der Sand-Einsiedler auch für die Vergesellschaftung mit zierlicheren Mitbewohnern gut geeignet. Wie generell bei der Pflege von Einsiedlerkrebsen sollte darauf geachtet werden, daß eine Auswahl unterschiedlich großer Schneckenhäuser angeboten wird, damit die Tiere umziehen können, wenn sie sich gehäutet haben.

Clibanarius erythropus
(Latreille, 1818)
Felsküsten-Einsiedler

Familie Diogenidae

Erkennungsmerkmale: Größe bis 20 mm. Scheren annähernd gleichgroß. Grundfärbung grünlichbraun, Augenstiele und Antennen rot, Beine rot und/oder blau getüpfelt oder gestreift.
Verwechslungsmöglichkeiten: Nicht vorhanden.
Lebensraum: Felsküsten, steinig-sandige Böden und Ebbetümpel. Ausschließlich im Flachwasser und im Bereich der Brandungszone. Häufig bis massenhaft.
Biologie: Die Art ist in der Lage, das Wasser zu verlassen und trockenliegende Stellen zu überqueren. Wie die meisten anderen Einsiedlerkrebsarten auch, zeigt der Felsküsten-Einsiedler eine Vorliebe für die leeren Schneckenhäuser der Nadelschnecken *Cerithium* und der Kreiselschnecken *Monodonta.*
Aquarienhaltung: Siehe Sand-Einsiedler *(Diogenes pugilator).*

Calcinus tubularis (L., 1767)
Bunter Einsiedler

Familie Diogenidae

Erkennungsmerkmale: Größe bis 25 mm. Scheren annähernd gleichgroß. Körper rot bis rotbraun, Scherenspitzen und 1. Glied der Beine weiß mit roten Punkten, Rest der Scheren rot bis rotgepunktet, restliche Glieder der Beine rotbraun mit bläulicher bis weißer Zeichnung, Spitzen der Augenstiele weiß, Augen schwarz.
Verwechslungsmöglichkeiten: Aufgrund der charakteristischen Färbung nicht vorhanden.
Lebensraum: Auf Fels- und Geröllböden. Vom Flachwasser bis in größere Tiefen.
Biologie: Der bunte Einsiedler ist nicht nur der attraktivste Vertreter aus dem Mittelmeer, er weicht häufig auch bei der Auswahl seiner Behausung von den anderen Mittelmeer-Arten ab. Anstelle leerer Schneckenhäuser bezieht er nämlich oft leere Kalkröhren von Wurmschnecken oder Kalkröhrenwürmern, sowie von Bohrschwämmen und Bohrmuscheln angefertigte Löcher im Fels. Durch diese außergewöhnliche Wahl der Behausung „entscheidet" er sich für eine sessile, eine festsitzende, Lebensweise Bei seiner Ernährung ist er darauf angewiesen, den Algenaufwuchs und Kleintiere seiner unmittelbaren Umgebung zu nutzen. Dabei sind die festsitzenden Einsiedler in der Lage ihre Behausung auch kurzzeitig zu verlassen, z. B. für die Nahrungssuche. Neben diesen sessilen Vertretern des Bunten Einsiedlers kann man aber mindestens ebenso häufig „normale" Tiere beobachten, die ihr Eigenheim nach Einsiedlermanier mit sich herumtragen.
Aquarienhaltung: Bei der Pflege von festsitzenden Exemplaren muß darauf geachtet werden, daß sie ausreichend Futter im Bereich ihrer Behausung vorfinden. Siehe auch Sand-Einsiedler *(D. pugilator)*.

Pagurus anachoretus Risso, 1827
Gestreifter Felseneinsiedler

Familie Paguridae

Erkennungsmerkmale: Größe bis 40 mm. Scheren ungefähr gleichgroß. Färbung rotbraun, mit weißen bis gelblichen Querbändern an Beinen und Scheren, Antennen und Augenstiele rotbraun und weiß geringelt, Augen hellblau bis grünlich.
Verwechslungsmöglichkeiten: Aus der Familie Paguridae leben im Mittelmeer 5 Gattungen mit 18 verschiedenen Arten, die nicht immer leicht zu unterscheiden sind. Diese Art ist aber aufgrund ihrer Färbung gut zu erkennen.
Lebensraum: Auf allen Hartböden. Vom Flachwasser bis in größere Tiefen.
Biologie: Auch der Gestreifte Felseneinsiedler kann gelegentlich in Gemeinschaft mit der Schmarotzerrose *(C. parasitica)* beobachtet werden. Wie bei dem Großen Roten Einsiedlerkrebs *(D. calidus)* handelt es sich auch hier um eine fakultative, echte Symbiose. Siehe auch *D. calidus.*
Der Schmarotzerrose ermöglicht der Einsiedlerkrebs einen ständigen Standortwechsel, was für diese ein großer Vorteil gegenüber ihren Verwandten, festsitzenden Seerosen ist, die auf die zufällig vorbeischwimmende Nahrung angewiesen sind. Der Einsiedlerkrebs wird durch die Fangarme der stark nesselnden Schmarotzerrose geschützt.
Aquarienhaltung: Unproblematisch. Siehe auch bei den Artbeschreibungen der anderen Einsiedler-Arten.

Pagurus prideaux Leach, 1815
Anemonen-Einsiedler

Familie Paguridae

Erkennungsmerkmale: Größe bis 60 mm. Rechte Schere geringfügig größer. Färbung orange bis braunrot.
Verwechslungsmöglichkeiten: Da der Anemonen-Einsiedler meist mit der Mantelaktinie *(Adamsia paliata)* vergesellschaftet ist, kommt es nur selten zu Verwechslungen.
Lebensraum: Auf Weichböden aller Art. Unterhalb von 10 m bis in größere Tiefen.
Biologie: Wie bereits erwähnt lebt der Anemonen-Einsiedler meist in Gemeinschaft der Mantelaktinie *(A. paliata)*. Auch hier handelt es sich um eine echte Symbiose, bei der beide Partner nicht unbedingt aufeinander angewiesen sind (fakultativ). Im Gegensatz zu Lebensgemeinschaften von Einsiedlern mit der Schmarotzerrose *(C. parasitica)* ist die Symbiose zwischen dem Anemonen-Einsiedler und der Mantelaktinie wesentlich enger. Die Mantelaktinie sitzt stets einzeln so auf dem Haus des Einsiedlers, daß sich ihre Tentakel und die Mundöffnung auf der Unterseite des Hauses direkt hinter den Mundwerkzeugen des Einsiedlers befinden. Diese Position sichert ihr einen reichlichen Anteil an den Mahlzeiten ihres Partners, der sie sogar aktiv füttern soll. Ein weiterer Vorteil, den alle Einsiedler-Partner genießen, ist die neu erworbene Beweglichkeit. Da die Mantelaktinie das Haus des Einsiedlers von unten mit ihrer verhärteten Fußscheibe umwächst und so dem Wachstum des Einsiedlers anpassen kann, muß er sich mit zunehmender Größe kein neues Haus suchen. Des weiteren genießt er durch die nesselnde Anemone einen verbesserten Schutz gegen Freßfeinde.
Aquarienhaltung: Interessante Lebensgemeinschaft, deren Haltung unproblematisch und sehr empfehlenswert ist. Siehe auch Augenfleck-Einsiedler *(Paguristes eremita)*.

Galathea squamifera Leach, 1814
Schuppiger Springkrebs

Familie Galatheidae

Erkennungsmerkmale: Größe bis 45 mm, 1. Schreitbeinpaar mit Scheren, bis ca. 80 mm lang. Hinterleib stark bauchseits gekrümmt, aber nicht angelegt. 5. Beinpaar sehr klein. Scheren und Beine mit Stacheln und Schuppen. Grundfärbung grünlichbraun bis rostrot.
Verwechslungsmöglichkeiten: Es gibt im Mittelmeer ca. 12 weitere Arten aus dieser Familie, die sich auf 3 Gattungen verteilen.
Lebensraum: Auf Sand- und Geröllböden in Spalten und unter Steinen, sowie in angrenzenden Pflanzenbeständen. Vom Flachwasser bis in größere Tiefen.
Biologie: Keine Besonderheiten.
Aquarienhaltung: Nicht bekannt.

Galathea strigosa (L., 1767)
Bunter Springkrebs

Familie Galatheidae

Erkennungsmerkmale: Größe bis 60 mm, 1. Schreitbeinpaar mit Scheren, bis ca. 100 mm lang. Hinterleib stark bauchseits gekrümmt, aber nicht angelegt. 5. Beinpaar sehr klein. Scheren und Beine mit Stacheln und Dornen. Grundfärbung orangerot bis rot mit blauen Querbinden auf der Körperoberseite.
Verwechslungsmöglichkeiten: Aufgrund der charakteristischen Färbung nicht vorhanden.
Lebensraum: Auf Sand-, Geröll- und Felsböden, meist in Löchern, Spalten und Höhlen. Vom Flachwasser bis in größere Tiefen.
Biologie: Keine Besonderheiten.
Aquarienhaltung: Nicht bekannt.

Munida rugosa (Fabricius, 1775)
Langarmiger Springkrebs

Familie Galatheidae

Erkennungsmerkmale: Größe bis ca. 60 mm. 1. Schreitbeinpaar mit Scheren bis mehr als doppelt körperlang. Scheren lang und dünn. Hinterleib stark bauchseits gekrümmt. Beine mit Dornen und Borsten. Färbung rosa bis rötlich mit roten Dornen.
Verwechslungsmöglichkeiten: Aufgrund der extrem langen Scherenbeine und der Körperform nicht möglich. Die anderen Vertreter der Galatheidae besitzen nur halb so lange Scherenbeine.
Lebensraum: Schlick-, Schlicksand- und Sandböden mit und ohne Grobmaterial. Meist unterhalb von 50 m Tiefe, gelegentlich auch darüber.
Biologie: Die ausgesprochen langen und dünnen Scheren dieser Art sind wesentlich weniger kräftig als eine kurze und dicke Schere, wie zum Beispiel beim Hummer *(Homarus gammarus)*, der mit seinen kräftigen Scheren sogar massive Muschel- und Schneckenschalen knacken kann. Der Grund dafür liegt in der schlechteren Hebelwirkung bei extrem langen Scheren. Der Vorteil dieser Anpassung liegt wohl darin, daß *M. rugosa* mit diesen langen Scheren auch in tiefen, schwer zugänglichen Spalten nach Nahrung suchen kann. Möglicherweise sollen die langen Scheren aber auch Feinde beeindrucken, die dahinter ein erheblich größeres Tier vermuten.
Aquarienhaltung: Nicht bekannt.

Dromia personata (L., 1758)
Wollkrabbe

Familie Dromiidae

Erkennungsmerkmale: Größe bis 90 mm. Körper breiter als lang, gewölbt. Gesamter Körper und Extremitäten bis auf die Scherenspitzen des 1. Schreitbeinpaares von einem dichten, dunkelbraunen, samtigen Haarpelz bedeckt. 4. und vor allem 5. Schreitbeinpaar auf den Rücken verschoben. Scherenspitzen des 1. Schreitbeinpaares glatt und rosa bis lila gefärbt.
Verwechslungsmöglichkeiten: Nicht vorhanden, einzige Art im Mittelmeer.
Lebensraum: Felsböden und angrenzende Sedimentböden, sowie in Höhlen. Vom Flachwasser bis in 30 m Tiefe, teilweise auch darunter. Im gesamten Mittelmeer.
Biologie: Bei der Wollkrabbe handelt es sich um einen trägen Vertreter, der sich fast immer mit Schwämmen oder koloniebildenden Seescheiden „tarnt". Zu diesem Zweck schneidet die Krabbe mit ihren Scheren ein ihrer Größe entsprechendes Stück aus einem Schwamm oder einer Seescheidenkolonie heraus und hält dieses dann mit dem 4. und 5. Beinpaar über ihrem Rücken fest, wo es ungestört weiterwächst. Wahrscheinlich stellt diese „Tarnung" weder einen Sichtschutz noch einen Schutz durch Ungenießbarkeit dar, da ihr Hauptfreßfeind, der Krake, ihn ihr mühelos entreißen könnte. Statt dessen handelt es sich wohl um einen Schutz vor Freßfeinden, die sich tastend oder schmeckend orientieren wie Kraken und Seesterne. Betasten diese das Stück Schwamm bzw. Seescheidenkolonie, erkennen sie es als ungenießbar und wenden sich ab. Ob der unfreiwillige Partner der Krabbe bei dieser Lebensgemeinschaft auch einen Vorteil genießt ist nicht bekannt.
Aquarienhaltung: Robustes Aquarientier, das nur mit anderen robusten Arten vergesellschaftet werden sollte.

Ilia nucleus (L., 1758)
Kugelkrabbe

Familie Leucosiidae

Erkennungsmerkmale: Körperdurchmesser bis 25 mm. Körper kugelförmig, Hinterrand ohne deutliche Dornen. Beine mehr als körperlang, nur 1. Schreitbeinpaar mit Schere und mehr als doppelt körperlang, Scherenfinger ebenfalls auffallend lang. Körperoberseite und Beine orangebraun bis kastanienbraun, Unterseite deutlich heller.

Verwechslungsmöglichkeiten: Es gibt zahlreiche Krabben mit einem kugelförmigen Körper. Bei den meisten Arten ist jedoch das scherentragende 1. Beinpaar wesentlich kleiner. Nur die aus dem Roten Meer eingewanderte Rotmeer-Kugelkrabbe (*Myra fugax* (Fabricius, 1798)) besitzt ähnlich große Scheren. Sie unterscheidet sich jedoch durch 3 Dornen am Hinterrand des eher eiförmigen Körpers. Sie kommt ausschließlich im östlichen Mittelmeer bis Kreta vor.

Lebensraum: Auf Sand- und Steinböden, seltener auf Schlickböden und in Algenbeständen. Vom Flachwasser bis in große Tiefen.

Biologie: Keine Besonderheiten. Die Art lebt ziemlich versteckt und scheint hauptsächlich nachtaktiv zu sein.

Aquarienhaltung: Nicht bekannt, wahrscheinlich aber unproblematisch.

Calappa granulata (L., 1758)
Schamkrabbe

Familie Callapidae

Erkennungsmerkmale: Größe bis 12 cm. Körper gedrungen, fast oval, breiter als lang. Scheren des 1. Schreitbeinpaares groß und vertikal stark abgeplattet, 2. bis 5. Schreitbeinpaar eher zierlich. Färbung sandfarben bis gelborange mit rotem Fleckenmuster.

Verwechslungsmöglichkeiten: Nicht vorhanden, einzige Art im Mittelmeer.

Lebensraum: Sand- und seltener auch Schlickböden. Vom Flachwasser bis in große Tiefen, meist unterhalb von 30 m Tiefe. Im gesamten Mittelmeer.

Biologie: Die Schamkrabbe ist meist im Sandboden vergraben, den sie tagsüber kaum verläßt. Dabei hält sie die großen Scheren vor den Mundbereich, wodurch es so aussieht, als ob sie ihr Gesicht versteckt, weil sie sich schämt (Name!). In Wirklichkeit entsteht durch die Scheren ein sandfreier Wasserraum zwischen den Scheren und dem Mundbereich, so daß trotz Eingegrabensein eine ungehinderte Wasserzirkulation zur Aufrechterhaltung der Atmung ermöglicht wird. Eine weitere wichtige Funktion übernehmen die großen Scheren beim Eingraben, indem sich die Krabbe mit ihnen gegen den Sand stemmt und den Körper schräg nach hinten in den Sand schiebt. Dieser Vorgang geschieht so überraschend schnell, daß man ein sich eingrabendes Tier aus den Augen verliert, wenn man es nicht ununterbrochen beobachtet.

Aquarienhaltung: Da es sich bei der Schamkrabbe um einen ausgesprochenen „Gräber“ handelt, ist eine entsprechend dicke Sandschicht im Aquarium die Voraussetzung für die erfolgreiche Haltung. Wie fast alle Krabben lebt auch die Schamkrabbe räuberisch, weshalb man sie nur mit robusten Arten vergesellschaften sollte.

Macropodia spec.
Langbeinige Gespenstkrabbe

Familie Majidae

Erkennungsmerkmale: Körper dreieckig, Größe bis ca. 20 mm. Rücken glatt. Rostrum aus 2 aneinanderliegenden, langen Stacheln. Beine sehr lang und spinnenartig, nur 1. Beinpaar mit kräftiger Schere. Körper und Beine mit einer Vielzahl von Dornen. Färbung grünlich oder bräunlich.
Verwechslungsmöglichkeiten: Es gibt 5 Arten der Gattung *Macropodia* im Mittelmeer, die sich vor allem durch die Länge des Rostrums und die Form der Antennen unterscheiden. Die genauere Artbestimmung nach Fotos ist sehr problematisch.
Lebensraum: Vorwiegend in dichten Algenbeständen. Vom Flachwasser bis in große Tiefen.
Biologie: Wie viele Seespinnenartige maskieren sich auch die langbeinigen Gespenstkrabben häufig mit Algen und anderen Materialien, wodurch sie in ihrem Lebensraum hervorragend getarnt sind. Die Algen werden mit Hilfe der Scheren abgetrennt und an der Körperbedornung aufgespießt. Ihre Nahrung tupfen Gespenstkrabben mit den Beinen vom Untergrund auf, um sie dann zum Mund zu führen.
Aquarienhaltung: Unproblematisch, sollte aber nur gemeinsam mit anderen „zierlichen“ Arten gepflegt werden.

Inachus phalangium

(Fabricius, 1775)

Anemonen-Gespenstkrabbe

Familie Majidae

Erkennungsmerkmale: Größe (Körper) bis ca. 15 mm, Körperform dreieckig. Schreitbeinpaare mehr als dreimal so lang. Färbung schmutzig bräunlich, meist bewachsen.

Verwechslungsmöglichkeiten: Aufgrund der Lebensgemeinschaft mit der Wachsrose nicht vorhanden. Siehe auch Maskierte Gespenstkrabbe *I. thoracicus*.

Lebensraum: Stets in Gemeinschaft der Wachsrose *(Anemonia sulcata)*. Vom Flachwasser bis in ca. 25 m Tiefe.

Biologie: Die Art lebt immer (obligat), zum Teil zu mehreren Tieren, in Gemeinschaft mit der Wachsrose und ist ihr häufigster Partner. Da diese wahrscheinlich nicht durch ihre Untermieter geschädigt wird, aber auch keine Vorteile genießt, handelt es sich um eine Karpose. Untersuchungen im Freiland ergaben, daß $^{2}/_{3}$ aller Wachsrosen von *I. phalangium* bewohnt wurden, wobei diese in über der Hälfte der Fälle alleinige Bewohner waren. Zu innerartlicher Aggression in Form von Beschädigungskämpfen, bei denen dem Gegner Beine und Scheren abgebrochen werden, kommt es sowohl zwischen ungleich- als auch gleichgeschlechtlichen Tieren. Sie sind umso häufiger, je größer die Tiere sind. So wurden große Männchen und Weibchen meist allein und kleinere Tiere meist in Gruppen zu zweit oder dritt in einer Anemone angetroffen. Tagsüber sitzen die Krebse locker zwischen den Tentakeln, in die sie sich bei Bedrohung tief zurückziehen. Nachts wird die Anemone verlassen, um Nahrung aufzunehmen, zur Häutung, auf der Flucht vor stärkeren Artgenossen und zum Aufsuchen anderer Anemonen. Die Beziehung eines Krebses zur Anemone kann sehr dauerhaft sein (mehr als 6 Wochen).

Aquarienhaltung: Problemlos, sollte gemeinsam mit der Wachsrose gepflegt werden.

Inachus thoracicus Roux, 1830
Maskierte Gespenstkrabbe

Familie Majidae

Erkennungsmerkmale: Größe (Körper) bis ca. 20 mm, Körperform dreieckig. Schreitbeinpaare mehr als dreimal so lang. Färbung schmutzig bräunlich, meist mit Algen, Schwämmen und ähnlichem bewachsen.

Verwechslungsmöglichkeiten: Diese Art unterscheidet sich von allen anderen Arten dieser Gattung durch die plattenartigen Verbreiterungen des Brustpanzers auf der Unterseite des Körpers. Die restlichen Arten der Gattung sind, abgesehen von der Anemonen-Gespenstkrabbe *(I. phalangium)* und ihrer auffälligen Lebensweise, für den Laien nicht auf den ersten Blick bis zur Art zu bestimmen.

Lebensraum: In Algenbeständen und auf Schlicksandböden mit Schwämmen und Algenwuchs. Unterhalb von 20 m bis in große Tiefe.

Biologie: Wie auch die Anemonen-Gespenstkrabbe *(I. phalangium)* tarnt sich die Maskierte Gespenstkrabbe meist mit Algen und Schwämmen. Dabei soll häufiger als bei anderen Arten der Gattung *Inachius* besonders das 2. Schreitbeinpaar mit Schwämmen bewachsen sein. Dieses Beinpaar wird auch beim Laufen meist beidseits vom Körper weggestreckt, wodurch der Beobachter den Eindruck erhält, er habe ein langes, bewachsenes Stöckchen vor sich. Das 2. Beinpaar wird auch zur Verteidigung eingesetzt, indem die Gespenstkrabbe bei Bedrohung mit ihm nach möglichen Feinden „sticht“.

Aquarienhaltung: Nicht genauer bekannt, wahrscheinlich aber ebenso problemlos wie bei *I. phalangium.*

Herbstia condyliata

(Fabricius, 1787)

Runzelige Seespinne

Familie Majidae

Erkennungsmerkmale: Größe (Körper) bis ca. 30 mm. Körperform dreieckig bis rund. Rücken und Seiten des Rückenpanzers mit zahlreichen kleinen Dornen und Stacheln. Schreitbeine mehr als doppelt körperlang, 1. Beinpaar mit relativ kleinen Scheren. Frisch gehäutete Tiere rot gefärbt, sonst bräunlich mit rötlichbraun und hell quergebänderten Beinen.
Verwechslungsmöglichkeiten: Einzige Art der Gattung im Mittelmeer. Von den Seespinnen der Gattung *Maja* unterscheidet sich diese Art unter anderem durch die deutlich längeren Beine.
Lebensraum: Meist in Höhlen und Spalten sowie unter Steinen, seltener auch auf verschiedenen Böden. Vom Flachwasser bis in große Tiefe.
Biologie: Bei Seespinnen kann man wie bei allen Krabben die Geschlechter an der Form des Hinterleibes, des Abdomens, das unter den Körper geklappt ist, unterscheiden. Bei Männchen ist es schmal zugespitzt, während es bei Weibchen breit und deutlich abgerundet ist. Unter dem unter den Körper geklappten Abdomen der Weibchen kann man oft auch die Eier entdekken.
Aquarienhaltung: Nicht bekannt. Wahrscheinlich genauso problemlos wie bei der Kleinen Seespinne *(Maja cristata)*.

Maja crispata Risso 1827
Kleine Seespinne

Familie Majidae

Erkennungsmerkmale: Größe (Körper) bis 65 (?) mm. Körperform dreieckig bis rund. Seiten des Rückenpanzers mit zahlreichen großen Randstacheln. Schreitbeine körperlang bis doppelt körperlang, 1. Beinpaar etwas kräftiger, mit relativ kleinen Scheren. Färbung rötlichbraun bis gelblichbraun, meist stark bewachsen.
Verwechslungsmöglichkeiten: Kann mit jungen Exemplaren der Großen Seespinne (*M. squinado* (Herbst, 1788)) verwechselt werden, die eine Körpergröße bis 25 cm erreichen kann. Neuesten, noch nicht abgeschlossenen Untersuchungen zufolge handelt es sich bei diesen beiden in der Literatur gängigen Arten wahrscheinlich nur um eine einzige Art, die erst beginnt, sich in 2 Arten aufzuspalten. Dieser Prozeß befindet sich jedoch noch in der Anfangsphase und scheint die Unterteilung in 2 verschiedene Arten noch nicht zu rechtfertigen. Unabhängig davon gibt es verschiedene geographische Populationen, die sich anhand von äußeren Körpermerkmalen wie der Bedornung oder dem Verhältnis von Körperlänge zu Körperbreite deutlich voneinander unterscheiden lassen.
Lebensraum: Fels- und Sandböden mit Algenaufwuchs. Vom Flachwasser bis in große Tiefe, wobei große Exemplare („Große Seespinne“) nur im Frühjahr ins Flachwasser wandern und sonst nur in tieferem Wasser anzutreffen sein sollen. Im gesamten Mittelmeer.
Biologie: Während der Fortpflanzungszeit vom Frühjahr bis in den Sommer hinein kann man eiertragende Weibchen antreffen. Große Tiere sollen in dieser Zeit aus tieferen Zonen ins Flachwasser wandern.
Aquarienhaltung: Kleine Exemplare gut geeignet.

Parthenope angulifrons

Latreille, 1825

Langarmkrabbe

Familie Parthenopidae

Erkennungsmerkmale: Größe bis 20 mm. Körperform dreieckig. 1. Schreitbeinpaar sehr stark vergrößert, scherentragend. Sehr charakteristische Scherenhaltung, der körpernahe Teil der Beine („Oberarm") wird vom Körper weggestreckt, der vordere Teil mit der Schere („Unterarm") angewinkelt, so daß er wieder zum Körper zeigt. Oberseite sandfarben, Unterseite weiß, Innenseite der Scherenbeine violett.

Verwechslungsmöglichkeiten: Es gibt 3 weitere Langarmkrabbenarten im Mittelmeer, z.B. *Parthenope massena* (Roux, 1830). Bei dieser sind jedoch die Körperunterseite und die Innenflächen der Scherenbeine ockerfarben.

Lebensraum: Auf Schlicksand- und Sandböden und unter Felsblöcken. Meist unterhalb von 10 m bis in größere Tiefen.

Biologie: Diese Art ist sehr gut auf das Leben auf Sandböden angepaßt. Da die Oberseite der Tiere meist mit Sand bedeckt ist und aufgrund der unauffälligen Färbung ist sie hervorragend getarnt und wird deshalb oft übersehen. Bei Bedrohung nimmt sie eine Schreckstellung ein, bei der sie die scherentragenden „Unterarme" vom Körper wegstreckt, so daß deren violette Innenseiten sichtbar werden.

Aquarienhaltung: Nicht bekannt, wahrscheinlich aber unproblematisch.

Pilumnus spec.
Borstenkrabbe

Familie Xanthidae

Erkennungsmerkmale: Größe bis 30 mm. Körper breiter als lang, fast oval. Scheren nur am 1. Beinpaar und ungleich groß, kräftig. Gesamter Körper mit langen, steifen Borsten bedeckt. Färbung rotbraun bis braun. Beine mit weißen und violetten Bändern, Borsten gelb, Scheren dunkelbraun.
Verwechslungsmöglichkeiten: Im Mittelmeer leben 4 Arten der Gattung *Pilumnus*, die nur sehr schwer anhand von Fotos zu unterscheiden sind. Aus diesem Grund wurde auf eine genaue Artbenennung verzichtet.
Lebensraum: Auf primären und sekundären Hartböden sowie auf Geröllböden, unter Steinen und oft auch in Schwämmen der Gattung *Geodia*. Vom Flachwasser bis in größere Tiefen. Im gesamten Mittelmeer.
Biologie: Man findet Borstenkrabben oft in den Hohlräumen von Schwämmen, vor allem der Gattung *Geodia*. Bei dieser Lebensgemeinschaft handelt es sich um einen Fall von Entökie (Leben in nach außen offenen Körperhöhlen anderer Tiere), bei dem nur die Krabbe Vorteile genießt, während dem Schwamm weder Vor- noch Nachteile entstehen. Hauptvorteil für die Krabbe ist der größere Schutz vor Freßfeinden.
Aquarienhaltung: Robustes Aquarientier, das aufgrund seiner geringen Größe besser für die Aquarienhaltung geeignet ist als andere Krabben. Allerdings verzehrt die Borstenkrabbe auch alles, was sie überwältigen kann, weshalb man auf zierliche Mitbewohner verzichten sollte.

Leptomysis spec.
Anemonen-Schwebgarnelen

Familie Mysidae

Erkennungsmerkmale: Größe bis 12 mm. Körper langgestreckt, im Kopfbrust-Bereich verdickt.

Verwechslungsmöglichkeiten: Schwärme von Schwebgarnelen werden meist für Jungfischschwärme gehalten. Die Familie der Schwebgarnelen umfaßt eine große Anzahl von Arten im Mittelmeer. Wahrscheinlich halten sich nur die Vertreter der Gattung *Leptomysis* im Schutz von Wachsrosen *(Anemonia sulcata)* auf. Aufgrund der geringen Größe der Tiere ist eine genaue Artbestimmung dem Spezialisten vorbehalten.

Lebensraum: In Schwärmen meist über verschiedenen Böden oder Pflanzenbeständen, regelmäßig auch im Schutz von Wachsrosen. Vom Flachwasser bis in ca. 10 m Tiefe, andere Arten auch tiefer. Im gesamten Mittelmeer.

Biologie: Schwebgarnelenschwärme, die meist 20 bis 500, manchmal auch bedeutend mehr Individuen umfassen, halten sich regelmäßig im Schutz von Wachsrosen auf. Anders als die Partnergarnelen der Gattung *Periclimenes* genießen sie keinen Schutz vor den Nesselzellen ihres Wirtes, sondern werden bei Kontakt mit ihnen genesselt und anschließend verzehrt. Sie müssen sich demnach sehr vorsichtig im Bereich der Tentakel bewegen, damit aus dem Schutz keine tödliche Gefahr wird. Siedelt man den Schwarm einer Anemone um, kehrt er zu „seiner" Anemone zurück. Entfernt man die Anemone, sucht er eine neue auf. Die genaueren Zusammenhänge dieser Lebensgemeinschaft sind in vielen Teilen noch nicht geklärt. So stellt sich unter anderem die Frage, warum sich nur manche Schwärme im Schutz von Wachsrosen aufhalten und andere nicht.

Aquarienhaltung: Nicht bekannt. Aufgrund der geringen Größe wahrscheinlich nicht geeignet. Schwebgarnelen stellen gefroren ein sehr gutes Futter dar!

Parasitische Fischassel
Verschiedene Arten

Familie Cymothoidae

Erkennungsmerkmale: Größe je nach Art bis ca. 25 mm. Körper länglich, deutlich gewölbt, in der Mitte am breitesten und höchsten. Kopf klein. Schwanz zum Teil deutlich vom Körper abgesetzt, mit seitlichen Fortsätzen am Hinterrand. Färbung je nach Art meist rötlichbraun bis dunkelbraun.
Verwechslungsmöglichkeiten: Es gibt verschiedene, zum Teil äußerlich sehr ähnliche Arten im Mittelmeer, die für den Laien nur schwer zu bestimmen sind.
Lebensraum: Stets auf dem Rücken oder hinter den Augen verschiedener Fischarten. In allen Tiefen. Im gesamten Mittelmeer.
Biologie: Diese Arten sind zeitweise oder dauerhaft parasitisch und ernähren sich blutsaugend auf verschiedenen Fischarten. Je nach Region und Fischarten können bis zu 20% der Fische von einer oder sogar mehreren Fischasseln befallen sein. Die Asseln sollen ihre Opfer bevorzugt nachts aufsuchen, um sich dann mit ihren meist spitzen Klammerbeinen in deren Haut zu verankern. Die befallenen Fische haben kaum eine Möglichkeit, diese Plagegeister wieder loszuwerden. Größere Fische werden durch die Parasiten je nach Befallsdichte mehr oder weniger stark geschwächt und geschädigt. Für kleinere Fische dagegen kann vor allem ein starker Befall den sicheren Tod bedeuten.
Aquarienhaltung: Parasitische Fischasseln werden in der Regel nicht gezielt im Aquarium gepflegt. Vielmehr werden sie als unliebsame „Gäste“ angesehen, die die gepflegten Fische schädigen und deshalb vorsichtig entfernt werden sollten. Einfaches Abreißen verletzt dabei oftmals den befallenen Fisch. In der Literatur wird empfohlen, die Assel mit einer Schere zu zerstückeln, bis sie entfernt ist.

Tentaculata
Stamm Tentakelträger

Bryozoa
Klasse Moostierchen

Bei Moostierchen handelt es sich durchweg um mikroskopisch kleine Organismen, vergleichbar mit den einzelnen Polypen einer Hydroidpolypenkolonie. Wie diese bilden Bryozoen oder Moostierchen fast ausnahmslos Kolonien, die durch Knospung, also ungeschlechtliche Vermehrung entstehen. So sehr sich die Zoide, die Einzelindividuen von Hydroidpolypen und Moostierchen auch ähneln, sie sind nicht einmal entfernt miteinander verwandt, sondern gehören zwei ganz verschiedenen Tierstämmen an.

Systematisch gesehen gehört die 4000 Arten umfassende Klasse der Bryozoa zum Stamm der Tentaculata, den Tentakelträgern oder Fühlerkranztieren. Fossil sind etwa viermal soviele Arten dieser Klasse bekannt, die bereits vor mehr als 450 Millionen Jahren die Meere bevölkerten. Auch heute noch ist die Mehrzahl der Arten im Meer zu finden, nur wenige Arten leben im Brack- oder Süßwasser.

Die Kolonien bilden zum Teil moosähnliche (Name!) Überzüge und Krusten, die Seegrasblätter, Steine, Muschelschalen, Schneckenhäuser, Krebspanzer und ähnliches überziehen können. Sie können aber auch, je nach Art ganz spezifische korallenähnliche, bäumchenförmige, filigrane Gebilde erstellen.

Die exakte Artbestimmung ist in der Mehrzahl der Fälle nur durch mikroskopische Untersuchungen der bis maximal 0,5 mm großen bzw. kleinen Zoide möglich. Einige Arten weisen jedoch eine so artspezifische Wuchsform der Kolonien auf, daß man sie auf den ersten Blick einer bestimmten Art zuordnen kann.

Die einzelnen Zoide bestehen aus einem Vorderkörper mit Tentakelkrone, dem sogenannten Polypid, und einem Hinterkörper, dem Cystid, in den sich der Vorderkörper bei Gefahr aktiv zurückziehen kann. Letzteres ist röhren- oder kästchenförmig und kann bei vielen Arten eine kalkige oder chitinhaltige Schutzschicht ausscheiden, die als Cuticula bezeichnet wird. In seinem Innern befinden sich neben den Rückziehmuskeln und dem Magen auch die Geschlechtsorgane der meist zwittrigen Tiere. Stirbt der Polypid ab oder wird er von Freßfeinden abgefressen, dann ist das Cystid in der Lage, einen neuen Vorderkörper zu bilden. Die meisten Meeresbewohner können ihr Cystid nach dem Einziehen des Polypids mit einem kleinen Deckel verschließen, was einen effektiven Schutz vor Freßfeinden darstellt.

Die trichterförmige Tentakelkrone, deren einzelne Tentakel mit einer großen Zahl von feinen Wimpern besetzt sind, umgibt ringförmig die Mundöffnung. Mit ihrer Hilfe können feine Nahrungsteilchen, in erster Linie Phytoplankton, also pflanzliches Plankton, herbeigestrudelt werden, die von der so erzeugten Strömung genau zur zentral gelegenen Mundöffnung geführt werden, während das Wasser zwischen den Tentakeln wieder nach außen abfließen kann. Zusätzlich erfüllen die Tentakel die wichtigen Aufgaben des Gasaustausches und der Reizübermittlung. Im Gegensatz zu den sehr ähnlichen Tentakeln der Hydroidpolypen besitzen die Tentakel der Moostierchen-Zoide keine Nesselzellen. Ein weiterer Unterschied zu den Hydroidpolypen ist das Vorhandensein eines vollständigen Verdauungsapparates mit einem Mund innerhalb des Tentakelkranzes, dem sich anschließenden Magen-Darm-Trakt und dem außerhalb des Tentakelkranzes mündenden After. Die wesentlich einfacher gebauten Hydroidpolypen besitzen nur eine Mundöffnung, die gleichzeitig als After fungiert, mit einem direkt dahinter liegenden Magenraum.

Neben der schon erwähnten ungeschlechtlichen Vermehrung, die für das Wachstum der Kolonie verantwortlich ist, findet man

auch eine geschlechtliche Vermehrung. Da die Tiere meist Zwitter sind, entwickeln sich sowohl Eier als auch Samenzellen in der Körperhöhle des Cystids. Diese können durch kleine Öffnungen in den Spitzen zweier bestimmter Tentakel in das freie Wasser abgegeben werden, wo es dann zur Befruchtung kommt. Häufig verbleiben jedoch die reifen Eier im Muttertier, werden dort befruchtet und entwickeln sich in einem speziellen Brutraum zu schwimmfähigen Larven. Nachdem sie ins freie Wasser entlassen werden, schwimmen sie noch eine Weile herum, bevor sie sich auf einem festen Untergrund festsetzen. Aus ihnen entwickelt sich jeweils ein erster Zoid, der Ancestrula genannt wird und dort eine neue Kolonie bildct. Innerhalb einer Kolonie stehen die Einzeltiere durch Öffnungen in ihren Gehäusen miteinander in Verbindung. Dies erstreckt sich jedoch nicht auf die Verdauungsapparate der einzelnen Individuen, wie das bei den Hydroidpolypen der Fall ist.
Neben dem bisher beschriebenen Standard-Zoid, dessen Hauptaufgabe die Ernährung ist und der auch als Autozoid bezeichnet wird, können als Folge einer Arbeitsteilung noch vier weitere Zoid-Typen innerhalb einer Kolonie auftreten. Bilden die untersten Zoide eines Stockes ihre Mundteile zurück und übernehmen Stengel- und Wurzelfunktionen, dann spricht man von Kenozoiden. Zwei weitere Formen findet man zwischen den normalen Individuen. Sogenannte Geißelorgane, die Vibracularien, erzeugen durch die Bewegung steifer Borsten bzw. Geißeln einen ständigen Wasserstrom, der die Ablagerung von feinen Sinkstoffen auf der Kolonie verhindert. Die Avicularien, die das Aussehen von Greifzangen haben, verhindern, daß andere Organismen wie z. B. Algen oder Schwämme die Kolonie überwuchern und damit ersticken. Bei dem letzten Typ handelt es sich um Gonozoide, die ganz in den Dienst der Fortpflanzung treten und nur Geschlechtszellen bilden und bzw. oder für die Brutpflege zuständig sind.

Die Kolonien können je nach Art ein Alter von wenigen Wochen bis zu mehreren Jahren erreichen. Im Mittelmeer sind rund 180 Arten bekannt, die sich auf 50 Familien verteilen. Wie schon erwähnt, gibt es trotz der Bestimmungsschwierigkeiten einige sehr auffällige Arten, die man an ihrer typischen Wuchsform erkennen kann.

Smittina cervicornis (Pallas, 1766) Geweih-Moostierchen

Familie Smittinidae

Erkennungsmerkmale: Strauchförmige Kolonie, die aber nicht so reich verzweigt ist wie bei den anderen vorgestellten Arten, kann bis zu 15 cm hoch werden, einzelne Äste erinnern in ihrer Form an ein Geweih (Name!), Astquerschnitt oval, Oberfläche der Äste rauh, Färbung orange, gelb bis braungelb.
Verwechslungsmöglichkeiten: Kann eventuell mit der Trugkoralle *(Myriapora truncata)* verwechselt werden, diese ist aber kräftiger gefärbt, stärker verzweigt, hat einen runden Astquerschnitt und eine glatte Oberfläche.
Lebensraum: Kommt auf sekundären Hartböden unterhalb von 25 m vor, selten auch an beschatteten Stellen in flacheren Bereichen, nicht so häufig wie das Elchgeweih-Moostierchen.
Biologie: Keine Besonderheiten.
Aquarienhaltung: Siehe Neptunsschleier *(Reteporella couchii)*.

Pentapora fascialis (Pallas, 1766) Elchgeweih-Moostierchen

Familie Hippoporinidae

Erkennungsmerkmale: Strauchförmige Kolonie, kann bis zu 20 cm groß werden, Äste blattartig abgeflacht und mehr oder weniger gleichmäßig verzweigt, erinnern in ihrer Form an ein Elchgeweih (Name!), die Äste können eine Gesamtfläche von 1000 cm^2 erreichen. Färbung von lachsfarben bis kräftig orange.
Verwechslungsmöglichkeiten: Keine.
Lebensraum: Fast ausschließlich auf sekundären Hartböden ab 25 m Tiefe, dort dann häufig massenhaft und bestandsbildend, seltener auch an beschatteten Stellen im flacheren Wasser.
Biologie: Die großflächigen Äste dienen oft anderen sessilen Organismen als Substrat. Steht die Kolonie an einer Stelle, an der das Licht noch Algenwachstum zuläßt, wird sie oft von Algen überwuchert, was die betroffenen Teile zum Absterben bringt.
Aquarienhaltung: Siehe Neptunsschleier *(Reteporella couchii)*.

Myriapora truncata (Pallas, 1766)
Trugkoralle oder Hundskoralle

Familie Myriaporidae

Erkennungsmerkmale: Strauchförmige Kolonie, kann bis zu 20 cm hoch werden, Oberfläche der Ästchen glatt mit feinen Poren (Einzelindividuen), Astquerschnitt rund, Durchmesser der Ästchen in allen Bereichen etwa gleichgroß, Verzweigung gleichmäßig, oft in zwei gleichgroße Äste geteilt. Astenden erscheinen wie abgeschnitten, leuchtend orangegefärbt, abgestorbene Teile der Kolonie verblassen, Skelett dann schmutzigweiß, die Ästchen verlieren ihre schöne Färbung an der Oberfläche sehr schnell und fangen an zu stinken, da sich die Tiere zersetzen.

Verwechslungsmöglichkeiten: Wird oft mit der Edelkoralle *(Corallium rubrum)* verwechselt, diese ist aber tiefrot gefärbt, Oberfläche und Verzweigungen sind unregelmäßig, Durchmesser der Äste verringert sich zum Ende hin und Astenden laufen spitz zu. Andere Moostierchen mit ähnlicher Wuchsform, z. B. das Geweihmoostierchen *(Smittina cervicornis)*; diese Art hat aber eine rauhe Oberfläche und einen ovalen Astquerschitt, außerdem erscheint die Kolonie zierlicher.

Lebensraum: Schattengebiete der Felsküsten, in Höhleneingängen und unter Überhängen ab 1 m Tiefe und auf sekundären Hartböden und Felsen ab 20 m Tiefe.

Biologie: Keine Besonderheiten, Embryonen und Larven findet man im Februar und März.

Aquarienhaltung: Siehe Neptunsschleier *(Reteporella couchii)*.

Reteporella couchii (Hincus, 1828)
Neptunsschleier

Familie Pleidoloporidae

Erkennungsmerkmale: Filigrane und sehr zerbrechliche Kolonien, die bis zu 12 cm Höhe erreichen können, bildet netzartige Flächen, die dicht nebeneinander ins freie Wasser ragen, im lebenden Zustand rosa bis lachsfarben, abgestorbene Teile der Kolonie sind elfenbeinfarben bis grünlich durch Algenbewuchs.
Verwechslungsmöglichkeiten: Aufgrund der charakteristischen Wuchsform gibt es eigentlich keine Verwechslungsmöglichkeiten.
Lebensraum: Kommt ausschließlich an extrem lichtarmen Stellen vor, in Höhlen und Spalten ab 2 m Tiefe, an Nordwänden und unter Überhängen ab 5 m Tiefe und auf primären und sekundären Hartböden ab 25 m Tiefe, oft kann man die Kolonien auch im lichtarmen Wurzelbereich der Seegraswiesen finden. Häufig.
Biologie: Diese sehr zerbrechliche aber wunderschöne Art ist mehr auf lichtarme Standorte angewiesen als die anderen vorgestellten Arten, da sie sonst sehr schnell von Algen überwuchert wird.
Aquarienhaltung: Bis auf einige Arten, die sogar noch in Hafengebieten vorkommen, ist die Aquarienhaltung von Moostierchen ausgesprochen heikel. Der Grund dafür ist sicherlich in der geringen Größe der Einzelindividuen und dem zwangsläufig noch winzigeren Futter zu suchen. Der Transport in gefiltertem Wasser oder auch nur in feuchtem Zustand gelingt laut Riedl über einige wenige Tage.

Frondipora verrucosa
(Lamouroux, 1821)
Verwachsenes Moostierchen

Familie Frondiporidae

Erkennungsmerkmale: Kleine, nur wenige cm große Kolonie. Die kleinen gedrungenen Äste sind ungleichmäßig dick, die Verzweigungen sind meist dichotom, d.h. ein Ast teilt sich in zwei Äste, oft verschmelzen benachbarte Äste wieder. Farbe gelblichbraun bis beige.
Verwechslungsmöglichkeiten: Einige andere kleine Kolonien mit ähnlicher Wuchsform.
Lebensraum: Auf primären und sekundären Hartböden sowie auf Schalenstücken ab 25 m, an lichtarmen Felswänden, Höhlen und Spalten auch in flacherem Wasser. Nur örtlich häufig.
Biologie: Keine Besonderheiten.
Aquarienhaltung: Siehe Neptunsschleier *(Reteporella couchii)*.

Cabera boryi (Audouin, 1826)
Fächermoostierchen

Familie Caberidae

Erkennungsmerkmale: Kolonie aufrecht und fächerförmig, meist in einer Ebene verzweigt, nur relativ wenige Verzweigungen (Gabelungen). Zoide meist mit einem Dorn auf der Gehäuseoberseite. Größe bis ca. 20 mm. Färbung gelblichweiß, beige oder hell bräunlich.
Verwechslungsmöglichkeiten: Einzige Art dieser Gattung im Mittelmeer.
Lebensraum: Verschiedene Hartböden. Meist zwischen 20 bis 50 m Tiefe, manchmal auch flacher. Im gesamten Mittelmeer.
Biologie: Keine Besonderheiten.
Aquarienhaltung: Siehe Neptunsschleier *(Reteporella couchii)*.

Lichenopora radiata

(Audouin, 1826)

Korallenmoostierchen

Familie Lichenoporidae

Erkennungsmerkmale: Korallenähnliche Kolonie bis ca. 5 mm Durchmesser, rund oder oval, von einer Randlamelle ohne Zoide umgeben. Poren der Zoide auf strahlig angeordneten, voneinander getrennten Zwischenwänden. Färbung meist weiß, seltener schwach gefärbt.
Verwechslungsmöglichkeiten: Die Kolonien dieser Art werden oft mit einzeln lebenden Steinkorallen verwechselt. Sie unterscheiden sich bei genauerem Hinsehen jedoch durch ihre Poren auf den Zwischenwänden von Steinkorallen.
Lebensraum: Auf verschiedenen Substraten. Vom Flachwasser bis in ca. 50 m Tiefe. Im gesamten Mittelmeer.
Biologie: Diese Art soll sehr schnellwüchsig sein, weshalb sie auch auf kurzlebigen oder instabilen Substraten bzw. Untergründen, wie z. B. auf Geröll oder Algen, anzutreffen ist.

Schizobrachiella sanguinea

(Norman, 1868)

Rotbraunes Krustenmoostierchen

Familie Schizoporellidae

Erkennungsmerkmale: Bildet in bewegtem Wasser meist krustenförmige Kolonien, im Stillwasser auch mit Röhren und Trichtern, kann Größen von mehr als 10 cm erreichen. Färbung meist rötlichbraun.
Verwechslungsmöglichkeiten: Sind aufgrund des charakteristischen Aussehens eigentlich nicht gegeben.
Lebensraum: Auf verschiedenen Hartböden sowie im Wurzelbereich von Seegraswiesen. Bereits ab geringer Tiefe. Weitverbreitet im Mittelmeer.
Biologie: Die Kolonien dieser Art können in Seegraswiesen die Wurzelstrünke des Seegrases umwachsen. Bei Störungen werden die Zoide sofort eingezogen.
Aquarienhaltung: Siehe Neptunsschleier *(Reteporella couchii)*.

Echinodermata
Stamm Stachelhäuter

Stachelhäuter stellen weltweit mit ungefähr 6000 Arten einen rein marinen Tierstamm dar, dessen Vertreter sich auf 5 Klassen verteilen und in 3 verschiedenen Erscheinungsformen auftreten: die mehr oder weniger halbkugeligen **Seeigel** (Echinoidea, 860 Arten), die walzenförmigen **Seegurken oder Seewalzen** (Holothuroidea, 1100 Arten) und die sternförmigen **Seesterne** (Asteroidea, 1500 Arten), **Schlangensterne** (Ophiuroidea, 1900 Arten) und **Haarsterne und Seelilien** (Crinoidea, 620 Arten). Die namensgebenden Stacheln sind nur noch bei den Seeigeln voll ausgebildet, während sie bei den Seesternen und den Schlangensternen deutlich kleiner bzw. verkümmert sind und bei den restlichen beiden Klassen vollständig fehlen. Allen gemeinsam sind jedoch 3 Eigenschaften, die sie untereinander verbinden und von allen anderen Tiergruppen abgrenzen.
Äußerlich gesehen fällt bei den meisten Vertretern sofort die fünfstrahlige, radiäre Körpersymmetrie auf, bei der man nicht zwischen Vorder- und Hinterende unterscheiden kann. Dies ist auch bei der Fortbewegung der Fall. Eine Ausnahme machen hier nur die Seegurken und die irregulären Seeigel oder Herzseeigel, bei denen man zwar die Fünfstrahligkeit anhand der inneren Organisation oder des Skeletts noch erkennen kann, die aber wieder eine bilaterale Symmetrie, also eine Differenzierung in Vorne und Hinten, aufweisen. Bei den eindeutig radiärsymmetrischen Seeigeln ist die Fünfstrahligkeit auf den ersten Blick nicht zu erkennen, doch auch bei ihnen geben die innere Organisation und das Skelett Aufschluß. Am deutlichsten wird die fünfstrahlige Radiärsymmetrie bei den meisten Vertretern der Seesterne und allen Schlangensternen, die stets 5 Arme besitzen. Bei den ebenfalls radiärsymmetrischen Haarsternen, bei denen die Anzahl der Arme ein Vielfaches von 5 ist, entstehen die 10 bis 200 Arme durch wiederholte Verzweigungen direkt an der Basis. Bei der radiären Symmetrie der Stachelhäuter handelt es sich nicht wie bei den Nesseltieren um eine primäre, also um eine von Anfang an vorhandene Radiärsymmetrie. Statt dessen haben sich die Stachelhäuter im Laufe der Evolution aus bilateral-symmetrischen, freilebenden Organismen durch den Übergang zu einer sessilen, also einer festsitzenden Lebensweise entwickelt. Diese kann man auch heute noch bei der entwicklungsgeschichtlich ältesten Klasse, den Haarsternen und Seelilien teilweise finden. Auch die Tatsache, daß man in allen 5 Klassen bilateralsymmetrische Larven findet, ist ein Hinweis darauf, daß es sich bei den Stachelhäutern um eine sekundäre, also eine nachträglich entstandene Radiärsymmetrie handelt.
Ein weiteres gemeinsames Merkmal ist der Besitz eines Innenskeletts in Form von kleinen Kalkplättchen. Diese können wie bei den Seegurken zerstreut in der Haut liegen, oder zu größeren Platten zusammengewachsen sein. Bei den Seeigeln sind diese größeren Platten zu einer starren Schale zusammengewachsen, während sie bei den Haar-, Schlangen- und Seesternen beweglich aneinander grenzen. Die eingangs erwähnten Stacheln gehören ebenfalls zum Skelett.
Das dritte gemeinsame Merkmal der Stachelhäuter ist ein im Tierreich einzigartiges Gefäßsystem im Körperinneren: das Ambulacralsystem. Es steht über die sogenannte Madreporenplatte mit der Umgebung, dem Meerwasser, in Verbindung. Im Körperinneren findet man einen Ringkanal, von dem meist 5 Radiärkanäle ausgehen, die parallel zur Körperoberfläche verlaufen. Von ihnen zweigen meist beidseits paarige Ausläufer ab, die die Körperwand durchbrechen und als Ambulacralfüßchen von außen zu sehen sind. Zu jedem dieser Saugfüßchen gehört meist eine ins Körperinnere gerichtete blasenförmige Erweiterung, die Ampulle. Wird die Ampulle zusammen-

gepreßt, erhöht sich der Flüssigkeitsdruck und das dazugehörige Füßchen wird hydraulisch ausgestreckt. Durch Zusammenziehen der Fußmuskulatur wird die Körperflüssigkeit wieder zurück in die Ampulle gepreßt und das Füßchen zieht sich zurück. Je nach Art können die Ambulacralfüßchen auch mit einem Saugnapf ausgestattet sein. Das gesamte Ambulacralsystem kann neben seiner Hauptaufgabe, der Fortbewegung, auch dem Festhalten von Objekten, der Ernährung, der Atmung und der Sinneswahrnehmung dienen. Die Verteilung der Füßchen bzw. Saugfüßchen auf der Körperoberfläche ist bei den Vertretern der einzelnen Klassen sehr unterschiedlich. Seegurken besitzen meist 3 bauchseitige Reihen von Saugfüßchen. Bei Seeigeln sind die Füßchen sowohl auf der Körperober- als auch auf der Unterseite zu finden, während sie bei den Seesternen nur auf der Unterseite vorhanden sind. Bei den Vertretern aus diesen 3 Klassen sind zumindest die auf der Bauchseite liegenden Füßchen mit Saugnäpfen versehen. Die Ambulacralfüßchen der Schlangensterne befinden sich ebenfalls an der Unterseite der Arme, besitzen jedoch keine Saugnäpfe und spielen kaum eine Rolle bei der Fortbewegung. Bei den Haarsternen und Seelilien befinden sich die schleimbedeckten Füßchen an den Innenrändern der sogenannten Ambulacralfurchen, die entlang der Arme verlaufen und der Nahrungsaufnahme dienen.

Weitere Merkmale im Bauplan der Stachelhäuter sind das Fehlen eines Gehirns, eines Herzens und echter Blutgefäße. Das Nervensystem ist ausgesprochen einfach gebaut. Es besteht aus einem an der Körperoberfläche liegenden Geflecht aus Nervenzellen. Neben den Füßchen des Ambulacralsystems dienen bei den einzelnen Klassen verschiedene Mechanismen der Atmung. Seesterne besitzen ausstülpbare Bläschen der Rückenhaut, sogenannte Papulae. Bei Seeigeln findet man Kiemenbüschel, bei Schlangensternen Kiementaschen im Mundfeld und Seegurken zeichnen sich durch reichverzweigte Darmanhänge, die als Wasserlungen bezeichnet werden, aus.

Die meisten Stachelhäuter sind getrenntgeschlechtlich, nur bei den Seegurken und den Schlangensternen kommen Zwitter vor. Die meisten Arten geben ihre Eier bzw. Samenzellen einfach ins freie Wasser ab, wo es dann zu einer Befruchtung kommt. Die sich daraus entwickelnde bilateral-symmetrische Larve treibt eine Zeit lang im Plankton, bevor sie zum Bodenleben übergeht und sich zum radiär-symmetrischen Stachelhäuter umwandelt. Bei manchen Arten gibt es Brutfürsorge, indem die Eier bis zum Schlupf der Larven beim Muttertier bleiben und versorgt werden.

Antedon mediterranea (Lamark)
Mittelmeer-Haarstern

Familie: Antedonidae

Erkennungsmerkmale: Durchmesser bis 20 cm. 10 Arme (eigentlich auch wie andere Seesterne nur 5 Arme, die sich jedoch direkt an der Basis noch einmal verzweigen), jeder Arm beidseitig mit feinen Fortsätzen (bis mehr als 60 Paar) besetzt, wodurch der Eindruck einer Feder entsteht (Name!). Unten an der unscheinbaren Körperkapsel befinden sich 18 bis 30 gegliederte Cirren, die der Fortbewegung und dem Anklammern dienen, Anzahl der Cirren-Glieder 20 bis 23. Die Färbung ist sehr variabel und reicht von weiß, gelb, orange und braun bis hin zu karminrot.
Verwechslungsmöglichkeiten: Es gibt im Mittelmeer vier verschiedene Arten von Haarsternen. Neben dem unterschiedlichen Durchmesser unterscheiden sie sich hauptsächlich durch die Anzahl der Cirren, durch die Anzahl ihrer Glieder, sowie durch ihren Lebensraum und ihre Verbreitung. *Antedon bifida* (Penn.): Durchmesser bis 10 cm, 15 bis 18 Cirren mit 12 bis 16 Cirren-Gliedern, nach Riedl nur aus Algerien, vielleicht auch aus Tunesien, Sizilien und Sardinien bekannt. *Leptometra phalangium* (Müll.): Durchmesser bis 30 cm, Cirren mit mehr als 30 (meist 37 bis 38) Cirren-Gliedern, deutlich grün gefärbt, wahrscheinlich im gesamten westlichen Mittelmeer unterhalb von 60 m Tiefe.
Lebensraum: Meist auf algenbestandenen Felsböden, in Seegraswiesen und auf sekundären Hartböden in 10 bis 40 m Tiefe, im gesamten Mittelmeer nicht selten.
Biologie: Die planktische Larve der Haarsterne setzt sich nach wenigen Stunden bis Tagen mit einem Stiel fest auf einen Untergrund. Dort lebt sie einige Monate sessil, bis schließlich ihr Köpfchen abreißt und zum freischwimmenden Haarstern wird, der dann zum Bodenleben übergeht.
Haarsterne ernähren sich von Plankton und Geschwebe, das sie mit ihren Armen aus der Strömung ausfiltrieren. Zu diesem Zweck erklimmen sie mit Hilfe der Cirren strömungsexponierte Stellen, wo sie ihre Arme wie ein Sieb ausbreiten. Die Nahrung wird dann entlang von Rinnen auf den Armen zur Mundöffnung transportiert. Außerhalb ihrer Aktivitätsphase werden die Arme eingerollt. Bei Störungen sind die Tiere in der Lage durch abwechselndes Schlagen der Arme kurze Zeit zu schwimmen.
Selten kann man auf den Armen Garnelen der Gattung *Hippolyte* beobachten.
Aquarienhaltung: Das Regenerationsvermögen der Tiere ist zwar sehr hoch, doch im Aquarium werden abgebrochene Armteile kaum ersetzt. Außerdem ist die Haltung und vor allem der Transport der Tiere problematisch.

Ophiothrix fragilis (Abild.)
Zerbrechlicher Schlangenstern

Familie: Ophiothricidae

Erkennungsmerkmale: Körperscheibe deutlich fünfeckig, bis maximal 2 cm Durchmesser. Arme bis 10 cm lang, mit zahllosen abstehenden Stacheln besetzt. Färbung sehr variabel, weiß, grau, dunkelgrün, braun oder rot, oft gemustert, Armstacheln meist glasig und farblos. Arme und Stacheln brechen sehr leicht ab.
Verwechslungsmöglichkeiten: Im Mittelmeer gibt es eine zweite Art aus dieser Gattung: *O. quinquemaculata* (Delle Chiaje), der ungefähr genauso groß wird wie *O. fragilis*, besitzt pro Armsegment nur 6 Stacheln, deren längster 3 Armglieder überragt. *O. fragilis* besitzt dagegen 7 Stacheln pro Segment, wobei der längste nur halb so lang ist wie bei der Schwesterart. Die Färbung beider Arten ist sehr ähnlich. Eine sichere Unterscheidung ist im Freiland nur unter Vorbehalten möglich. Zur genauen Artbestimmung ist der Armquerschnitt mit der Anzahl der Stacheln nötig.
Lebensraum: Zwischen Seegraswurzeln, unter Steinen, auf Corallinenböden und auf schlammigen Sandböden. Kleine Exemplare kann man auch in verschiedenen Schwämmen finden. Vom Ebbeniveau bis 50 m Tiefe.
Biologie: Als Nahrung dienen Mikroorganismen, die mit den Füßchen der Arme vom Boden abgetupft werden und dann von Füßchen zu Füßchen bis zum Mund weitergereicht werden. Außerdem können die Tiere ihre Arme in die Strömung emporstrecken und so Plankton aus dem freien Wasser filtrieren. Beide Arten können gebietsweise in Massen auftreten (bis 200 Stück pro m^2).
Aquarienhaltung: Beide Arten lassen sich, wenn sie unbeschädigt sind, im Aquarium gut halten und können sich sogar vermehren. Die Tiere sitzen meist unter Steinen oder zwischen Spalten und lassen 2 bis 3 Arme aus ihrem Versteck herausragen. Als Futter werden sogar Trockenfutter und Futtertabletten angenommen.

Schlangenstern
Verschiedene Arten

verschiedene Familien

Erkennungsmerkmale: Durchmesser der Mundscheibe je nach Art 2 bis 30 mm, Länge der Arme mindestens das 3fache des Durchmessers der Mundscheiben, je nach Art 6 bis 150 mm. Mundscheibe rund bis fünfeckig. Arme meist mit mehr oder weniger deutlich erkennbaren Stacheln. Färbung je nach Art und auch innerartlich sehr verschieden.

Verwechslungsmöglichkeiten: Im Mittelmeer mehr als 20 verschiedene Arten, die sich auf 12 Gattungen in 8 Familien verteilen. Die exakte Artbestimmung nach Fotos ist in der Mehrzahl der Fälle nicht möglich. Wichtige Bestimmungsmerkmale sind unter anderem: Armquerschnitt mit Form und Anzahl der Stacheln, Form und Struktur der Mundscheibe, Anordnung und Form der Skelettplatten der Arme und der Mundscheibe.

Lebensraum: Die verschiedenen Arten haben bis auf das Freiwasser nahezu alle Lebensräume besiedelt. Man findet sie auf allen Bodentypen in allen Tiefen. Obwohl einige Arten nur regional begrenzt vorkommen, findet man Schlangensterne im gesamten Mittelmeer.

Biologie: Ernähren sich im allgemeinen von Schweb- und Sinkstoffen verschiedener Art, die entweder aus dem freien Wasser aufgefangen oder vom Boden aufgenommen werden. Freßfeinde sind vor allem Seesterne, bei kleineren Exemplaren auch Fische. Die Arme reißen bei den meisten Arten sehr leicht ab. Sie können jedoch regeneriert werden, wobei neugebildete Teile meist durch einen geringeren Querschnitt auffallen. Je nach Art Massenauftreten von 200 bis 10 000 Individuen pro Quadratmeter möglich.

Aquarienhaltung: Bei Flachwasserformen oft unproblematisch, es sind jedoch ausreichende Versteckmöglichkeiten nötig.

Marthasterias glacialis (L.)
Eisseestern

Familie Asteriidae

Erkennungsmerkmale: Soll in Ausnahmefällen bis zu 80 cm groß werden, bleibt jedoch mit ca. 40 cm meist deutlich kleiner. Art immer mit 5 Armen. Auf jedem Arm 3 Längsreihen von Stacheln, die jeweils auf einem kleinen Polster (Ansammlung von Pedicellarien) sitzen. Färbung variabel, kleine Exemplare meist düster braun bis olivgrün, größere Tiere rötlichbraun mit graugelber Zeichnung.
Verwechslungsmöglichkeiten: Nicht vorhanden.
Lebensraum: Auf primären und sekundären Hartböden, unter Steinen und in Spalten, in größeren Tiefen auch auf Sand- und Schlickböden. Vom Flachwasser bis in große Tiefen. Nur aus dem westlichen Mittelmeer (bis Tunesien, Adria, Griechenland und nördliche Türkei) nachgewiesen.
Biologie: Diese Art gilt als gefräßiger Räuber, der sich hauptsächlich von Schnecken und Muscheln ernährt, aber auch Aas und alles, was er überwältigen kann, frißt. Sogar Seeigel kann er überwältigen, indem er sie umdreht und verdaut. Das funktioniert jedoch nur, wenn der Seeigel nicht auf dem blanken Fels sitzt, wo seine Verankerung nahezu perfekt ist. In Miesmuschel- und Austernkulturen kann er große Schäden anrichten. Muscheln werden mit den kräftigen Armen umfaßt. Anschließend kommt es zu einem gewaltigen Zweikampf, bei dem der Seestern versucht, gegen den Widerstand der Muschel deren Schalen einen Spalt zu öffnen. Diesen Zweikampf, der mehrere Stunden dauern kann, gewinnt ausnahmslos der Seestern. In den Spalt wird ein Teil des Magens gestülpt, Verdauungssekret löst das Muschelgewebe auf und der Magen nimmt den Nahrungsbrei direkt auf.
Aquarienhaltung: Möglich, aber nicht empfehlenswert (Räuber!).

Coscinasterias tenuispina
(Lamarck)
Dornenseestern

Familie Asteriidae

Erkennungsmerkmale: Größe bis 15 cm. Stets mehr als 5 Arme, meist 7, selten auch bis zu 10 Arme. Arme mit 5 Längsreihen von Dornen. Diese Dornen sind so gebaut, daß sie sich beim Berühren mit Handschuhen sofort im Gewebe verhaken und dann schwer lösen lassen. Daher sollte man sie möglichst nicht anfassen. Färbung variabel, Grundfärbung weiß, rot oder braun mit blauen, braunen und gelben Flecken.
Verwechslungsmöglichkeiten: Nicht vorhanden.
Lebensraum: Auf Felsböden unter Pflanzen und Steinen. Vom Flachwasser bis in max. 50 m Tiefe. Im gesamten Mittelmeer, stellenweise häufig.
Biologie: Auch diese Art lebt räuberisch und ernährt sich von allem, was sie überwältigen kann. Bei dieser Art gibt es weniger Männchen als Weibchen. Außerdem kommt es nicht selten zu einer ungeschlechtlichen Vermehrung durch Querteilung. Dabei entstehen Exemplare, bei denen einer Anzahl (2 bis 5) von normalen Armen einige sehr kleine, neugebildete Arme gegenüberstehen.
Aquarienhaltung: Möglich, aber nicht empfehlenswert (Räuber!).

Astropecten aranciacus (L.)
Großer Kammseestern

Familie Astropectinidae

Erkennungsmerkmale: Größe bis 60 cm. Körper abgeflacht. Stets 5 Arme, die von auffälligen, kammähnlichen Stachelreihen begrenzt sind. Füßchen ohne Saugscheiben. Körperoberseite orangerot gefärbt, teilweise gemustert, Stacheln gelblichweiß.
Verwechslungsmöglichkeiten: 5 weitere Arten dieser Gattung im Mittelmeer. Diese Art ist jedoch mit Abstand die größte, alle anderen Arten bleiben kleiner als 10 bis 20 cm.
Lebensraum: Schlick-, Schlicksand- und Sandböden, seltener Seegraswiesen. Vom Flachwasser bis in große Tiefe. Im gesamten Mittelmeer.
Biologie: Gefräßiger Räuber, der sich von Schnecken, Muscheln, Würmern und Seeigeln (Sandseeigeln) ernährt. Kleinere Beutetiere werden ganz verschlungen, während zu große durch Ausstülpen des Magens außerhalb des Körpers verdaut werden. Kammseesterne können auch vergrabene Beute orten und sich zu ihr durchgraben. Muschel- und Schneckenschalen werden unversehrt ausgespuckt. Beim Eingraben wird der Sand von den Füßchen beiseite gedrückt, so daß der Seestern langsam im Boden versinkt. Durch zusätzliche Drehbewegungen des ganzen Körpers kann die Oberseite vollständig mit Sand bedeckt werden, so daß nur noch der sternförmige Umriß im Sand die Anwesenheit des Seesterns verrät. Durch Aufwärtsbiegen der Arme können die Tiere schnell wieder ihr Versteck verlassen. Da den Füßchen die Saugscheiben fehlen, können Kammseesterne bis auf eine Art nicht klettern! Zwischen den Füßchen in der Ambulacralrinne auf der Körperunterseite befindet sich häufig der Seestern-Schuppenwurm *(Acholoë astericola)*.
Aquarienhaltung: Siehe Kletterkammseestern *(A. spinulosus)*.

Astropecten spinulosus
(Philippi)
Kletterkammseestern

Familie Astropectinidae

Erkennungsmerkmale: Größe bis 10 cm. Körper abgeflacht. Stets 5 Arme, diese von auffälligen, kammähnlichen Stachelreihen begrenzt. Füßchen zumindest teilweise mit Saugscheiben. Körperoberseite rötlichbraun bis grünlichbraun gefärbt, Stacheln bräunlich.

Verwechslungsmöglichkeiten: 5 weitere Arten dieser Gattung im Mittelmeer. Nur diese Art mit Saugscheiben an den Füßchen und dadurch fähig zu klettern. Die genaue Bestimmung der anderen Arten ist nur durch morphologische Merkmale sicher möglich.

Lebensraum: Meist in Seegraswiesen, seltener auf reinen Sandböden. Meist vom Flachwasser bis in ca. 20 m, seltener bis 60 m Tiefe. Im gesamten Mittelmeer.

Biologie: Der Kletterkammseestern ist im Mittelmeer endemisch, das heißt er kommt ausschließlich im Mittelmeer vor. Die Saugscheiben an den Füßchen ermöglichen dieser Art das Klettern. Den Tag verbringen die Tiere meist im Boden vergraben, und erst in der Nacht klettern sie auf Steinen und in den „Wipfeln" der Seegraswiesen umher. Siehe auch Großer Kammseestern (*A. aurantiacus*).

Aquarienhaltung: Besonders kleinere Exemplare dieser Art und die wesentlich kleiner bleibenden verwandten Arten der Gattung sind für die Haltung gut geeignet. Da sich Kammseesterne räuberisch ernähren, stellen vor allem größere Tiere eine ständige Gefahr für andere Aquarienbewohner dar. Als Ersatzfutter eignet sich Muschelfleisch besonders gut.

Echinaster sepositus Gray
Purpurseestern

Familie Echinasteridae

Erkennungsmerkmale: Größe bis 20 cm. Meist 5, selten auch 6 bis 7 Arme. Körperoberfläche mit zahlreichen kleinen, deutlich sichtbaren Ausstülpungen (Papulae = Kiemenbläschen), die nicht in Reihen angeordnet sind, Haut drüsig weich mit kleinen, bis 1,5 mm langen Stacheln. Färbung leuchtend ziegel- bis orangerot.
Verwechslungsmöglichkeiten: Kann auf den ersten Blick mit roten Exemplaren des Rotvioletten Seesterns *(Ophidiaster ophidianus)* verwechselt werden. Diesem fehlen jedoch die kleinen Ausstülpungen.
Lebensraum: Primäre und sekundäre Hartböden, seltener in Seegraswiesen und auf schlammigen Sandböden. Vom Flachwasser bis in große Tiefen. Im gesamten Mittelmeer, häufig.
Biologie: Diese Art ernährt sich von Kleinstorganismen, die vom Untergrund mit den Saugfüßchen aufgenommen und auf Wimperrinnen auf der Unterseite der Arme zur Mundöffnung transportiert werden. Flohkrebse sollen als Kommensalen mit dem Purpurseestern zusammenleben.
Aquarienhaltung: Die Art hält sich am besten in alteingerichteten Becken mit leichtem Algenwuchs, wo sie sehr ausdauernd sein kann. Als Futter eignen sich kleine Muschelfleischstückchen und Futtertabletten, aber auch sonstige Futterreste werden angenommen.

Ophidiaster ophidianus Lamarck
Rotvioletter Seestern

Familie Ophidiasteridae

Erkennungsmerkmale: Größe bis 35 cm. Stets 5 Arme. Körperoberfläche ohne deutlich sichtbare Ausstülpungen der Kiemenbläschen, diese in 8 Längsreihen je Arm (auch auf der Unterseite) angeordnet. Färbung variabel, entweder einheitlich orange-, ziegel- oder purpurrot bis violett oder orange- bis ziegelrot mit purpurroten bis violetten Flecken.

Verwechslungsmöglichkeiten: Einheitlich rote Exemplare können auf den ersten Blick mit dem Purpurseestern *(Echinaster sepositus)* verwechselt werden. Bei dieser Art sind die Kiemenbläschen jedoch deutlich sichtbar und nicht in Reihen angeordnet.

Lebensraum: Primäre und sekundäre Hartböden. Vom Flachwasser bis in größere Tiefen. Verbreitung im Mittelmeer vermutlich nur fleckenhaft, nachgewiesen in Marokko, Algerien, Nordtunesien, Costa Brava, Balearen, Südfrankreich, Süditalien, Sizilien, Mittel- und Südadria, sowie einige weitere kleine Fundorte.

Biologie: Die Ernährungsweise dieser Art entspricht mehr oder weniger der des Purpurseesterns *(Echinaster sepositus)*.

Aquarienhaltung: Nicht bekannt, aufgrund der fast gleichen Lebensweise wahrscheinlich ähnlich wie beim Purpurseestern *(Echinaster sepositus)*.

Asterina gibbosa (Pennant)
Fünfeckstern

Familie Asterinidae

Erkennungsmerkmale: Größe bis 70 mm. Stets 5 Arme, diese nur wenig von der Körperscheibe abgesetzt und kurz. Je nach Muskelspannung ergibt sich eine Körperform zwischen Stern und Fünfeck. Färbung variabel, reicht von Gelb, Grün über Dunkelrot bis Braun mit Marmorierungen.
Verwechslungsmöglichkeiten: Nicht vorhanden.
Lebensraum: Seegraswiesen und vor allem Felsböden aller Art, dort meist unter Steinen und in Felsspalten. Vom Flachwasser (häufig) bis in größere Tiefen (seltener). Im gesamten Mittelmeer.
Biologie: Ernährt sich räuberisch von allem, was er überwältigen kann. Der Fünfeckstern ist eine der wenigen zwittrigen Seesternarten, die obendrein auch noch eine Geschlechtsumwandlung durchmachen. Mit dem Eintreten der Geschlechtsreife entwickeln sich die Tiere zu Männchen, während es sich bei den größeren Tieren um Weibchen handelt. Während der Übergangszeit bei der Umwandlung vom Männchen zum Weibchen können sowohl Eier als auch Samenzellen gleichzeitig produziert werden. Während der Fortpflanzungszeit wird ein Weibchen von mehreren Männchen aufgesucht. Anders als bei den meisten anderen Seesternen werden die Eier nicht ins freie Wasser abgegeben sondern an Steinen festgeklebt. Aus ihnen schlüpfen auch keine planktischen Larven sondern winzige, fertig entwickelte Fünfecksterne.
Aquarienhaltung: Fünfecksterne lassen sich hervorragend über Jahre im Aquarium halten. Aufgrund ihrer ungewöhnlichen Fortpflanzungsbiologie ist es sogar möglich, die Jungtiere in einem eingefahrenen Bekken großzuziehen.

Centrostephanus longispinus

Peters, 1855

Diademseeigel

Familie Diadematidae

Erkennungsmerkmale: Körperdurchmesser bis 6 cm. Stacheln deutlich länger als Körperdurchmesser, hohl, mit kleinen Dornen besetzt, sehr dünn und beweglich, braun bis violett und weiß gebändert.

Verwechslungsmöglichkeiten: Nicht vorhanden.

Lebensraum: Vorwiegend Sand- und Schlammböden unter 40 m Tiefe, konnte vom Autor aber auch schon in 12 m Tiefe an einer Felswand kletternd beobachtet werden. Soll im gesamten Mittelmeer stellenweise vorkommen und lokal häufig sein.

Biologie: Bei dieser Art handelt es sich um sehr bewegliche Tiere mit einem großen Aktionsradius. Durch die dünnen, spitzen Stacheln kann es zu sehr schmerzhaften Verletzungen kommen. Die Stacheln brechen in der Haut sehr leicht ab und sind durch die kleinen Dornen, die wie Widerhaken wirken, nur schwer wieder zu entfernen. Aus diesem Grund empfiehlt sich nach der Entfernung der größeren Stacheln die Verwendung einer Zugsalbe, um auch tief in der Haut sitzende Stachelbruchstücke zu entfernen.

Aquarienhaltung: Aufgrund der Größe ist diese Art nur bedingt für die Aquarienhaltung geeignet.

Arbacia lixula (L., 1758)
Schwarzer Seeigel

Familie Arbaciidae

Erkennungsmerkmale: Gehäusedurchmesser maximal 6 bis 8 cm, deutlich abgeflacht. Stacheln bis 3 cm lang, sehr spitz, schwarz gefärbt. Ambulacralfüßchen auf der Oberseite ohne Saugnäpfe.

Verwechslungsmöglichkeiten: Wird oft mit besonders dunkel gefärbten Exemplaren des Steinseeigels verwechselt. Da die Ambulacralfüßchen auf der Oberseite beim Schwarzen Seeigel fehlen, kann er sich jedoch nicht wie der Steinseeigel tarnen. Außerdem ist er auch nicht in der Lage, mit Hilfe seines Gebisses Wohnhöhlen in das Gestein zu bohren. Beide Unterscheidungsmerkmale ermöglichen zumindest eine genaue Bestimmung des Steinseeigels, wenn man ein maskiertes Tier oder den Besitzer einer gleichmäßigen Wohnhöhle vor sich hat. Dagegen ist es unzulässig, sehr dunkel gefärbte Exemplare ohne Maskierung und ohne Wohnhöhle sofort als Schwarze Seeigel anzusprechen. Für eine sichere Bestimmung muß man sich die Ambulacralfüßchen auf der Oberseite genauer ansehen. Wenn man die Tiere von der Unterseite betrachten kann ist eine genaue Bestimmung leicht. Beim Steinseeigel ist das stachelfreie Mundfeld relativ klein, wogegen es beim Schwarzen Seeigel ungefähr die Hälfte der Fläche einnimmt.

Lebensraum: Im Gegensatz zum Steinseeigel kommt der Schwarze Seeigel ausschließlich auf Hartböden von 0 bis 50 m Tiefe vor. Aufgrund seiner starken Saugfüßchen ist er, genau wie der Steinseeigel, in der Lage, sich auch bei starker Brandung am Untergrund festzuhalten.

Biologie: Der Schwarze Seeigel ernährt sich in erster Linie von Algenrasen, die den Fels überziehen. Das abgebildete Tier gibt gerade seine Geschlechtsprodukte ab.

Aquarienhaltung: In eingefahrenen Aquarien mit gutem Algenwuchs lassen sich die Tiere gut halten.

Paracentrotus lividus
Lamarck, 1816
Steinseeigel

Familie Echinidae

Erkennungsmerkmale: Gehäusedurchmesser bis 7 cm, an der Bauchseite abgeflacht. Stacheln bis 3 cm lang, sehr spitz, Färbung sehr variabel, reicht von Dunkelviolett (fast schwarz), Bräunlich bis zu Grün. Die Ambulacralfüßchen auf der Oberseite tragen Saugnäpfe, mit deren Hilfe die Art sich mit verschiedensten Materialien tarnen kann.
Verwechslungsmöglichkeiten: Vor allem fast schwarz gefärbte Steinseeigel werden leicht mit dem Schwarzen Seeigel *(Arbacia lixula)*, der tief schwarz gefärbt ist und im gleichen Lebensraum vorkommt, verwechselt. Trotzdem gibt es zwei Unterscheidungsmerkmale, die zumindest eindeutig den Steinseeigel charakterisieren. Dieser ist in der Lage, mit Hilfe seines Gebisses Wohnhöhlen in das weiche Kalkgestein zu bohren, in denen er sich dann auch meist tagsüber aufhält. Diese Fähigkeit besitzt der Schwarze Seeigel nicht. Außerdem ermöglichen es ihm die Saugnäpfe der Ambulacralfüßchen auf seiner Oberseite, sich mit Algen, Schalenbruchstücken oder ähnlichem zu maskieren, was der Schwarze Seeigel nicht kann, da die Füßchen auf seiner Oberseite keine Saugnäpfe besitzen.
Lebensraum: Felsböden und Seegraswiesen. Von der Oberfläche bis in Tiefen von 80 m, in den oberen Wasserschichten deutlich häufiger. Im gesamten Mittelmeer.
Biologie: Seine Nahrung besteht sowohl aus Seegrasblättern samt Aufwuchs als auch aus Algenrasen, die den Fels überziehen. Ist seine Bestandsdichte besonders groß, dann fehlt der Algenaufwuchs selbst in den oberen, lichtdurchfluteten Zonen. Die Geschlechtsorgane der Tiere, beim Weibchen leuchtend rot, beim Männchen goldgelb gefärbt, gelten im Mittelmeerraum als Delitkatesse (roh versteht sich). Maskierung und Wohnhöhlen siehe oben.
Aquarienhaltung: Siehe Schwarzer Seeigel.

Echinus melo Lamarck, 1816
Melonen-Seeigel

Familie Echinidae

Erkennungsmerkmale: Gehäusedurchmesser maximal 15 bis 17 cm, meist kugeliger als andere Seeigel, im Vergleich zu anderen Seeigeln eher spärlich bestachelt, besitzt zwei verschiedene Sorten Stacheln: kleine, kurze Primärstacheln, die grünlich sind, und größere Sekundärstacheln, Färbung gelblich-weiß.
Verwechslungsmöglichkeiten: Nahverwandte Art aus dem Mittelmeer ist *E. acutus* Lamarck, 1816, dessen Schale eher konisch ist, seine Stacheln sind rötlich gefärbt, ist seltener als *E. melo.* Im Atlantik und der Nordsee findet man den Eßbaren Seeigel *(E. esculentus)*, von dem *E. melo* die Lokalrasse im Mittelmeer sein soll.
Lebensraum: Primäre und sekundäre Hartböden ab 25 m Tiefe, dort jedoch eher selten, ab 40 m häufiger, kommt bis in Tiefen von mehreren hundert Metern vor, soll im westlichen Mittelmeer häufig, stellenweise sogar sehr häufig sein.
Biologie: Über die Biologie dieser Art ist nur wenig bekannt. Sie ernährt sich wahrscheinlich von Kalkrotalgen, die flächige Überzüge auf Hartböden bilden. Der Grund für das Fehlen im flacheren Wasser liegt, ähnlich wie beim Violetten Seeigel *(Sphaerechinus granularis)*, an der Tatsache, daß sich diese großen und schweren Arten in den oft stark bewegten, oberen Wasserschichten nicht am Substrat festhalten können.
Aquarienhaltung: Aufgrund der Größe und den Nahrungsansprüchen (?) ist diese Art nur bedingt für die Aquarienhaltung geeignet.

Psammechinus microtuberculatus

(Blainville, 1825)

Kletterseeigel

Familie Echinidae

Erkennungsmerkmale: Gehäusedurchmesser bis 3,5 cm, abgeflacht. Stacheln bis 1,5 cm lang, Primärstacheln nur wenig größer als die Sekundärstacheln, grün bis braun gefärbt mit weißen Spitzen, manchmal auch gebändert.

Verwechslungsmöglichkeiten: Die Familie Echinidae ist mit vier Arten, die sich auf drei Gattungen verteilen, im Mittelmeer vertreten. Diese Art kann bestenfalls mit kleinen Exemplaren von anderen Arten verwechselt werden, die aber anders gefärbt sind.

Lebensraum: Der Kletterseeigel kommt ab 4 m Tiefe vor, lebt aber meist sehr versteckt unter Steinen und Felsen in Seegras- und Algenbeständen sowie auf sekundären Hartböden. Er soll im gesamten Mittelmeer häufig sein.

Biologie: Wie die Mehrzahl seiner Verwandtschaft ernährt sich der Kletterseeigel vegetarisch, indem er pflanzlichen Aufwuchs mit seinem komplizierten Kauapparat, der Laterne des Aristoteles, vom Substrat abweidet. Aufgrund seiner geringen Größe kann er sich auch in bewegtem Wasser problemlos mit seinen Saugfüßchen festhalten und auf Nahrungssuche gehen.

Aquarienhaltung: Diese Art ist auch für kleinere Becken gut geeignet und läßt sich ohne Probleme über längere Zeit pflegen.

Sphaerechinus granularis
(Lamarck, 1816)
Violetter Seeigel

Familie Toxopneustidae

Erkennungsmerkmale: Gehäusedurchmesser 12 bis 13 cm, an der Bauchseite deutlich abgeflacht. Stacheln bis 2 cm lang und sehr dichtstehend, Spitzen ziemlich stumpf, dadurch geringe Verletzungsgefahr. Mehrere Farbvarianten, Färbung der Stacheln reicht von violett bis weiß.
Verwechslungsmöglichkeiten: Nicht vorhanden.
Lebensraum: Im Wurzelgeflecht der Seegraswiesen und auf verschiedenen Hartböden. Meist unterhalb von 2 m bis in über 100 m Tiefe. Im gesamten Mittelmeer.
Biologie: Die obere Verbreitungsgrenze der Art ist von der Stärke der Wasserbewegung abhängig. In ruhigem Wasser und im geschützten Wurzelgeflecht der Seegraswiesen kann man die Art schon in flachem Wasser finden. In bewegtem Wasser, z. B. an Felswänden mit Brandung, sind die Tiere nicht in der Lage, sich mit den kleinen Saugfüßchen am Untergrund festzuhalten. Dort findet man sie deshalb erst in tieferen Bereichen, wo sich die Wellen kaum noch bemerkbar machen. Die Art ernährt sich von Seegraswurzeln bzw. dem mikroskopisch kleinen Pflanzenbelag auf ihnen, sowie von sonstigem Algenaufwuchs. Zwischen den Stacheln besitzt die Art kleine Zangen (Pedicellarien = umgewandelte Stacheln). Ein Teil von ihnen ist mit Giftdrüsen versehen, die der Abwehr von Feinden dienen. Die drei gegeneinander beweglichen Zangenbacken verbeißen sich in der Haut von Angreifern und injizieren ihr Gift, das verhältnismäßig stark ist. Die Giftmenge von ca. 40 Zangen soll ausreichen, um eine Ratte zu töten. Normalerweise sind die Giftzangen nicht in der Lage, die menschliche Haut zu durchdringen. Nur in Ausnahmefällen allergische Reaktionen.
Aquarienhaltung: Aufgrund der Größe nur bedingt für die Aquarienhaltung geeignet.

Spatangus purpureus O. F. Müller
Violetter Herzseeigel

Familie Spatangidae

Erkennungsmerkmale: Schale nicht wie bei den echten Seeigeln bilateralsymmetrisch, sondern leicht herzförmig, Länge bis 12 cm, Unterseite flach, Oberseite gewölbt. Stacheln, meist kurz und borstenförmig, bedecken die Schale wie ein Pelz, nur wenige längere Stacheln, einheitlich purpurviolett gefärbt.
Verwechslungsmöglichkeiten: Die Ordnung der Herzseeigel, der Spatangoida, ist laut Riedl mit 12 Arten, die sich auf 4 Familien verteilen, im Mittelmeer vertreten. Kleinere Vertreter der Art sind leicht mit anderen Arten zu verwechseln, wogegen ausgewachsene Exemplare durch ihre Form, ihre Färbung und ihre Größe leichter zu identifizieren sind.
Lebensraum: Wie alle Herzseeigel ist der Violette Seeigel ein typischer Bewohner von Sand- bzw. Sedimentböden ab 5 m Tiefe, wobei er schwach bis stark schlammführende Sandböden bevorzugt. Er lebt meist seicht eingegraben, kommt aber zuweilen auch an die Oberfläche. Im ganzen Mittelmeer nicht selten.
Biologie: Die dicht sitzenden Stacheln werden beim Graben im Sand eingesetzt, wo sie ihre Nahrung, organisches Material, suchen. Zu ihren Feinden zählen die ebenfalls für Sandböden typischen Kammseesterne, die auf sie kriechen, ihren Magen ausstülpen und das dann verdaute Material aufnehmen.
Aquarienhaltung: Bei kleineren Arten bzw. Exemplaren ist die Haltung problemlos, aber wenig attraktiv, da die Tiere fast ausschließlich unterirdisch leben. Wichtigste Voraussetzung ist eine dicke Bodenschicht von mindestens 10 bis 15 cm.

Holothuria forskåli
Delle Chiaje, 1823
Variable Seegurke

Familie Holothuriidae

Erkennungsmerkmale: Größe bis 25 cm, Körperquerschnitt mehr oder weniger rund, Bauchseite mit 3 Reihen von Saugfüßchen. Haut nicht so derb wie bei *H. tubulosa*, dick und weich. Zahlreiche Papillen auf der Körperoberfläche. Färbung braun mit wenigen bis zahlreichen beige bis weiß gefärbten Papillen, Spitzen der Papillen stets braun, es kommen auch vollständig braun gefärbte Exemplare vor. Cuviersche Schläuche vorhanden.
Verwechslungsmöglichkeiten: Vollständig braun gefärbte Tiere können leicht mit *H. tubulosa* verwechselt werden. Diese besitzt jedoch keine Cuvierschen Schläuche, wogegen *H. forskåli* bei Reizung diese sehr schnell ausstößt.
Lebensraum: Primäre und sekundäre Hartböden, seltener Seegraswiesen. Vom Flachwasser bis in größere Tiefen. Häufig.
Biologie: Die Variable Seegurke stößt bei Reizung (Berührung) die der Verteidigung dienenden Cuvierschen Schläuche aus, die sehr klebrig sind und dadurch auf mögliche Freßfeinde abschreckend wirken. Bei länger andauernder Reizung kann außerdem der gesamte Darmtrakt ausgestoßen werden. Sowohl die Cuvierschen Schläuche als auch der Darmtrakt können unter günstigen Bedingungen in wenigen Wochen regeneriert werden. Ernährung wie bei *H. tubulosa.*
Aquarienhaltung: Siehe *H. polii.*

Holothuria polii Delle Chiaje, 1823
Weisspitzen-Seegurke

Familie Holothuriidae

Erkennungsmerkmale: Größe bis 20 cm, Körperquerschnitt mehr oder weniger rund, Bauchseite mit 3 Reihen von Saugfüßchen. Zahlreiche Papillen auf dem gesamten Körper. Färbung tief schwarz, Papillen vollständig leuchtend weiß gefärbt. Cuviersche Schläuche fehlen.
Verwechslungsmöglichkeiten: Eventuell andere Arten der Gattung *Holothuria*, siehe deren Artbeschreibung.
Lebensraum: Hartböden und Seegraswiesen. Vom Flachwasser bis in größere Tiefen. Selten.
Biologie: Die Weisspitzen-Seegurke ernährt sich von organischem Material. Mit ihren schildförmigen Mundtentakeln schaufelt sie Bodenmaterial in die endständige Mundöffnung. Sie entnimmt dem Bodenmaterial die organischen Bestandteile und scheidet die unverdaulichen Bestandteile, in erster Linie Sand, in Form von Kotwürsten wieder aus.
Aquarienhaltung: Nicht bekannt, aber wenig attraktiv.
Seegurken sind eigentlich leicht zu halten. Ihr Fleisch und die Eingeweide sind jedoch meist giftig. Solange die Tiere leben, ist dies kein Problem. Sterben Sie aber oder stoßen sie ihre Eingeweide aus, so gelangt das Gift ins Aquariumwasser und tötet dann alle Fische.

Holothuria tubulosa Gmelin, 1788
Röhrenseegurke

Familie Holothuriidae

Erkennungsmerkmale: Größe bis 25 cm, Körperquerschnitt mehr oder weniger rund, Bauchseite mit 3 Reihen von Saugfüßchen. Zahlreiche dunkle Papillen auf dem gesamten Körper, die in einen ebenfalls dunklen Endfaden auslaufen. Haut meist derb, nur selten dünn. Färbung braunrot bis braunviolett. Cuviersche Schläuche fehlen.
Verwechslungsmöglichkeiten: Andere Arten der Gattung *Holothuria*, Unterscheidung siehe deren Artbeschreibungen.
Lebensraum: Auf Sand- und Schlickböden, die mit organischem Material durchsetzt sind, sowie zwischen der Vegetation der Hartböden. Vom Flachwasser bis in größere Tiefen. Sehr häufig, stellenweise sogar massenhaft. Fehlt eventuell im südlichen und Teilen des östlichen Mittelmeeres.
Biologie: Die Röhrenseegurke ernährt sich von organischem Material. Mit ihren schildförmigen Mundtentakeln schaufelt sie Bodenmaterial in die endständige Mundöffnung. Sie entnimmt dem Bodenmaterial die organischen Bestandteile und scheidet die unverdaulichen Bestandteile, in erster Linie Sand, in Form von Kotwürsten wieder aus. Überwiegend im Spätsommer kommt es zu Laichwanderungen in flacheres Wasser, wo man dann häufig die Laichstellung, bei der die Tiere zu ca. $^2/_3$ ihrer Körperlänge aufrecht stehen, beobachten kann. Dabei werden die Keimzellen in Form von dünnen Wölkchen ausgestoßen.
Aquarienhaltung: Siehe H. polii.

Stichopus regalis Cuvier, 1817
Königsseegurke

Familie Stichopodidae

Erkennungsmerkmale: Größe bis 30 cm, Körper deutlich abgeflacht, Bauchseite mit 3 Reihen von Saugfüßchen, Oberseite mit warzigen Auswüchsen und Höckern, Körperseiten von großen, weißen Papillen gesäumt. Färbung gelblich- bis rötlich-braun mit weißen Flecken an den Seiten.
Verwechslungsmöglichkeiten: Nicht vorhanden.
Lebensraum: Auf Sand- und Schlickböden, die zum Teil mit Corallinenböden durchsetzt sein können. Bereits ab geringer Tiefe. Fehlt eventuell im südlichen und Teilen des östlichen Mittelmeeres.
Biologie: Königsseegurken ernähren sich von organischen Bestandteilen des Bodengrundes, den sie mit Hilfe schildförmiger Tentakel in die bauchseits gelegene Mundöffnung schaufeln. Die Ausscheidungen bestehen aus Sand, Schlick und anderen unverdaulichen Bestandteilen. Bei Gefahr können die Eingeweide ausgestoßen werden, die innerhalb von 2 bis 3 Wochen neu gebildet werden können. Cuviersche Schläuche fehlen. In den Wasserlungen oder der Leibeshöhle kann manchmal der bis 15 cm lange Nadelfisch *(Fierasfer acus)* angetroffen werden. Bei ihm handelt es sich nicht nur um einen Raumparasiten, der die ständige Frischwasserzufuhr in den Wasserlungen ausnutzt. Bereits in der Jugendphase durchstößt der Fisch die Wasserlunge und dringt in die Leibeshöhle ein, wo er sich von den Geschlechtsdrüsen ernähren soll. Von Zeit zu Zeit wird die Seegurke verlassen. Jungfische kriechen dann mit dem Kopf voran in ihre Seegurke, während erwachsene Nadelfische erst die Schnauzenspitze in den After der Seegurke stekken, dann den Schwanz herunterbiegen und sich mit diesem zuerst einfädeln.
Aquarienhaltung: Nicht bekannt.

Tunicata
Stamm Manteltiere

Ascidia
Klasse Seescheiden

Namensgebend für den weltweit gut 2100 Arten umfassenden, rein marinen Tierstamm ist eine charakteristische Hautabscheidung, die den gesamten Körper schützend umgibt, der sogenannte Mantel bzw. die Tunica. Sie besteht aus einer zellulose-ähnlichen Substanz, dem Tunicin, und ist einzigartig im Tierreich. Neben den beiden freischwimmenden Klassen der Appendicularia und der Thaliacea, den Salpen, die zusammen nur ca. 100 Arten umfassen, ist die Klasse der Seescheiden mit rund 2000 Arten die bedeutendste der 3 Klassen der Manteltiere. Bei den Manteltieren handelt es sich um die nächsten Verwandten der Wirbeltiere. Man findet bei ihnen die Vorstufe der Wirbelsäule, einen elastischen, knorpeligen Stab, der als Chorda bezeichnet wird. Er erstreckt sich rückenseits über die Körperlängsachse und fungiert als Stützskelett. Die Chorda, die stets nur im Schwanz angelegt ist, kann entweder zeitlebens vorhanden sein (Appendicularia), nur bei der freischwimmenden Larve zu finden sein (Ascidia und Thaliacea) oder völlig fehlen (Thaliacea).
Bei Seescheiden, die im Mittelmeer mit ca. 100 Arten vertreten sind, handelt es sich durchweg um festsitzende Tiere, die je nach Art einzeln, in Gruppen oder in Kolonien vorkommen. Ihre Tunica ist meist mehr oder weniger dick und von einer gallertigen, knorpeligen oder ledrigen Konsistenz. Bei den koloniebildenden Arten kann man 2 Gruppen unterscheiden. Zur ersten Gruppe, den sozialen Ascidien, gehören Arten, die nur an ihrer Basis durch Ausläufer mit anderen Individuen der Kolonie in Kontakt stehen, wobei die Verdauungssysteme der einzelnen Tiere miteinander verbunden sind. Bei den Vertretern der zweiten Gruppe, den sogenannten Synascidien dagegen sind alle Einzeltiere einer Kolonie (Zoide) von einem gemeinsamen Mantel umgeben, ohne daß jedoch die Verdauungssysteme der Einzeltiere miteinander verbunden sind. Die Ausströmöffnungen je einer Gruppe von Einzeltieren münden in einer gemeinsamen Öffnung. Um diese herum sind die Einströmöffnungen in einem oft artspezifischen Muster angeordnet.
Der Besitz eines Nervensystems und kräftiger Muskulatur ermöglicht Seescheiden auf Reize aus ihrer Umwelt zu reagieren.
Die Lebensweise der Seescheiden ähnelt sehr der der Schwämme. Genau wie bei diesen handelt es sich bei Seescheiden um Filtrierer, die aktiv einen Wasserstrom erzeugen können. Sie unterscheiden sich jedoch von den Schwämmen durch den Besitz von je einer Ein- und einer Ausströmöffnung pro Tier, während bei den Schwämmen zahllose Poren als Einströmöffnungen dienen und zahlreiche Ausströmöffnungen vorhanden sind. Solitär lebende Seescheiden unterscheiden sich außerdem durch ihre Fähigkeit, auf Reize reagieren zu können, indem sie sich zusammenziehen. Koloniebildende Arten, die von einem gemeinsamen Mantel umgeben sind, lassen sich meist leicht durch ihre charakteristische Anordnung von Ein- und Ausströmöffnungen von Schwämmen unterscheiden.
Der in den Körper gerichtete Wasserstrom wird durch das unermüdliche Schlagen feiner Wimpern in der Einströmöffnung erzeugt. Das eingestrudelte Wasser und mit ihm feine organische Nahrungspartikel und gelöster Sauerstoff gelangen in den für Manteltiere charakteristischen Kiemendarm. Es handelt sich hierbei um einen stark vergrößerten Abschnitt des Darmes, der der Atmung und der Nahrungsaufnahme dient und von 2 bis mehreren 100 Kiemenspalten durchbrochen ist. Mit Hilfe dieses Reusenapparates, der von einer dünnen Schleimschicht bedeckt ist, werden eingestrudelte Nahrungspartikel herausfiltriert und durch eine Wimperrinne dem

Schlund zugeführt. Das verbrauchte Wasser gelangt in einen Körperhohlraum, den Peribranchialraum, und verläßt dann den Körper wieder durch die oft etwas seitlich gelegene Ausströmöffnung. In den Peribranchialraum münden auch der Enddarm und die Geschlechtsorgane der meist zwittrigen Tiere, so daß sowohl die Exkrete als auch die Geschlechtsprodukte durch den Wasserstrom ausgespült werden.
Zur Fortpflanzungszeit werden meist die Geschlechtsprodukte ins freie Wasser gegeben, wo dann die Befruchtung stattfindet. Bei koloniebildenden Arten kann es zur Bildung von Bruttaschen im Peribranchialraum kommen. Diese Arten geben dann nur die männlichen Keimzellen in das freie Wasser, während die Eizellen im Peribranchialraum bleiben, wo sie auch befruchtet werden. Erst die freischwimmenden Larven, die mit ihrem Ruderschwanz einer Kaulquappe ähneln, verlassen die Bruttasche, um sich nach wenigen Tagen auf einem geeigneten Substrat festzusetzen. Dort findet dann nach der Reduktion des Ruderschwanzes die Entwicklung zur fertigen Seescheide statt. Neben der geschlechtlichen Fortpflanzung findet man bei vielen Seescheidenarten auch eine ungeschlechtliche Vermehrung durch Knospung, was fast immer zur Bildung von mehr oder weniger großen Kolonien führt.

Clavelina nana Lahille, 1890
Kleine Keulenseescheide

Familie Polycitoridae

Erkennungsmerkmale: Größe bis ca. 10 mm. Meist in dichten, rasenförmigen Kolonien, Einzeltiere keulenförmig gestielt, nur an der Basis durch feine Ausläufer miteinander verbunden, ohne gemeinsamen Mantel. 6 bis 8 Reihen Kiemenspalten. Färbung gelblich durchscheinend.
Verwechslungsmöglichkeiten: Es gibt 2 weitere Arten dieser Gattung im Mittelmeer. Die Große Keulenseescheide *(C. lepadiformis)* wird deutlich größer, besitzt 10 bis 17 Reihen Kiemenspalten und ist transparent bis milchig durchscheinend gefärbt.
Lebensraum: Meist auf verschiedenen Hartböden, aber auch auf Seegras. Vom Flachwasser bis in ca. 20 m Tiefe, nur selten tiefer.
Biologie: Die Kolonien der Keulenseescheiden der Gattung *Clavelina* entstehen durch ungeschlechtliche Teilung, durch Knospung, aus einem einzigen Individuum. Über die Ausläufer sind nicht nur die Individuen miteinander verbunden sondern auch ihre Verdauungsapparate. Siehe auch Große Keulenseescheide *(C. lepadiformis)*.
Aquarienhaltung: Unter günstigen Bedingungen kann sich diese Art gut im Aquarium vermehren. Nach einiger Zeit sind Einrichtungsgegenstände wie Steine und sogar die Scheiben von Hunderten von Tieren bewachsen. Die Art stellt keine hohen Ansprüche an die Wasserqualität, reagiert aber empfindlich auf zu hohe Wassertemperaturen.

Clavelina lepadiformis

(Müller, 1776)

Große Keulenseescheide

Familie Polycitoridae

Erkennungsmerkmale: Größe bis 30 mm. Meist in dichten, rasen- bis kugelförmigen Kolonien, Einzeltiere keulenförmig gestielt, nur an der Basis durch feine Ausläufer miteinander verbunden, ohne gemeinsamen Mantel. 10 bis 17 Reihen Kiemenspalten. Färbung transparent bis milchig durchscheinend.

Verwechslungsmöglichkeiten: Es gibt 2 weitere Arten dieser Gattung im Mittelmeer. Die Kleine Keulenseescheide *(C. nana)* bleibt deutlich kleiner, besitzt 6 bis 8 Reihen Kiemenspalten und ist gelblich durchscheinend gefärbt.

Lebensraum: Verschiedene feste Substrate wie überhängende Felsen und verschiedene Gorgonienarten. Vom Flachwasser bis in große Tiefe.

Biologie: Aufgrund des durchsichtigen Körpers lassen sich die inneren Organe und der Weg der in Schleim verpackten Nahrung gut erkennen. Auf dem Bild kann man neben dem Kiemenapparat im verdickten, oberen Teil des Tieres auch den mit Kot gefüllten Darm im dünneren „Stiel" des Tieres identifizieren. Die Fortpflanzung erfolgt über freischwimmende Larven, die sich im Körper des Muttertieres entwickeln. Nachdem sie ins Wasser entlassen werden, schwimmen sie nur kurze Zeit im Plankton und setzen sich bereits nach wenigen Stunden auf einem geeigneten Untergrund fest.

Aquarienhaltung: Siehe Kleine Keulenseescheide (C. nana).

Polycitor adriaticus
(Drasche, 1883)
Schmutzigweiße Seescheidenkolonie

Familie Polycitoridae

Erkennungsmerkmale: Koloniebildende Art, Größe bis ca. 15 cm, massig polsterförmig bis kugelig. Einzelindividuen vollständig von einem gemeinsamen Mantel umgeben. Jedes einzelne Tier mit einer eigenen Ein- und Ausströmöffnung. Färbung schmutzigweiß bis bräunlich.
Verwechslungsmöglichkeiten: Nicht bekannt.
Lebensraum: Auf Steinen, Muschelschalen und ähnlichem Substrat. Unterhalb von ca. 10 m bis in ca. 40 m Tiefe. Häufigste Synascidie der nördlichen Adria.
Biologie: Keine Besonderheiten.
Aquarienhaltung: Nicht genauer bekannt. Wahrscheinlich aber wenig problematisch, da ein Autor vom plötzlichen Auftauchen dieser Art in seinem Aquarium und einem guten Wachstum der Kolonie berichtet.

Aplidium conicum Olivi
Kegelförmige Seescheidenkolonie

Familie Polyclinidae

Erkennungsmerkmale: Größe der meist kegelförmigen Kolonie bis ca. 20 cm. Einzelindividuen von einem gemeinsamen Mantel umgeben. Die Einströmöffnungen je einer Gruppe von Einzeltieren sind unregelmäßig um meist eine oder selten auch mehrere gemeinsame Ausströmöffnungen angeordnet. Färbung ocker bis orange, wobei die Einströmöffnungen meist dunkler sind.
Verwechslungsmöglichkeiten: Nicht bekannt.
Lebensraum: Sand- und Schlicksandböden mit oder ohne Grobmaterial. Zwischen 5 bis 50 m Tiefe. Adria (häufig) und westliches Mittelmeer (relativ selten).
Biologie: Bei dieser Art kann man die um die gemeinsame Ausströmöffnung angeordneten Einströmöffnungen der Einzeltiere erkennen. Wie für Synascidien charakteristisch, sind die Verdauungssysteme der einzelnen Zoide nicht miteinander verbunden.
Aquarienhaltung: Nicht bekannt.

Aplidium proliferum
(Milne-Edwards)
Keulenförmige Seescheidenkolonie

Familie Polyclinidae

Erkennungsmerkmale: Größe der meist gestielten, keulenförmigen Kolonie bis ca. 5 cm. Einzelindividuen von einem gemeinsamen, durchscheinenden Mantel umgeben. Die gut sichtbaren, roten Einströmöffnungen sind jeweils gruppenweise unregelmäßig um eine nicht erkennbare, gemeinsame Ausströmöffnung angeordnet. Färbung durchscheinend orange bis rot mit kräftig roten Einströmöffnungen.
Verwechslungsmöglichkeiten: Nicht bekannt.
Lebensraum: Auf verschiedenen Untergründen. Bis ca. 50 m Tiefe. Im gesamten Mittelmeer.
Biologie: Keine Besonderheiten.
Aquarienhaltung: Nicht bekannt.

Diazona violacea Savigny, 1816
Kugelascidie

Familie Cionidae

Erkennungsmerkmale: Koloniebildend, Durchmesser der massigen, kugeligen bis abgeflachten Kolonie bis 40 cm, Höhe bis ca. 20 cm. Größe der Einzeltiere bis 5 cm, nur im unteren Teil miteinander verwachsen und von einem gemeinsamen Mantel umgeben, wobei sie bis zu 2 cm frei über die Kolonie herausragen können. Ein- und Ausströmöffnung dicht beieinander, am herausragenden Ende der Tiere. Färbung variabel, milchig durchscheinend weißlich, gelblich oder grünlich.
Verwechslungsmöglichkeiten: Einzige Art der Gattung im Mittelmeer.
Lebensraum: Auf Felsböden und Steinen. Unterhalb von ca. 30 m bis in große Tiefe.
Biologie: Die Kolonien, die durch Knospung entstehen, können aus mehreren hundert Zoiden, Einzelindividuen, bestehen. Oftmals findet man die Kolonien an Standorten, die zumindest zeitweise starker Strömung ausgesetzt sind.
Aquarienhaltung: Nicht bekannt.

Ciona intestinalis (L., 1767) Schlauchascidie

Familie Cionidae

Erkennungsmerkmale: Einzeln oder in Gruppen lebend. Größe bis 20 cm, meist zwischen 5 bis 15 cm. Körper schlauchförmig, Mantel gallertig weich. Ein- und Ausströmöffnung dicht nebeneinander, jeweils bis ca. 2 cm lang. Färbung durchscheinend gelblich, grünlich, rötlich oder gräulich, rötliche, gelbliche oder weißliche Punkte an Ein- und Ausströmöffnung.
Verwechslungsmöglichkeiten: Nicht bekannt. Einzige Art der Gattung im Mittelmeer. Die Familie umfaßt 2 weitere Arten.
Lebensraum: Auf verschiedenen Böden und Substraten. Vom Flachwasser bis in große Tiefe. Im gesamten Mittelmeer.
Biologie: Bei Exemplaren, die in Gruppen beisammen stehen, kann es vorkommen, daß die Mäntel der einzelnen Tiere zu einem unregelmäßigen Klumpen verwachsen sind. Dabei handelt es sich aber trotzdem um selbständige Einzeltiere, deren Verdauungssysteme nicht miteinander in Verbindung stehen. Die Fortpflanzung kann während des ganzen Jahres stattfinden, wobei der Höhepunkt zwischen Frühjahr und Sommer liegt. Unter geeigneten Bedingungen kann das Wachstum ca. 10 cm pro Monat betragen. Dann sind auch mehrere Generationen im Jahr möglich. Die Art verträgt außerdem auch erhöhte Salzkonzentrationen.
Aquarienhaltung: Bei Haltungstemperaturen unter 20 °C soll diese Art sehr ausdauernd sein. Höhere Temperaturen verträgt sie nur kurze Zeit unbeschadet.

Phallusia mammilata

(Cuvier, 1815)

Weiße Warzenseescheide

Familie Ascidiidae

Erkennungsmerkmale: Einzeln lebend, Größe bis 14 cm. Mantel dick knorpelig mit zahlreichen, glatten, deutlichen Erhebungen. Stets mit dem Körperende am Substrat festgeheftet. Färbung milchigweiß mit mehr oder weniger zahlreichen kleinen graubraunen Punkten, die vor allem die Erhebungen umgeben.
Verwechslungsmöglichkeiten: Dunkle Exemplare können eventuell mit der Schwarzen Warzenseescheide *(Phallusia fumigata)* verwechselt werden, diese ist jedoch tief schwarz gefärbt und bleibt meist kleiner. Außerdem ist sie stets mit der linken Körperseite am Substrat festgeheftet.
Lebensraum: Meist auf Sand- oder Schlickböden, wo sie auf Steinen oder anderem Substrat festgeheftet sind. Bis in große Tiefe.
Biologie: Im Kiemendarm der Weißen Warzenseescheide leben häufig kleine Krabben. Bei dieser Lebensgemeinschaft handelt es sich um Entökie. Die Fortpflanzung kann während des ganzen Jahres stattfinden.
Aquarienhaltung: Unbeschädigte Exemplare vertragen einen schnellen und kühlen Transport recht gut. Für die erfolgreiche Haltung ist Kleinfutter (z. B. Infusorien, Nauplien, aufgelöste Futtertabletten und ähnliches) notwendig. Die Art muß unbedingt vor dem Veralgen geschützt werden.

Phallusia fumigata (Grube, 1864)
Schwarze Warzenseescheide

Familie Ascidiidae

Erkennungsmerkmale: Einzeln lebend, Größe bis ca. 7 cm. Mantel dick knorpelig mit zahlreichen, glatten, deutlichen Erhebungen. Stets mit der linken Körperseite am Untergrund festgeheftet. Färbung tiefschwarz.
Verwechslungsmöglichkeiten: Diese Art kann eventuell mit dunkel gefärbten Exemplaren der Weißen Warzenseescheide *(P. mammilata)* verwechselt werden. Diese ist jedoch nie völlig schwarz, kann mit bis zu 14 cm doppelt so groß werden und ist stets mit dem Körperende am Substrat festgeheftet. Von Schwämmen unterscheidet sie sich durch die charakteristischen Ein- und Ausfuhröffnungen.
Lebensraum: Stets auf Sand- oder Schlickböden, wo sie auf Steinen, Muschelbruch oder anderem Substrat festgeheftet ist. Bis in große Tiefe.
Biologie: Keine Besonderheiten. Siehe Weiße Warzenseescheide (*P. mammilata*).

Aquarienhaltung: Unbeschädigte Exemplare vertragen einen schnellen und kühlen Transport recht gut. Für die erfolgreiche Haltung ist Kleinfutter (z. B. Infusorien, Nauplien, aufgelöste Futtertabletten und ähnliches) notwendig. Die Art muß unbedingt vor dem Veralgen geschützt werden. Eine ständige Kühlung des Aquarienwassers ist, wie für die meisten Mittelmeertiere, auch in diesem Fall unabdingbar.

Halocynthia papillosa (L., 1767)
Rote Seescheide

Familie Pyuridae

Erkennungsmerkmale: Einzeln lebend, Größe bis 10 cm. Mantel ledrig-rauh. Ränder der Ein- und Ausströmöffnungen von einem Borstenkranz umgeben, bei Störungen werden die Öffnungen geschlossen und nehmen eine sternförmige Form an. Färbung kräftig orangerot bis rot.
Verwechslungsmöglichkeiten: Nicht vorhanden. Einzige Art der Gattung im Mittelmeer.
Lebensraum: Auf primären und sekundären Hartböden sowie im Wurzelbereich von Seegraswiesen, bevorzugt lichtarme Standorte, im Flachwasser stets nur an schattigen Plätzen (Höhlen, Überhänge und ähnliche Standorte). Vom Flachwasser bis in große Tiefe. Im gesamten Mittelmeer.
Biologie: Es ist auffällig, daß die Körperoberfläche dieser attraktiv gefärbten Art nie von Aufwuchsorganismen besiedelt ist. Ob dafür wie bei den Schwämmen Ausscheidungen an der Körperoberfläche verantwortlich sind, die das Festsetzen epibiontischer Larven verhindern, ist noch nicht geklärt.
Aquarienhaltung: Bei geeignetem Kleinfutter kann die Rote Seescheide mehrere Jahre im Aquarium aushalten. Allerdings sollte die Wassertemperatur 20 °C nicht übersteigen. Die Tiere sollten stets mit einem Stück Substrat entnommen werden, da kleinste Verletzungen und Druckstellen zum Tod des Tieres führen können. Als Futter eignen sich Infusorien, Nauplien, aufgelöste Futtertabletten und ähnliches.

Microcosmus spec.
Mikrokosmos-Seescheide

Familie Pyuridae

Erkennungsmerkmale: Einzeln lebend, Größe bis 20 cm. Mantel ledrig-hart und faltig, rot-braun bis purpur gefärbt, fast immer von verschiedensten sessilen Organismen (Algen, Schwämmen, Moostierchen, Röhrenwürmern, Krustenanemonen, anderen Seescheiden,. . .) bewachsen (Name!), so daß die Seescheide oft nur an den roten Ein- und Ausströmöffnungen erkannt werden kann.
Verwechslungsmöglichkeiten: Die Gattung *Microcosmus* umfaßt im Mittelmeer zahlreiche Arten, deren systematische Stellung wohl noch nicht völlig geklärt ist. Aus diesem Grund soll an dieser Stelle auf eine genaue Artbezeichnung verzichtet werden.
Lebensraum: Auf geeignetem Substrat auf Sand- und Muschelgrusböden sowie auf Hartböden. In flachem Wasser nur vereinzelt, ab 20 bis 30 Meter Tiefe häufig. Im gesamten Mittelmeer.
Biologie: Im Gegensatz zur roten Seescheide zeichnet sich die Mikrokosmos-Seescheide durch ihren vielfältigen Bewuchs aus, der meist die gesamte Körperoberfläche überzieht. Daraus leitet sich auch ihr Name, der übersetzt „Kleine Welt" bedeutet, ab.
Die Innereien dieser Art gelten als Delikatesse und werden, wie auch die Auster und die Geschlechtsorgane des Steinseeigels, roh gegessen. Tiere aus verschmutzten Gegenden können aufgrund der großen Filterleistung (rund 100 Liter täglich) eine hohe Schadstoffkonzentration aufweisen.
Aquarienhaltung: Siehe Rote Seescheide *(Halocynthia papillosa).*

Fische

Vertebrata
Stamm Wirbeltiere

Pisces
Unterstamm Fische

Fische sind, je nach Autor, mit ca. 25 000 bis 30 000 Arten, die sich auf 3 Klassen verteilen, in den Meeren und im Süßwasser vertreten. Die **Rundmäuler** oder Cyclostomata, zu denen auch die Neunaugen gehören, treten weltweit nur mit ungefähr 50 Arten auf und sollen im Mittelmeer selten sein. Die **Knorpelfische** oder Chondrichthyes, zu denen Haie und Rochen gehören, umfassen ca. 630 Arten. Die 3. und größte Klasse sind die **Knochenfische** oder Ostheichthyes mit ca. 25 000 bis 30 000 Arten. Von den ca. 500 im Mittelmeer vorkommenden Fischarten gehören ungefähr 450 zu den Knochenfischen, während die restlichen 50 Arten zu den Knorpelfischen gehören.

Wie der Name schon sagt, zeichnen sich Knorpelfische durch ein knorpeliges, stellenweise verkalktes Skelett aus. Ihre Haut ist meist mit zahllosen Hautzähnen, den Placoidschuppen, besetzt, die aus echter Knochensubstanz, dem Zahnbein oder Dentin, bestehen. Sie sind mit Zahnschmelz überzogen und sitzen jeweils auf einer kleinen, in der Haut eingebetteten Knochenplatte. Die vor allem bei den Haien so berüchtigten Zähne im Maul sind genauso aufgebaut und stellen somit umgewandelte, hochspezialisierte Hautzähne dar, sie stehen in der Regel in mehreren Reihen hintereinander angeordnet im Maul. Ist ein Zahn der vorderen Reihe abgenutzt oder verloren gegangen, richtet sich der dahintersitzende auf und tritt an seine Stelle. Ein derart ausgestattetes Gebiß wird oft auch als Revolvergebiß bezeichnet. Eine weitere Gemeinsamkeit aller Knorpelfische ist die Tatsache, daß eine innere Befruchtung stattfindet. Bei den Männchen ist zu diesem Zweck der hintere Teil der Bauchflossen zu Begattungsorganen umgebildet. Je nach Art gibt es sowohl bei Haien als auch bei Rochen eierlegende und lebendgebärende Arten.

Die meisten Knorpelfische besitzen je nach Art 5 bis 7 Paar Kiemenspalten, die sich bei den Haien seitlich vor den Brustflossen befinden, während sie bei den Rochen auf der Körperunterseite münden. Dies ist auch das wichtigste Unterscheidungsmerkmal zwischen **Haien** (Selachii) und **Rochen** (Batei).

Die Vertreter der Klasse der Knochenfische zeichnen sich durch ein mehr oder weniger stark verknöchertes Skelett aus, das neben der Wirbelsäule auch den Schädel umfaßt. Die Mehrzahl der heute lebenden Arten (ca. 95%) besitzt außerdem aus Knochensubstanz bestehende, durchsichtige Körperschuppen, die meist dachziegelartig auf der Körperoberfläche oder Teilen davon angeordnet sind. Man unterscheidet 2 verschiedene Schuppentypen voneinander, die Rund- oder Cycloidschuppen und die Kamm- oder Ctenoidschuppen. Sie sind in der unteren Hautschicht verankert und von einer dünnen, durchsichtigen Haut, die mit zahllosen Schleimdrüsen ausgestattet ist, bedeckt. Der von den Drüsen produzierte Schleim überzieht die gesamte Körperoberfläche und dient dem Schutz vor Pilzen und Bakterien und verringert die Reibungskräfte beim Schwimmen. Unterhalb der durchsichtigen Schuppen befinden sich Zellschichten aus Zellen mit Pigmentkör-

nern, die für Färbung und Musterung der Fische verantwortlich sind. Bei vielen Arten sind Farbe und Muster nicht konstant, sondern abhängig von Umgebung, Alter, Geschlecht, Tages- oder Jahreszeit oder der augenblicklichen Stimmung. Neben der Tarnung können Farbe und Muster auch der Erkennung von Artgenossen oder Geschlechtspartnern sowie als Warnsignal dienen.
Die Mehrzahl der Knochenfische ist im Besitz einer Schwimmblase, die eine Ausstülpung des Vorderdarmes darstellt. Sie ermöglicht den Fischen, sich für jede Wassertiefe exakt auszutarieren, so daß sie schwerelos in jeder Stellung und Tiefe schweben können. Bei vielen bodenlebenden Fischarten ist die Schwimmblase ganz oder teilweise reduziert worden, da ihre Funktion als „Tarier"-Organ nicht mehr benötigt wird. Freiwasserarten, die keine Schwimmblase mehr besitzen, können sich nur durch ununterbrochene Bewegung in einer konstanten Tiefe halten. Fische besitzen im Normalfall 2 paarige Flossen, die Brust- und die Bauchflossen, sowie 3 unpaare Flossen, die Rücken-, die Schwanz- und die Afterflosse. Die Rückenflossen, kann dabei aus bis zu 3 einzelnen Teilen bestehen. Die verschiedenen Flossen, die oft als Antrieb für die Fortbewegung angesehen werden, dienen meist nur der Steuerung und der Stabilisierung. Lediglich die unpaare Schwanzflosse dient vielen Arten auch der Fortbewegung. Bei einigen Familien stehen auch andere Flossen im Dienst der Fortbewegung, z. B. die paarigen Brustflossen bei Lippfischen und Papageienfischen, die unpaare Rücken- und Afterflosse bei Drücker- und Mondfischen oder nur die Rückenflosse bei Seepferdchen. Je nach Art können einzelne Flossen ganz oder teilweise reduziert, miteinander verschmolzen oder völlig umgebildet sein. Die Rückenflosse kann z. B. zu einer Saugscheibe (Schiffshalter), einer Angel (Seeteufel) oder auch anders umgebildet sein.
Die Sehfähigkeit der Fische ist umstritten und je nach Art unterschiedlich gut ausgeprägt. Unumstritten ist, daß die meisten Arten Farben, Muster und Formen erkennen können. Unklar ist jedoch, wie gut die „Qualität" ihrer Sehleistung ist. Wesentlich besser ist bei den meisten Fischen das Geschmacksvermögen entwickelt. So ist zum Beispiel bekannt, daß Haie geringste Blutmengen aus großer Entfernung wahrnehmen können und dadurch angelockt werden. Geschmacksorgane können nicht nur in der Mundhöhle sondern auch auf Körper und Flossen oder vorhandenen Barteln und spezialisierten Brustflossenstrahlen lokalisiert sein. Mit ihrer Hilfe wird die Nahrung schon vor der Aufnahme geprüft. Ein weiteres Sinnesorgan, das man außer bei einigen Amphibien sonst nur bei den Fischen vorfindet, ist das Seitenlinienorgan. Es handelt sich um einen Ferntastsinn, mit dessen Hilfe Strömungen und von anderen Organismen verursachte Wasserschwingungen wahrgenommen werden können. Durch eigene Bewegungen ausgelöste Durckwellen, die von Hindernissen zurückgeworfen werden, ermöglichen dem Fisch außerdem eine sichere Orientierung in seinem Lebensraum. Das Seitenlinienorgan befindet sich auf beiden Körperseiten und ist meist äußerlich als eine Längsreihe von Poren zu erkennen, die sich vom Kopf bis zur Schwanzflosse erstreckt. Im folgenden sollen kurz einige der wichtigsten Familien mit ihren charakteristischen Merkmalen vorgestellt werden.
Die **Zackenbarsche** (Serranide) besitzen meist einen kräftigen, gestreckten Körper mit großem Kopf und großem Maul. Namensgebend sind ein oder mehrere Dornen oder Stacheln am Hinterrand der Kiemendeckel. Sie besitzen meist eine zweiteilige Rückenflosse mit Stachelstrahlen im vorderen und Weichstrahlen im hinteren Teil.
Meerbrassen (Sparidae) zeichnen sich durch einen seitlich stark abgeflachten, meist hochrückigen Körper aus. Sie besitzen ein vergleichsweise kleines Maul. Ihre Rückenflosse besteht ebenfalls aus einem hart- und einem weichstrahligen Teil.

Lippfische (Labridae) besitzen meist kräftige, wulstige Lippen und ein vorstreckbares Maul. Ihr Körper ist meist langgestreckt bis länglich oval mit einem großen, meist zugespitzten Kopf. Sie schwimmen meist durch gleichzeitiges Schlagen der Brustflossen, was als labriformes Schwimmen bezeichnet wird.

Papageienfische (Scaridae), die nahverwandt mit den Lippfischen sind, schwimmen ebenfalls labriform. Sie zeichnen sich durch einen länglich ovalen, seitlich abgeflachten Körper mit einem großen Kopf und großen Schuppen aus. Außerdem sind sie eindeutig an ihrem papageischnabelähnlichen Gebiß zu erkennen.

Schleimfische (Blenniidae) besitzen keine Schwimmblase und halten sich direkt am Boden bzw. Untergrund auf. Sie bewegen sich „rutschend" fort und stützen sich dabei mit ihren fadenförmigen Brustflossen auf. Es handelt sich durchweg um kleine Arten unter 20 cm Körpergröße. Ihr Körper ist langgestreckt und schlank und besitzt 1 oder 2 meist miteinander verbundene Rükkenflossen.

Spitzkopfschleimfische (Tripterygidae) haben eine ähnliche Körperform wie Schleimfische. Sie unterscheiden sich jedoch durch den Besitz von 3 Rückenflossen.

Meergrundeln (Gobiidae) besitzen einen langgestreckten, etwas gedrungenen Körper mit 2 deutlich voneinander getrennten Rückenflossen. Außerdem sind ihre Bauchflossen nie fadenförmig. Stattdessen sind sie zu einer Art Saugnapf verwachsen mit dem sie sich am Boden festhalten können.

Scyliorhinus spec.
Katzenhai

Familie Scyliorhinidae

Erkennungsmerkmale: Größe je nach Art bis 100 bzw. 190 cm. Typisch „haiförmiger“ Körper, langgestreckt und schlank bis sehr schlank, mit kurzer, abgerundeter Schnauze. Färbung bei beiden Arten variabel, bräunlich bis gräulich, mit kleinen *(S. canicula)* bzw. größeren *(S. stellaris)*, dunkleren Flecken.

Verwechslungsmöglichkeiten: Es gibt 2 Arten dieser Gattung im Mittelmeer:
Kleingefleckter Katzenhai (*S. canicula* (L., 1758)), Größe bis 100 cm.
Großgefleckter Katzenhai (*S. stellaris* (L., 1758)), Größe bis 190 cm, Körper etwas kräftiger gebaut als *S. canicula*.

Lebensraum: *S. stellaris* meist auf Hartböden, gewöhnlich unterhalb von ca. 20 m bis in große Tiefe. *S. canicula* meist auf Schlickböden, gewöhnlich unterhalb von ca. 20 m Tiefe. Beide Arten im gesamten Mittelmeer.

Biologie: Katzenhaie ernähren sich von Bodentieren aller Art. Sie sind vorwiegend nacht- oder dämmerungsaktive Bodenbewohner, die den Tag meist schlafend in Höhlen und Spalten, unter Überhängen und zwischen Steinen auf dem Boden verbringen. Beide Arten sind eierlegend. Die ca. 6 cm *(S. canicula)* bzw. 10 bis 13 cm *(S. stellaris)* langen, mehr oder weniger rechteckigen, hornigen Eikapseln besitzen an beiden Schmalseiten ein Paar lange, biegsame Haftfäden, mit deren Hilfe sie an Algen, Steinen oder verschiedenen Hornkorallen aufgehängt werden. Die Entwicklungsdauer bis zum Schluß ist temperaturabhängig und beträgt 5 bis 11 Monate. Bei beiden Arten produziert ein Weibchen durchschnittlich bis zu 100 Eier jährlich.

Aquarienhaltung: Beide Arten sind bestenfalls für große Schauaquarien geeignet.

Gymnura altavela (L., 1758) Schmetterlingsrochen

Familie Gymnuridae

Erkennungsmerkmale: Körper ungefähr doppelt so breit wie lang, Breite bis 4 m, Länge mit Schwanz bis knapp 3 m, Schwanz bis knapp 1 m lang. 1 bis 2 lange, gesägte, giftige Schwanzstacheln an der Schwanzbasis. Färbung bräunlich marmoriert mit Punkten und Flecken.
Verwechslungsmöglichkeiten: Nicht vorhanden, einzige Art im Mittelmeer.
Lebensraum: Sandböden. Bis in 60 m Tiefe. Im gesamten Mittelmeer. Selten.
Biologie: Schmetterlingsrochen sind nahe mit der Familie der Stachelrochen (Dasyatidae) verwandt und kommen mit ungefähr 10 Arten vor allem in den Küstengewässern der Tropen und Subtropen vor. Sie ernähren sich vorwiegend von Fischen und Tintenfischen, verschmähen aber auch andere Bodenbewohner nicht. Die Weibchen können einmal im Jahr 4 bis 7 Junge zur Welt bringen. Nähere Einzelheiten über die Biologie der Schmetterlingsrochen sind nicht bekannt.
Aquarienhaltung: Nicht geeignet. Hai- und Rocheneier lassen sich in Aquarien halten, bis die Jungtiere schlüpfen. Man sollte sich aber vor einem solchen Zuchtversuch im klaren darüber sein, daß man die schnellwachsenden Tiere dann auch füttern muß.

Torpedo marmorata Risso, 1810
Marmorzitterrochen

Familie Torpedinidae

Erkennungsmerkmale: Größe bis 70 cm. Körper abgeplattet, fast kreisrund, mit kräftigem Schwanzstiel. Spritzlöcher mit Fransen. Färbung hell- bis dunkelbraun mit mehr oder weniger deutlicher Marmorierung.

Verwechslungsmöglichkeiten: Es gibt 2 weitere Zitterrochenarten im Mittelmeer. Den Augenfleckzitterrochen (*Torpedo toroedo* L., 1758), der genauso groß wird, erkennt man an den meist 5 blauen gelbschwarz gesäumten Augenflecken auf dem Rücken. Außerdem besitzen die Spritzlöcher keine Fransen. Der Schwarze Zitterrochen (*Torpedo nobiliana* Bonaparte, 1835), der bis 180 cm groß werden kann, ist einfarbig dunkelbraun, dunkelgrün bis blauschwarz gefärbt.

Lebensraum: Schlick- und Sandböden. Vom Flachwasser bis in größere Tiefen. Im gesamten Mittelmeer.

Biologie: Vorwiegend nachtaktiv, tags meist eingegraben (Augen und Spritzlöcher ragen hervor). Frißt Krebse, Weichtiere und kleine Grundfische. Lebendgebärend, nach einer Tragzeit von 7 bis 10 Monaten werden 5 bis 32 ca. 9 cm lange Jungtiere geboren. Die elektrischen Organe sitzen auf beiden Seiten der Körperoberfläche und sind aus umgewandelten Muskelzellen entstanden. Sie können laut Literatur Spannungen von ca. 50 bis 220 V und Stromstärken bis zu 1 A erzeugen, die für den Beutefang und die Abwehr von Feinden eingesetzt werden. Beutetiere können über größere Entfernung betäubt werden und werden meist ganz verschlungen.

Schon zur Römerzeit wußte man um diese Fähigkeit der Zitterrochen und setzte die elektrischen Schläge zur Behandlung von Rheuma ein.

Aquarienhaltung: Bestenfalls für große Schaubecken geeignet.

Conger conger (L., 1758)
Europäischer Meeraal

Familie Congridae

Erkennungsmerkmale: Größe bis 300 cm, meist bis 150 cm. Körper schlangenförmig und kräftig, Körperquerschnitt rund, mit schlitzförmiger, bis zum Bauch reichender Kiemenöffnung. Bauchflossen fehlen, Brustflossen vorhanden. Rücken-, Schwanz- und Afterflosse zu einem Flossensaum verwachsen, der auf dem Rücken hinter den Brustflossenspitzen ansetzt. Kräftiger Kopf mit großen, runden Augen und weiter, bis zu den Augen reichender Mundöffnung. Rükken graubraun bis blauschwarz und Bauch weißlich gefärbt.
Verwechslungsmöglichkeiten: Es gibt 2 weitere Congerarten, die jedoch beide bräunlich gefärbt sind und mit Körperlängen von 50–60 cm deutlich kleiner bleiben.
Lebensraum: Hartböden mit Spalten und Höhlen, seltener auch auf Sandböden. Vom Flachwasser bis in große Tiefen. Im gesamten Mittelmeer.
Biologie: Nachtaktiver Räuber, der sich von Krebsen (Hummer, Langusten), Tintenfischen und Fischen ernährt. Anders als Muränen versuchen Meeraale durch mehrfaches Drehen um die eigene Körperlängsachse Brocken aus zu großer Beute herauszureißen. Oft ist der Kopf der Meeraale mit ringförmigen Narben übersät, die von den Saugnäpfen ihrer Beute, Tintenfischen, stammen. Im Gegensatz zu Muränen, die zur Fortpflanzung in flache Küstengewässer wandern, laichen die Meeraale im offenen Meer in Tiefen von 2000 bis 3000 m ab. Neben einem bekannten Laichgebiet zwischen Gibraltar und den Azoren soll es weitere im Mittelmeer geben. Die Eizahl ausgewachsener Weibchen, die ein Gewicht bis zu 65 kg erreichen können, kann bis zu 8 Millionen betragen. Die Umwandlung der Larven zum Jungaal dauert ca. 2 Jahre.
Aquarienhaltung: Aufgrund der Größe nicht empfehlenswert.

Muraena helena L., 1758
Mittelmeer-Muräne

Familie Muraenidae

Erkennungsmerkmale: Größe bis 150 cm. Körper schlangenförmig und kräftig, seitlich etwas abgeplattet, mit kleiner, runder Kiemenöffnung. Brust- und Bauchflossen fehlen. Rücken-, Schwanz- und Afterflosse zu einem Flossensaum verwachsen, der auf dem Rücken vor der Kiemenöffnung beginnt. Kopf zugespitzt, mit kleinen Augen und weiter, bis hinter die Augen reichender Mundöffnung. Körpergrundfärbung dunkelbraun mit gelber bis weißer Marmorierung. Kopf meist blauschwarz mit wenigen hellen Punkten, Rückenflosse weiß gesäumt.
Verwechslungsmöglichkeiten: Es gibt noch eine zweite Muränenart im Mittelmeer, die Braune Muräne *(Gymnothorax unicolor)*. Siehe deren Artbeschreibung.
Lebensraum: Felsküsten mit Spalten und Höhlen. Vom Flachwasser bis in große Tiefen. Im gesamten Mittelmeer.
Biologie: Ernährt sich von Krebsen, Tintenfischen und Fischen. Nachtaktiver, revierbildender Räuber, der den Tag meist versteckt in Felsspalten oder Höhlen verbringt, wobei jahrelang derselbe Unterschlupf benutzt werden kann. Durch rücksichtsloses Harpunieren und Dynamitfischen ist die Art in weiten Küstenzonen im flacheren Wasser sehr selten geworden und nur noch durch kleine Exemplare vertreten. Große Tiere, die noch vor 30 Jahren häufig im Flachwasser zu beobachten gewesen sein sollen, findet man heute leider nur noch in größeren Tiefen. Im alten Rom galt das zarte Fleisch als Delikatesse. Für festliche Gelage wurden Muränen in großen Becken gemästet, wobei zum Tode verurteilte Sklaven laut Überlieferungen die beste Nahrung gewesen sein sollen. Interessante Putzsymbiose mit der Mittelmeer-Putzergarnele *(Lysmata seticaudata)*. Siehe auch *Gymnothorax unicolor*.
Aquarienhaltung: Aufgrund der Größe nicht empfehlenswert.

Gymnothorax unicolor

(Delaroche, 1809)

Braune Muräne

Familie Muraenidae

Erkennungsmerkmale: Größe bis 80 cm. Körper schlangenförmig und kräftig, seitlich leicht abgeplattet, mit kleiner, runder Kiemenöffnung. Flossen wie *M. helena.* Kopf eher gedrungen, mit kleinen Augen und weiter, bis hinter die Augen reichender Mundöffnung. Körper und Flossen einheitlich dunkelbraun gefärbt.

Verwechslungsmöglichkeiten: Es gibt noch eine weitere Muränenart im Mittelmeer, die Mittelmeer-Muräne *(Muraena helena).* Siehe deren Artbeschreibung.

Lebensraum: Felsküsten mit Spalten und Höhlen. Soll von Flachwasser bis in größere Tiefen vorkommen, konnte vom Verfasser jedoch nur in Tiefen oberhalb von 10 m beobachtet werden. Im gesamten Mittelmeer.

Biologie: Ernährung ähnlich wie *M. helena.* Muränen haben eine interessante Technik entwickelt, um aus Beutestücken, die zu groß zum Schlucken sind, z. B. einem Octopus, Teile herauszureißen. Mit dem Hinterleib wird eine Schlaufe geformt, in die der Schwanz eingefädelt wird, so daß ein Knoten entsteht. Dieser Knoten wird über den Körper nach vorn gezogen. Am Kopf mit der Beute im Maul angelangt, wird er enger gezogen, so daß ein Halt entsteht und die Muräne, wenn sie den Kopf herauszieht und dadurch den Knoten auflöst, einen Brocken aus ihrer Beute herausreißen kann. Entgegen früheren Vermutungen besitzen die Mittelmeerarten keine Giftdrüsen, doch können Eiweiß-Zersetzungsprodukte ihrer Mahlzeiten in der Mundschleimhaut leicht zu Komplikationen führen. Allerdings greifen Muränen nur an, wenn sie sich bedroht fühlen oder durch Füttern ihre Scheu vor Menschen verloren haben. Siehe auch *M. helena.*

Aquarienhaltung: Aufgrund der Größe nicht empfehlenswert.

Cheilopogon spec.
Fliegender Fisch

Familie Exocoetidae

Erkennungsmerkmale: Größte Art bis 65 cm. Körper langgestreckt, mit langen, breiten, flügelähnlichen Brustflossen. Rükkenflosse setzt deutlich vor der Afterflosse an. Schwanzflosse tief gegabelt, asymmetrisch, unterer Teil länger. Färbung blaugrau bis silbriggrau.
Verwechslungsmöglichkeiten: Aus dem Mittelmeer sind insgesamt 6 verschiedene Arten dieser Familie gemeldet, die sich auf 4 Gattungen verteilen. 4 dieser Arten sind bisher entweder nur vereinzelt gemeldet worden oder nur aus kleinen Gebieten des Mittelmeeres bekannt. *Cheilopogon heterurus* (Rafinesque, 1810), der eine Größe bis ca. 35 cm erreicht, soll die häufigste Art in Küstennähe sein. Sie fehlt allerdings im östlichen Mittelmeer. Ebenfalls häufig und weit verbreitet im Mittelmeer ist der bis 30 cm große *Hirundichthys rondeletii* (Valenciennes, 1846), der fast ausschließlich das offene Meer bewohnt. Bei dieser Art setzen Rücken- und Afterflosse auf gleicher Höhe an.
Lebensraum: Meist dicht unter der Wasseroberfläche im freien Wasser. Westliches Mittelmeer und Adria.
Biologie: Fliegende Fische leben meist in kleinen Gruppen. Bei Gefahr oder auch scheinbar grundlos können sie mit Hilfe ihrer großen Brustflossen bis zu 10 Sekunden lang (bis 200 m weit) knapp über der Wasseroberfläche durch die Luft segeln, wobei Fluggeschwindigkeiten bis zu 55 km/h erreicht werden können. Dabei stellt kräftiges Schlagen der asymmetrischen Schwanzflosse (ca. 60 Schläge pro Sekunde) die Antriebskraft des Segelfluges dar, während die Brustflossen nicht bewegt werden. Die Tiere bauen schwimmende Nester aus treibenden Tangen oder Algen, in die sie ihre Eier ablegen.
Aquarienhaltung: Nicht geeignet.

Phycis phycis (L., 1766)
Dunkler Gabeldorsch

Familie Gadidae

Erkennungsmerkmale: Größe bis 65 cm. Körper langgestreckt und kräftig, mit kurzer 1. und langer 2. Rückenflosse, 1. Rückenflosse abgerundet. Kinn mit unpaarem Bartfaden an der Unterseite. Bauchflossen lang und fadenförmig, im unteren Drittel gabelförmig zweigeteilt. Färbung rötlichbraun bis dunkelbraun mit heller Bauchseite.

Verwechslungsmöglichkeiten: 2. Art dieser Gattung im Mittelmeer ist der bis 80 cm große Helle Gabeldorsch (*P. blennoides* (Brünnich, 1768)), den man an der fadenförmig verlängerten 1. Rückenflosse sowie an der etwas helleren Färbung erkennen kann.

Lebensraum: Felsböden sowie Sand- und Schlicksandböden im Bereich von Felsen, tagsüber meist in Höhlen und Spalten. Meist in großer Tiefe, selten auch in flacherem Wasser. Fehlt in Teilen des östlichen Mittelmeeres.

Biologie: Diese Art ist nachtaktiv und verbringt den Tag meist tief in Höhlen oder Spalten zurückgezogen. Sie ernährt sich von kleinen Fischen und verschiedenen Wirbellosen. Die Fortpflanzung findet zwischen Januar und Mai statt. Die unpaare Bartel an der Unterlippe ist reich mit Geschmackssinneszellen ausgestattet und dient der Aufspürung der Nahrung im weichen Boden.

Aquarienhaltung: Aufgrund der Größe bestenfalls für große Schaubecken geeignet.

Grammonus ater (Risso, 1810) Höhlenfisch

Familie Brotulidae

Erkennungsmerkmale: Größe bis ca. 10 cm. Körper langgestreckt, aalartig, mit großem Kopf. Rücken-, Schwanz- und Afterflosse bilden einen zusammenhängenden Flossensaum. Färbung bräunlich bis blaugrau.
Verwechslungsmöglichkeiten: Aufgrund des Äußeren und der Lebensweise nicht vorhanden. Es gibt eine 2. Art dieser Gattung im Mittelmeer, *G. armatus*, bei der es sich um einen typischen Tiefenbewohner handelt, der für Schlammböden im Bereich von ca. 500 m Tiefe charakteristisch ist.
Lebensraum: Im Flachwasser ausschließlich in Höhlen, in großer Tiefe auch außerhalb.
Biologie: Diese Art ist nachtaktiv und verbringt den Tag wahrscheinlich tief in Spalten oder Nischen der Höhle zurückgezogen, da sie tagsüber nicht auffindbar sein soll. Diese Verstecke werden erst nachts verlassen, so daß die Tiere nur bei völliger Dunkelheit im freien Höhlenraum anzutreffen sind. Die Funde von Tieren außerhalb von Höhlen liegen laut Literatur in „recht beträchtlichen Tiefen". Es wird vermutet, daß es sich bei der Art „um eine Tiefenform handelt, die im August gegen die Küsten aufsteigt". Wahrscheinlich laicht die Art in Höhlen ab, wobei die in größeren Tiefen lebenden Tiere ebenfalls Höhlen aufsuchen sollen. Über die Ernährungsweise der Art liegen keine Angaben vor.
Aquarienhaltung: Nicht bekannt.

Epinephelus guaza (L., 1758)
Brauner Zackenbarsch

Familie Serranidae

Erkennungsmerkmale: Größe bis 150 cm. Körper länglich-oval, seitlich abgeflacht. Unterkiefer leicht vorstehend. Rückenflosse mit deutlicher Einkerbung zwischen den Stachel- und den Weichstrahlen. Grundfärbung grünlichbraun mit grünlicher, gelblicher oder weißer Marmorierung, Bauch gelblich, Rückenflosse mit orangefarbenem Saum, die restlichen Flossen mit hellblauem Saum.
Verwechslungsmöglichkeiten: Es gibt im Mittelmeer, vor allem im südlichen Teil, einige weitere Zackenbarscharten, die sich jedoch durch Körperform und Färbung deutlich voneinander unterscheiden.
Lebensraum: Felsküsten und reich strukturierte Felsböden mit Höhlen, Spalten und ähnlichen Versteckmöglichkeiten. Meist unterhalb von 10 m Tiefe bis in große Tiefen. Im gesamten Mittelmeer.
Biologie: Bei dieser Art kann man das Phänomen der Geschlechtsumwandlung vom Weibchen (40–80 cm) zum Männchen (80 cm und größer) beobachten. Der Braune Zackenbarsch lebt als Einzelgänger in einem festen Revier mit zahlreichen Versteckmöglichkeiten, von denen 1 oder 2 häufiger aufgesucht werden. Bei Bedrohung verschwindet er in einem seiner Verstecke. Während der Laichzeit im Sommer kann man häufig ein großes Tier, das Männchen, gemeinsam mit einem oder mehreren kleineren Tieren, den Weibchen, beobachten. Durch rücksichtsloses Harpunieren sind diese Großfische, die früher die gesamte Mittelmeerküste bereits vom Flachwasser an besiedelten, an vielen Küsten leider völlig verschwunden oder nur noch in größeren Tiefen zu beobachten. Sie können ein Lebensalter von 40 bis 50 Jahren erreichen.
Aquarienhaltung: Aufgrund der Größe nicht geeignet.

Epinephelus alexandrinus
(Valenciennes, 1828)
Spitzkopf-Zackenbarsch

Familie Serranidae

Erkennungsmerkmale: Größe bis 140 cm. Körper schlank, seitlich leicht abgeflacht. Unterkiefer weit vorstehend. Rückenflosse ohne Einkerbung. Grundfärbung gelbbraun bis braun mit mehreren Längsreihen heller Flecken, die bei Jungtieren geschlossene Längsbänder bilden, Bauch hell gefärbt.
Verwechslungsmöglichkeiten: Es gibt im Mittelmeer, vor allem im südlichen Teil, einige weitere Zackenbarscharten, die sich jedoch durch Körperform und Färbung deutlich voneinander unterscheiden.
Lebensraum: Felsküsten und reich strukturierte Felsböden mit Höhlen, Spalten und ähnlichen Versteckmöglichkeiten. Meist unterhalb von 10 m Tiefe bis in große Tiefen. Nur im südlichen Mittelmeer häufig, vereinzelt auch in Teilen des nördlichen Mittelmeeres.
Biologie: Zackenbarsche sind im allgemeinen gute Schwimmer, die sich von Krebsen, Weichtieren (vor allem Tintenfischen) und Fischen ernähren. Der Spitzkopf-Zackenbarsch ist ein Zwitter, der im Alter von 4 Jahren geschlechtsreif wird. Zu diesem Zeitpunkt besitzt er eine Größe von 30 bis 35 cm. Im Gegensatz zum Braunen Zackenbarsch *(Epinephelus guaza)* trifft man den Spitzkopf-Zackenbarsch, besonders dessen Jungtiere, auch außerhalb der Laichzeit häufig in kleinen Gruppen an.
Aquarienhaltung: Aufgrund der Größe nicht geeignet.

Serranus cabrilla (L., 1758)
Sägebarsch

Familie Serranidae

Erkennungsmerkmale: Größe meist bis 20 cm, nur selten bis 40 cm. Körper gestreckt. Grundfärbung rötlich-braun mit 7 bis 9 ungeteilten, dunklen Querbinden, die Mitte der Körperseiten wird von einem weißen bis gelblichen Längsband unterbrochen, das von der Schnauze bis zum Schwanz reicht. Bauch ebenfalls weiß bis gelblich gefärbt.
Verwechslungsmöglichkeiten: Kann mit den anderen Arten der Gattung *Serranus* verwechselt werden, siehe deren Artbeschreibung. Die 4. Art im Mittelmeer ist *S. atricquda* Günther, 1874, bis 35 cm, Grundfärbung bräunlich mit 4 bis 5 quadratischen bis rechteckigen dunklen Flecken auf den Körperseiten, die sich mit dunklen Querstreifen abwechseln, nur in Teilen des westlichen Mittelmeeres.
Lebensraum: Fels- und Geröllböden. Vom Flachwasser bis in große Tiefen.
Biologie: Siehe Schriftbarsch *(S. scriba).*
Aquarienhaltung: Da es sich um einen territorialen Einzelgänger handelt, sollte man den Sägebarsch nur einzeln halten, da schwächere Tiere meist getötet werden. Als Mitbewohner eignen sich nur große und robuste Arten, die er nicht überwältigen kann, bzw. die er verschmäht.

Serranus hepatus (L., 1766)
Zwergbarsch

Familie Serranidae

Erkennungsmerkmale: Größe meist bis 10 cm, selten bis 13 cm soll in Einzelfällen sogar bis 25 cm groß werden. Körper oval und hochrückiger als der Schriftbarsch *(S. scriba)*. Grundfärbung hell gelblich- bis rötlich braun mit 3 bis 5 dunklen Querbinden. In der 2. Hälfte der Rückenflosse ein auffälliger, schwarzer Fleck. Bauchflossen ebenfalls dunkel gefärbt.
Verwechslungsmöglichkeiten: Kann mit den anderen Arten der Gattung *Serranus* verwechselt werden, siehe deren Artbeschreibung.
Lebensraum: Sand-, Schlick- und Felsgrund, Seegraswiesen. Vom Flachwasser bis in große Tiefen, meist unterhalb von 5 m Tiefe. Vereinzelt, kann stellenweise jedoch recht häufig sein.
Biologie: Diese Art ernährt sich genauso wie seine Verwandtschaft. Da es sich um einen meist recht scheuen Fisch handelt und aufgrund seiner geringen Größe wird der Zwergbarsch häufig übersehen, obwohl er stellenweise häufiger als die beiden größeren Arten sein kann. Sonstiges siehe Schriftbarsch *(S. scriba)*.
Aquarienhaltung: Aufgrund seiner geringen Größe ist der Zwergbarsch besser für die Aquarienhaltung geeignet als die beiden größeren Arten der Gattung *Serranus*. Er ist ein dankbarer Pflegling, der sich einzeln gehalten schon für kleinere Becken eignet. In größeren Becken lassen sich die Tiere auch paarweise bzw. in kleineren Gruppen halten, da sie zum einen nicht so aggressiv sind wie die größeren Arten und außerdem kleinere Reviere beanspruchen.

Serranus scriba (L., 1758)
Schriftbarsch

Familie Serranidae

Erkennungsmerkmale: Größe bis 25 cm. Körper länglich-oval. Rücken und Seiten rötlich- bis gelblichbraun mit 4 bis 7 dunklen Querbinden, von denen einige geteilt sein können. Erwachsene Tiere mit auffälligem hellblauen bis violetten Fleck am Bauch. Schwanzwurzel und Schwanzflosse gelb. Kopf und Kiemendeckel mit blauer und roter Zeichnung, die arabischen Schriftzeichen ähnelt (Name!).
Verwechslungsmöglichkeiten: Kann mit anderen Arten der Gattung *Serranus* verwechselt werden, siehe deren Artbeschreibung.
Lebensraum: Algenbewachsener Felsgrund und Seegraswiesen. Vom Flachwasser bis in 30 m Tiefe.
Biologie: Ernähren sich in erster Linie von kleinen Fischen und Krebstieren. Schriftbarsche sind streng territoriale Einzelgänger, die ihr Revier gegen Artgenossen verteidigen. Während der Fortpflanzungszeit von Mai bis August kann man die Art auch paarweise beobachten. Bei Gefahr fliehen die Tiere in feste Verstecke. Es handelt sich um echte Zwitter, bei denen Ei- und Samenzellen zur gleichen Zeit heranreifen, so daß eine Selbstbefruchtung möglich ist. Durch starke Verfolgung mit der Harpune sind fast alle Sägebarsche (Serranidae) in vielen Gebieten im flacheren Wasser verschwunden, bzw. man trifft nur noch kleine Exemplare an, die ausgesprochen scheu sind. Schriftbarsche sollen ein gutes aber grätenreiches Fleisch besitzen.
Aquarienhaltung: Da es sich um einen territorialen Einzelgänger handelt, sollte man den Schriftbarsch nur einzeln halten, da schwächere Tiere meist getötet werden. Als Mitbewohner eignen sich nur große und robuste Arten, die er nicht überwältigen kann, bzw. die er verschmäht.

Anthias anthias (L., 1758)
Roter Fahnenbarsch

Familie Serranidae

Erkennungsmerkmale: Größe bis 24 cm, meist kleiner. Körper seitlich abgeflacht. Maul endständig. Schwanzflosse tief eingeschnitten, Rückenflosse mit fadenförmig verlängertem 3. Stachelstrahl, Bauchflossen groß. Bei Männchen ist der 3. Stachelstrahl der Rückenflosse besonders lang, außerdem sind die Bauchflossen größer als bei den Weibchen. Körperseiten und Rükken rot, Bauch rosa, 3 gelbe Streifen auf den Kopfseiten und dem Vorderkörper, Bauchflossen mit violetter Vorderkante.
Verwechslungsmöglichkeiten: Der nahverwandte, ähnlich gefärbte Tiefenrötling (*Callanthis ruber* (Rafinesque, 1810)) bevorzugt küstennahe Fels- und Schlammgründe in 50 bis 300 m Tiefe. Er ist etwas schlanker und ihm fehlen sowohl die großen Bauchflossen als auch der lang ausgezogene 3. Stachelstrahl der Rückenflosse. Bei dieser Art nimmt die Länge der Rückenflossenstrahlen kontinuierlich von vorne nach hinten zu, was bei *A. anthias* nicht der Fall ist.
Lebensraum: Felsküsten. Meist in lockeren Schwärmen unterhalb von 30 m Tiefe an Felswänden und über sekundären Hartböden, selten in flacherem Wasser in Höhlen.
Biologie: Ernährt sich hauptsächlich von Kleinfischen und Krebstieren. Die Roten Fahnenbarsche „ersetzen“ im tieferen Wasser gewissermaßen die Mönchsfische, die nur selten unterhalb von 25 m Tiefe zu beobachten sind. Im Gegensatz zu diesen sind die Roten Fahnenbarsche, deren Schwärme nicht so individuenreich sind, jedoch deutlich stärker an den Fels gebunden. Über ihre Biologie ist sonst nur wenig bekannt.
Aquarienhaltung: Fahnenbarsche sind attraktive Aquarienfische, die jedoch heikel in der Haltung sein sollen.

Apogon imperbis (L., 1758)
Meerbarbenkönig

Familie Apogonidae

Erkennungsmerkmale: Größe bis 15 cm. Gedrungener Körper mit großem, kräftigem Kopf, sehr große Augen, Maulöffnung schräg nach oben gerichtet. Färbung orangerot mit schwarzem Fleck auf der Schwanzwurzel, Augen schwarz mit 2 weißen Längsbändern.
Verwechslungsmöglichkeiten: Nicht vorhanden.
Lebensraum: Felsküsten. Einzeln oder in kleinen Gruppen in Höhlen und Spalten, sowie zwischen Steinen. Halten sich im Eingangsbereich auf und verschwinden bei Gefahr sofort in ihre Verstecke. Nachts entfernen sie sich weiter von ihren Unterständen. Im Sommer von 10 bis 50 m Tiefe, sonst bis 200 m Tiefe.
Biologie: Ernährt sich von Kleinkrebsen, sowie von Laich und Larven anderer Meeresbewohner. Zur Fortpflanzung während der Sommermonate suchen die Tiere flacheres Wasser (10 bis 50 m) auf. Das Ablaichen erfolgt nach einem lebhaften Balzspiel, wobei die Eier durch ihre Haftfäden zu einem Ballen verkleben. Der Laich wird vom Männchen ins Maul aufgenommen und bis zum Schlupf der Jungen gepflegt. Nach dem Schlüpfen werden die Jungen nicht wieder ins Maul genommen. Während dieser Phase kann das Männchen keine Nahrung aufnehmen. Der Vorteil der Maulbrutpflege liegt auf der Hand. Da die Eier während ihrer Entwicklung vor Freßfeinden geschützt sind, gelangen sie fast ausnahmslos zum Schlupf. Arten, die ihre Eier ins freie Wasser abgeben und sie dann ihrem Schicksal überlassen, müssen eine erheblich größere Anzahl von Eiern, die zwangsläufig kleiner sein müssen, produzieren, damit die gleiche Anzahl wie bei der Maulbrutpflege zum Schlupf kommt. Da diese Jungen deutlich kleiner sind, haben die frisch geschlüpften Meerbarbenkönige einen weiteren Vorteil.
Aquarienhaltung: Diese Art soll heikel in Bezug auf die Wasserqualität sein.

Seriola dumerili (Risso, 1810)
Seriola

Familie Carangidae

Erkennungsmerkmale: Größe bis maximal 190 cm, meist deutlich kleiner. Körper seitlich abgeflacht und langgestreckt, mit großem Kopf und deutlich abgesetzter, tief gegabelter Schwanzflosse. Rücken silbrigblau bis graugrün gefärbt, Seiten heller, oft mit bernsteinfarbenem Schimmer und dunklem Längsstreifen, Bauch silbrigweiß, Flossen oft gelblich.
Verwechslungsmöglichkeiten: Einzige Art der Gattung. Die Familie der Stachelmakrelen umfaßt im Mittelmeer insgesamt 15 Arten aus 11 Gattungen.
Lebensraum: Je nach Jahreszeit im Freiwasser oder an Felsküsten. Große Tiere zwischen 20 bis 70 m Tiefe, oft auch darunter, kleine Tiere bereits vom Flachwasser bis in große Tiefe. Im gesamten Mittelmeer.
Biologie: Ernährt sich hauptsächlich von kleinen Fischen wie Mönchsfischen oder Sardinen, frißt aber auch Wirbellose. Ganz kleine Jungtiere halten sich oft im Schutz von verschiedenen Quallen auf. Die Art kommt meist in größeren Gruppen im Spätsommer bis Herbst in Küstennähe, um dort zu jagen. Dabei zeigen kleinere Exemplare von ca. 50 cm Länge oft eine interessante Jagdstrategie. Um sich Kleinfischschwärmen nähern zu können, mischen sie sich unter Schwärme der pflanzenfressenden Goldstriemen *(Sarpa salpa)*, die sich den Kleinfischen nähern können, ohne deren Flucht auszulösen. Haben sie sich dem Schwarm genug genähert, schießen sie wie auf ein Kommando zwischen den Goldstriemen hervor und beißen so viele Fische tot, wie sie erwischen können. Anschließend wird die verletzte oder tote, zu Boden gesunkene Beute gemeinsam gefressen.
Aquarienhaltung: Nicht geeignet.

Sciaena umbra L., 1758
Meerrabe

Familie Scianidae

Erkennungsmerkmale: Größe bis 70 cm. Körper hochrückig, kräftig. Mundöffnung reicht bis zu den Augen. 2 Rückenflossen, wobei die hintere mehr als doppelt so lang wie die vordere ist. Färbung von Rücken und Seiten braun bis graublau, z.T. mit Goldglanz, Bauch silbrigweiß, Bauchflossen und Afterflosse schwarz mit leuchtend weißen vorderen Flossenstrahlen, Rückenflossen und Afterflosse gelblich mit schwarzem Rand.
Verwechslungsmöglichkeiten: Es gibt im Mittelmeer 3 äußerlich sehr ähnliche, verwandte Arten der Gattung *Umbrina* , von denen 2, *U. canariensis* Valenciennes, 1843 und *U. ronchus* Valenciennes 1843, nur im westlichen Mittelmeer vorkommen. Die 3. Art, *U. cirrosa* (L., 1758), kommt im gesamten Mittelmeer vor. Alle 3 Arten kann man eindeutig anhand der Flossenfärbung vom Meerraben unterscheiden.
Lebensraum: In Spalten und Höhlen über verschiedenen Böden. Vom Flachwasser bis in größere Tiefen. Im gesamten Mittelmeer.
Biologie: Meerraben sind überwiegend nachtaktiv und ernähren sich von kleinen Fischen, Krebstieren, Weichtieren, Würmern und Algen. Tagsüber sind sie meist in kleinen Trupps in unmittelbarer Nähe ihrer Unterstände zu beobachten. Dort stehen sie dann meist auf der Stelle und bewegen ganz leicht die Flossen. Nähert man sich ihnen, verschwinden sie sehr schnell in ihrem Unterschlupf.
Aquarienhaltung: Nicht bekannt, aufgrund der Größe auch wenig geeignet.

Mullus surmuletus L., 1758
Gestreifte Meerbarbe

Familie Mullidae

Erkennungsmerkmale: Größe bis 40 cm. Körper langgestreckt und seitlich abgeflacht. Kopfprofil mäßig steil, Augen groß. Kinn mit 2 langen, gabelförmig vorstreckbaren Barteln. Färbung abhängig von Alter, Jahreszeit und Tiefe, gelblichbraun bis rot, mit einem dunkelrotem Längsstreifen vom Auge bis zum Schwanz und 4 bis 5 gelben Längsstreifen. 1. Rückenflosse mit schwarzer Zeichnung.
Verwechslungsmöglichkeiten: Rote Meerbarbe (*Mullus barbatus* L., 1758): steileres Kopfprofil, keine Längsstreifen, Rückenflosse ohne Zeichnung, Größe bis 30 cm, im gesamten Mittelmeer. Im östlichen Mittelmeer 2 weitere Vertreter der Familie (Einwanderer aus dem Roten Meer), unterscheiden sich durch ihre gestreifte Rücken- und Afterflosse von der Gattung *Mullus*. Goldstreifen-Ziegenfisch (*Upeneus asymmetricus* Lachner, 1954): 1. Rückenflosse 7 Strahlen, gesamte Schwanzflosse gestreift. Goldband-Ziegenfisch (*U. moluccensis* (Bleeker, 1855)): 1. Rückenflosse 8 Strahlen, untere Hälfte der Schwanzflosse ungestreift.
Lebensraum: Auf Sand- und Schlicksandböden. Vom Flachwasser bis in große Tiefe. Im gesamten Mittelmeer.
Biologie: Lebt einzeln oder in Gruppen bis zu 50 Tieren. Ernährt sich von bodenbewohnendem Getier aller Art, das mit Hilfe der Barteln aufgespürt und dann ausgegraben wird, wobei der Boden sehr stark aufgewühlt wird. Mit dem Boden werden auch eine Menge „schmackhafter Brocken“ aufgewühlt, was oftmals andere Fischarten wie Brassen oder Schollen anlockt. Von dieser fakultativen Tischgemeinschaft (Kommensalismus) profitieren nur die „Gäste“, ohne daß die Barben geschädigt werden. Färbung verschwimmt nachts zu einer verwaschenen Marmorierung.
Aquarienhaltung: Nicht bekannt.

Spicara smaris (L., 1758)
Schnauzenbrasse

Familie Centracanthidae

Erkennungsmerkmale: Größe bis ca. 20 cm. Körper oval langgestreckt und seitlich abgeflacht. Färbung je nach Geschlecht, Alter und Jahreszeit verschieden, oft silbriggrau bis silbrigblau mit schwarzem, rechteckigem Fleck in der Mitte der Körperseiten, oft mit zahlreichen, in Längsreihen angeordneten, kleinen blauen Punkten.
Verwechslungsmöglichkeiten: 3 weitere Arten dieser Familie, davon 2 aus der gleichen Gattung.
Lebensraum: Über Pflanzenbeständen und Sandböden. Vom Flachwasser bis in große Tiefe. Im gesamten Mittelmeer weit verbreitet und häufig.
Biologie: Über die Biologie dieser in Bodennähe lebenden Schwarmfische ist bisher sehr wenig bekannt. Sie ernähren sich von verschiedenen bodenbewohnenden Wirbellosen und von Plankton. Weibchen sollen mit zwei, Männchen erst mit drei Jahren geschlechtsreif werden. Die Nacht verbringt diese Art einzeln auf dem Boden liegend.
Aquarienhaltung: Nicht geeignet. Alle Brassen sind beliebte Speisefische, die ständig am Fischmarkt angeboten werden.

Diplodus vulgaris
(E. Geoffroy, St. Hilaire, 1817)
Zweibindenbrasse

Familie Sparidae

Erkennungsmerkmale: Größe bis 45 cm. Körper oval und seitlich stark abgeflacht mit etwas zugespitztem Kopf. Mundöffnung sehr klein. Grundfärbung silbrig mit je einer schwarzen Binde hinter dem Kopf und an der Schwanzwurzel (Name!). Auf den Seiten je Schuppenreihe (15 bis 16) dünne, goldglänzende Längsstreifen.
Verwechslungsmöglichkeiten: Es gibt im Mittelmeer 4 weitere Arten der Gattung *Diplodus.*
Ringelbrasse (*D. annularis* (L., 1758)): schwarzer Fleck auf der Schwanzwurzel, keine Querstreifen.
Breitbindenbrasse (*D. cervinus cervinus* (Lowe, 1838)): 5 bis 6 sehr breite Querbinden.
Spitzbrasse (*D. puntazzo* (Cetti, 1777)): abwechselnd ca. 6 breite, kräftige und ebensoviele schmale, schwächere Querstreifen.
Große Geißbrasse (*D. sargus sargus* (L., 1758)), 8 bis 9 breite, kräftige Querstreifen.
Lebensraum: Über küstennahen Fels- und Sandböden. Vom Flachwasser bis in größere Tiefen. Im gesamten Mittelmeer. Ähnliches gilt auch für die anderen Arten der Gattung *Diplodus.*
Biologie: Bei den Arten der Gattung *Diplodus* handelt es sich um Allesfresser, die meist sehr gesellig leben und in größeren Trupps angetroffen werden können. Man findet bei ihnen eine Geschlechtsumwandlung vom Männchen zum Weibchen.
Aquarienhaltung: Nicht empfehlenswert.

Pagellus erythrinus (L., 1758)
Rotbrasse

Familie Sparidae

Erkennungsmerkmale: Größe bis 60 cm. Körper länglich-oval und seitlich abgeflacht. Kopfprofil gerade. Grundfärbung silbrig-hellrosa mit bläulichem Schimmer, metallisch glänzend. Hinterrand der Kiemendeckel rot, Flossen bläulich. Der Name Rotbrasse ist auf den rötlichen Schimmer älterer Tiere zurückzuführen.
Verwechslungsmöglichkeiten: Es gibt im Mittelmeer 3 weitere Arten der Gattung *Pagellus*, die sich jedoch in der Färbung deutlich von der Rotbrasse unterscheiden. Allerdings sind Jungtiere meist blasser gefärbt.
Lebensraum: Über verschiedenen Böden. Unterhalb von 10 m bis in große Tiefe. Im gesamten Mittelmeer.
Biologie: Rotbrassen sind Allesfresser, die aber tierische Kost bevorzugen. Auch die Vertreter der Gattung *Pagellus* sind Zwitter. Anders als bei der Gattung *Diplodus* findet bei den Vertretern der Gattung *Pagellus* jedoch eine Geschlechtsumwandlung vom Weibchen zum Männchen statt. Die Laichzeit ist im Juli und August.
Aquarienhaltung: Nicht geeignet.

Sarpa salpa (L., 1758)
Goldstrieme

Familie Sparidae

Erkennungsmerkmale: Größe bis 50 cm. Körper länglich-oval und seitlich abgeflacht. Kopfprofil leicht gewölbt. Mundöffnung klein. Grundfärbung olivgrau bis silbriggrau mit 10 bis 12 goldfarbenen Längsstreifen und einem schwarzen Fleck am Ansatz der Brustflossen.
Verwechslungsmöglichkeiten: Die nahverwandte Gelbstrieme *(Boops boops)* ist nicht so hochrückig wie die Goldstrieme und auch deutlich schlanker als diese. Außerdem besitzt sie weniger und nicht so deutlich ausgeprägte Längsstreifen. Im östlichen Mittelmeer besteht eine gewisse Verwechslungsmöglichkeit mit dem aus dem Roten Meer eingewanderten Kanninchenfisch *(Siganus rivulatus)*, der wie die Goldstrieme in Schwärmen Pflanzenbestände abweidet. Er unterscheidet sich jedoch in seiner Färbung: olivgrün bis braun mit leicht gewellten, goldenen Längsstreifen nur in der unteren Körperhälfte.
Lebensraum: Über algenbewachsenen Fels- und Sandböden und über Seegraswiesen. Vom Flachwasser bis in größere Tiefe. Im gesamten Mittelmeer.
Biologie: Jungtiere ernähren sich in erster Linie von Krebstieren, während erwachsene Goldstriemen fast ausschließlich Pflanzenfresser sind. Goldstriemen sind ausgesprochene Schwarmfische, die in dichten, wohlgeordneten Schwärmen in Seegraswiesen oder über Algenrasen grasen. Auch bei ihnen handelt es sich um Zwitter, die zuerst Männchen sind und sich später zu Weibchen umwandeln.
Aquarienhaltung: Nicht geeignet.

Cepola macrophthalma (L., 1758)
Roter Bandfisch

Familie Cepolidae

Erkennungsmerkmale: Größe bis 70 cm. Körper sehr langgestreckt, bandförmig, verjüngt sich gleichmäßig zur Schwanzflosse hin. Kopf klein mit stumpfer Schnauze, großer, nach oben gerichteter Mundöffnung und großen Augen. Rückenflosse reicht vom Kopf bis zum Schwanz, Afterflosse nur wenig kürzer, Strahlen der Schwanzflosse fadenförmig verlängert. Rücken und Seiten orangerot bis rot, Bauch gelb bis orange, Flossen durchscheinend rötlichgelb, Rükkenflosse mit großem, roten Fleck im vorderen Teil.

Verwechslungsmöglichkeiten: Nicht vorhanden.

Lebensraum: Dieser ungewöhnliche Fisch lebt einzeln oder in Kolonien auf Sand-, Schlicksand- und Kiesböden, seltener in Seegraswiesen. Er kommt ab 15 m bis in große Tiefen vor, meist jedoch unterhalb von ca. 50 m. Im gesamten Mittelmeer, im östlichen Teil jedoch seltener.

Biologie: Diese attraktiven Bodenfische, die man regelmäßig auf Fischmärkten entdecken kann, graben sich meist eine Wohnröhre in den Boden, in der sie sich aufhalten. Meist ragt nur der Vorderkörper ins freie Wasser. Bei Gefahr verschwinden die Tiere ganz in ihrer Röhre. Zum Fang ihrer Beute, hauptsächlich kleinen, planktischen Krebsen und deren Larven sowie Pfeilwürmern, verlassen sie auch ihre Röhre und begeben sich ins freie Wasser. Die Fortpflanzung findet im Frühjahr und im Herbst statt. Kolonien von Roten Bandfischen erinnern an die Kolonien tropischer Röhrenaale.

Aquarienhaltung: Problematisch und nicht empfehlenswert. Zwar sollen jung eingewöhnte Tiere im Aquarium haltbar sein, doch sind ein großes Becken und eine sehr dicke Bodenschicht die Mindestvoraussetzungen.

Chromis chromis (L., 1758)
Mönchsfisch

Familie Pomacentridae

Erkennungsmerkmale: Größe bis 15 cm. Körper seitlich abgeflacht und hochrückig, Maul klein und endständig, Schwanzflosse tief gegabelt. Die Färbung der erwachsenen Tiere ist dunkelbraun mit dunkel gerandeten Schuppen, aus größerer Entfernung wirken sie schwarz. Jungtiere bis zu einer Größe von ca. 15 mm sind leuchtend kobaldblau gefärbt. Mit zunehmender Größe färben sich die Tiere um, wobei der blaue Anteil der Färbung immer geringer wird.
Verwechslungsmöglichkeiten: Nicht vorhanden.
Lebensraum: Lebt in großen, lockeren Schwärmen im Freiwasser in unmittelbarer Nähe von Felsküsten, zur Laichzeit besetzen die Männchen Löcher und Spalten. Meist oberhalb von 25 m.
Biologie: Mönchsfische ernähren sich von Plankton und Fischbrut. Die Tiere leben in großen, meist standorttreuen Schwärmen und sind nicht so stark an den Fels gebunden wie die Roten Fahnenbarsche. Ihre Nahrung erbeuten sie mit kurzen, ruckartigen Sprüngen im Freiwasser. Während der Fortpflanzungszeit in den Sommermonaten besetzen die Männchen kleine Reviere an den Felswänden oder in Geröllfeldern, die sie gegen umherstreunende Artgenossen heftig verteidigen. Zwischen Reviernachbarn kommt es dagegen kaum zu Auseinandersetzungen. Nachdem die Männchen eine glatte Felsfläche im Zentrum ihres Reviers gründlich mit dem Maul gereinigt haben, versuchen sie, die Aufmerksamkeit der Weibchen auf sich zu lenken. Sie schwimmen die in lockeren Schwärmen ziehenden Weibchen bis auf kurze Entfernung an, machen einen „Sprung“ zurück zu ihrem Revier und zeigen so den vorbereiteten Laichplatz an. Dieses Verhalten wird außerdem durch Schwanzfächeln und Spreizen des Schwanzes unterstützt. Laichbereite Weibchen schwimmen schließlich nach einigen Erkundungen des Laichplatzes zum Männchen. Nach dem gemeinsamen Ablaichen verläßt das Weibchen nach ungefähr 3 Tagen den Laichplatz, während das Männchen das Gelege ca. eine Woche lang aufop-

fernd pflegt und heftig gegen Laichräuber verteidigt. Nach dem Schlüpfen der Jungen kümmert sich auch das Männchen nicht mehr um seine Nachkommenschaft. Die Schwärme der leuchtend kobaltblauen Jungfische halten sich in Spalten und Felslöchern, vor Überhängen und im Bereich von Seegraswiesen auf. Erst vor wenigen Jahren wurde erstmalig beobachtet, daß sich Jungfische zeitweise im Schutz der Wachsrose *(Anemonia sulcata)* aufhalten. Das Phänomen, daß sich Jungfische im Schutz von Nesseltieren aufhalten, ist schon seit langem von Jungfischen der verschiedensten Arten mit Quallen bekannt, wobei die Jungfische die Quallen aktiv aufsuchen. Im Fall der jungen Mönchsfische und der Wachsrose handelt es sich aber wahrscheinlich um eine zufällig zustande gekommene Lebensgemeinschaft. Die Wachsrose setzt sich gelegentlich in geschützten Felsspalten fest. Da auch die jungen Mönchsfische solche Spalten zum Schutz vor Freßfeinden aufsuchen, sind sie manchmal gemeinsam mit einer Wachsrose anzutreffen, wodurch der Eindruck entstehen kann, es handele sich um eine Lebensgemeinschaft in Form eines „Schutzbündnisses“.

Aquarienhaltung: Mönchsfische sollen im Aquarium zu Verpilzungen neigen.

Labrus bimaculatus L., 1758
Streifenlippfisch

Familie Labridae

Erkennungsmerkmale: Größe bis 40 cm. Körper barschähnlich, langgestreckt mit langem Kopf, langer Schnauze und weiter Mundöffnung mit wulstigen Lippen. Weibchen rötlichorange gefärbt mit 3 schwarzen Flecken auf dem hinteren Teil des Rückens, meist zwischen den Flecken weiß. Männchen gelblich bis grünlich braun gefärbt, mit blauen Längsstreifen und Flecken auf Körper und Flossen, ohne schwarze Flekken auf dem Rücken, während der Laichzeit auffallend bunt, Kopf und Vorderkörper blau mit weißem Fleck auf der Stirn, Seiten gelb bis orange mit dunklen (blauen) Streifen, Bauch orange.

Verwechslungsmöglichkeiten: Aufgrund der charakteristischen Färbung nicht vorhanden. 3 weitere Arten dieser Gattung im Mittelmeer, bei denen beide Geschlechter gleichgefärbt sind:

Grüner Lippfisch (*L. viridis* L., 1758), Größe bis knapp 50 cm, grünlich mit silbrigweißem Längsstreifen, im gesamten Mittelmeer.

Brauner Lippfisch (*L. merula* L., 1758), Größe bis 45 cm, bräunlich bis blaugrau, im gesamten Mittelmeer.

Gefleckter Lippfisch (*L. bergylta* Ascanius, 1767), grünlich, bräunlich bis rötlich mit hellen Flecken, westliches Mittelmeer und laut Literatur an der türkischen Küste.

Lebensraum: Algenbestandene Felsböden und Seegraswiesen. Nur im Sommer im Flachwasser, sonst meist in größerer Tiefe. Fehlt vor allem in Teilen des östlichen Mittelmeeres.

Biologie: Ernährt sich hauptsächlich von Krebsen, aber auch von Weichtieren, Würmern und Fischen. Während der Laichzeit im Sommer baut das Männchen auf dem Boden eine Nestmulde aus Algen, die aggressiv bewacht wird. Mit 2 Jahren (ca. 16 cm Größe) geschlechtsreif. Kann bis 17 Jahre alt werden. Geschlechtsumwandlung vom Weibchen zum Männchen.

Aquarienhaltung: Aufgrund der Größe nicht geeignet.

Coris julis (L., 1758)
Meerjunker

Familie Labridae

Erkennungsmerkmale: Größe bis 25 cm. Körper langgestreckt mit zugespitztem Kopf, Färbung der Geschlechter verschieden. Rücken und obere Hälfte der Körperseiten bei Jungtieren und Weibchen orangebraun, untere Hälfte und Bauch weiß, Kiemendeckel mit kleinem blauem Fleck am Hinterrand. Männchen mit blaugrauem bis grünlichbraunem Rücken, Seiten mit einem keilförmigen Fleck hinter den Brustflossen und einem orangen zickzackförmigen Längsband, dieses oft mit grünlichblauem Saum, die ersten Strahlen der Rückenflosse etwas verlängert, mit orangem, weißem und schwarzem Fleck. Neben diesen beiden Farbkleidern findet man auch alle Übergangsfärbungen.
Verwechslungsmöglichkeiten: Nicht vorhanden. Einzige Art der Gattung im Mittelmeer.
Lebensraum: Algenbewachsene Felsböden und Seegraswiesen. Vom Flachwasser bis in große Tiefe. Im gesamten Mittelmeer sehr häufig.
Biologie: Auch diese Art kann regelmäßig beim Putzen anderer Fische beobachtet werden, wobei jedoch regionale Unterschiede zu bestehen scheinen. Zuverlässigen Berichten zufolge konnte beobachtet werden, wie mehrere Meerjunker einen Mondfisch *(Mola mola)* putzten, nachdem dieser sic durch Schrägstellen zum Putzen aufforderte. Sonstiges wie beim Meerpfau *(Thalassoma pavo)*.
Aquarienhaltung: Nur bedingt geeignet. Benötigt große Becken, da die Tiere unermüdlich umherschwimmen und vor allem die Männchen sehr unverträglich sind. Für die temperamentvollen Schwimmer eignen sich nur robuste Arten zur Vergesellschaftung. Da sich die Tiere nachts in den Sand eingraben, ist im Aquarium eine entsprechend dicke Sandschicht notwendig.

Thalassoma pavo L., 1758
Meerpfau

Familie Labridae

Erkennungsmerkmale: Größe bis 25 cm. Körper langgestreckt mit abgerundetem Kopf. Besonders große Männchen mit kleinem Stirnbuckel. Schwanzflosse oben und unten zipfelig ausgezogen, bei Männchen ausgeprägter. Färbung der Geschlechter und auch der Jungtiere verschieden. Jungtiere bis einige cm Größe moosgrün mit wenigen helleren Querbändern und einem schwarzen Fleck in der Mitte der Rückenflosse. Größere Jungtiere und Weibchen grünlich orangebraun mit 5 blauen Querbinden und einem schwarzen Fleck in der Mitte der Rückenflossenbasis, Kopf orangebraun mit blauem Zeichnungsmuster. Männchen grünblau mit 1 blauen und 1 rotbraunen Querbinde hinter den Brustflossen, ohne schwarzen Fleck unterhalb der Rückenflosse, Kopf rötlich mit umfangreicherem blauem Zeichnungsmuster als bei den Weibchen. Rücken- und Afterflosse schwarz mit blauem Rand. Außer diesen beiden typischen Farbkleidern bei den Erwachsenen findet man auch alle Übergangsformen.

Verwechslungsmöglichkeiten: Nicht vorhanden. Einzige Art der Gattung im Mittelmeer.

Lebensraum: Algenbewachsene Felsböden und Seegraswiesen. Vom Flachwasser bis in große Tiefe, meist jedoch oberhalb von 50 m. Fehlt in der nördlichen Adria und in Teilen des nördlichen Mittelmeeres.

Biologie: Ernährt sich von allen möglichen kleinen Organismen. Jungtiere und Weibchen ziehen meist in großen Trupps über die Felsen und suchen nach Freßbarem, während man Männchen nur vereinzelt beobachten kann. Es handelt sich bei dieser Art um unermüdliche und geschickte Schwimmer. Wie bei allen Lippfischen findet auch bei dieser Art eine Geschlechtsumwandlung vom Weibchen zum Männchen statt, die mit einem auffälligen Farbwechsel einhergeht. Die Tatsache, daß die Geschlechtsumwandlung vom Weibchen zum Männchen stattfindet und nicht umgekehrt, hat folgenden Vorteil. Es ist immer eine große Anzahl von jungen, kleinen Weibchen

vorhanden, die wiederum durch ihre große Anzahl zusammen eine Unmenge von Eiern produzieren können. Die Anzahl der älteren und größeren Männchen ist unter anderem durch Freßfeinde erheblich geringer. Da jedoch die von einem Männchen produzierte Samenmenge ungleich größer ist als die Eimenge eines Weibchens, kann ein Männchen die Eier von unzähligen Weibchen befruchten. Tatsächlich kann man beim Meerpfau beobachten, daß Männchen sich einen großen Harem zulegen. Anders als andere Lippfische baut der Meerpfau keine Nester, sondern gibt seine Eier ins freie Wasser ab. Mit Einbruch der Dämmerung graben sich die Tiere durch kräftige Schwanzschläge seitlich im Sandboden ein, um dort die Nacht zu verbringen. Vor allem Jungtiere und Weibchen putzen regelmäßig andere Fische, darunter auch die aus dem Roten Meer eingewanderten Kanninchenfische *(Siganus rivulatus* und *S. luridus)*.

Aquarienhaltung: Nur bedingt geeignet. Im Aquarium schwimmt die Art aus Platzmangel meist ständig an den Scheiben entlang. Wie auch der Meerjunker *(Coris julis)* ist der Meerpfau sehr unverträglich. Aus diesem Grund sollte man bestenfalls 1 Männchen gemeinsam mit wenigen Weibchen halten. Da auch er die Nacht im Sand eingegraben verbringt, muß eine ausreichend dicke Sandschicht angeboten werden. Man sollte diese temperamentvolle Art nur mit robusten Arten gemeinsam pflegen.

Symphodus ocellatus
Forsskål, 1775
Augenfleck-Lippfisch

Familie Labridae

Erkennungsmerkmale: Größe bis 12 cm. Körper länglich oval mit großem Kopf. Färbung grünlich bis bräunlich mit hellem Bauch, beide Geschlechter mit schwarzem Fleck auf der Schwanzwurzel und hellem Längsstreifen auf dem Körper. Männchen mit dunklem Augenfleck auf den Kiemendeckeln und blauem Zeichnungsmuster auf dem Kopf. Es gibt außerdem eine seltene, orange gefärbte Variante dieser Art.
Verwechslungsmöglichkeiten: Bei Männchen besteht aufgrund des Augenflecks keine Verwechslungsgefahr, Weibchen können, vor allem außerhalb der Laichzeit, leicht mit den Weibchen anderer Arten verwechselt werden.
Lebensraum: Über Algen- und Seegrasbeständen, oft in der Nähe von Felsböden. Meist im Flachwasser, bis in ca. 40 m Tiefe. Im gesamten Mittelmeer.
Biologie: Geschlechtsumwandlung vom Weibchen (<6 cm) zum Männchen (>6 cm). Die Männchen bauen aus feinen Algenfäden, die zum Teil aus großer Entfernung herbeigeholt werden, vogelnestähnliche Nester von bis 20 cm Durchmesser. Nach der Fertigstellung des Algennestes werden die in Gruppen umherschwimmenden, laichbereiten Weibchen angebalzt und zum Ablaichen ins Nest gelockt, wobei mit mehreren Weibchen abgelaicht werden kann. Ein Männchen kann bis zu 6 Nester bauen, die einen Abstand von jeweils mehreren Metern zueinander aufweisen. Putzt regelmäßig andere Fische.
Aquarienhaltung: Nicht zu kleine Becken, ausreichend Versteckmöglichkeiten und Temperaturen unter 20–22 °C sind die Voraussetzung für eine erfolgreiche Haltung. Lippfische der Gattung *Symphodus* gehen meist gut an Ersatzfutter. Da sie sehr langsam fressen, sollten sie nicht mit schnellen und aggressiven Arten vergesellschaftet werden.

Symphodus rostratus

(Bloch, 1797)

Langschnauzen-Lippfisch

Familie Labridae

Erkennungsmerkmale: Größe bis 13 cm. Körper langgestreckt mit langem, zugespitztem Kopf. Färbung grünlich, bräunlich bis schwärzlich gefleckt mit heller Bauchseite und hellem Längsstreifen auf der Schnauzenoberseite. Zur Laichzeit Männchen rötlich mit kleinem, schwarzen Fleck um die Genitalpapille, Weibchen mit angeschwollenem, messinggelbem Bauch und großem, herzförmigem schwarzen Fleck um die Genitalpapille.

Verwechslungsmöglichkeiten: Aufgrund der Kopfform nicht vorhanden.

Lebensraum: Algenbestandene Felsböden und Seegraswiesen. Vom Flachwasser bis in ca. 20 m Tiefe. Im gesamten Mittelmeer.

Biologie: Ernährt sich überwiegend von Kleinkrebsen, die mit dem kleinen, pipettenförmigen Maul eingesaugt werden. Die Art schwimmt oft mit leicht abwärts geneigtem Kopf umher und ist häufig in Gemeinschaft von anderen Lippfischen anzutreffen. Die Nacht verbringt die Art meist kopfabwärts zwischen Seegrasblättern. Zur Laichzeit im Sommer gräbt das Männchen mit dem Maul eine Sandmulde, die mit Algen und Sand sorgfältig „überdacht“ wird, so daß die Nestkonstruktion nur wenig auffällt. In das flach-halbkugelige Nest wird dann das Weibchen zum Ablaichen gelockt. Anschließend wird das Gelege vom Männchen bis zum Schlupf der Nachkommenschaft intensiv betreut. Dabei liegt das Männchen häufig mit dem Kopf zur kaum sichtbaren Öffnung gerichtet und sorgt durch Wedeln mit den Brustflossen für die Zufuhr von Frischwasser. Die grünlichen Jungfische bilden erst ab einer Länge von 1 bis 2 cm die arttypisch verlängerte Schnauze aus.

Aquarienhaltung: Siehe Augenfleck-Lippfisch *(S. ocellatus).*

Symphodus mediterraneus
(L., 1758)
Achselfleck-Lippfisch

Familie Labridae

Erkennungsmerkmale: Größe bis 18 cm. Körper länglich oval mit großem Kopf. Färbung rötlich, rötlichbraun bis hellbraun mit schwarzem Fleck auf beiden Seiten der Schwanzwurzel. Ein weiterer, auffälliger Fleck an der Basis der Brustflossen, der bei Männchen dunkelblau bis schwarz und gelbgerandet, bei Weibchen dunkelbraun ohne Umrandung ist. Nachtfärbung kräftig rot mit dunklen und hellen Flecken.
Verwechslungsmöglichkeiten: Aufgrund des Achselflecks bei beiden Geschlechtern nicht vorhanden. Es gibt im Mittelmeer insgesamt 10 Arten der Gattung *Symphodus*.
Lebensraum: Algenbestände auf Sand- und Felsböden sowie Seegraswiesen. Vom Flachwasser bis in ca. 70 m Tiefe. Wahrscheinlich im gesamten Mittelmeer.
Biologie: Ernährt sich hauptsächlich von Weichtieren. Auch bei dieser Art findet wie bei allen Lippfischen eine Geschlechtsumwandlung vom Weibchen zum Männchen statt. Im Alter von 2 Jahren bei einer Größe von ungefähr 9 cm erreichen die Weibchen die Geschlechtsreife. Meist 1 Jahr später bei einer Größe von ca. 12 cm wandeln sich die Tiere zu Männchen um. In der Fortpflanzungszeit, die je nach Region zwischen April und August liegt, bauen die Männchen ein Nest aus Algen, das mit Sand bespuckt wird. Anders als beim Langschnauzen-Lippfisch *(S. rostratus)* und dem Grauen Lippfisch *(S. cinereus)* wird das Nest vom Männchen dieser Art zwar heftig verteidigt, jedoch nicht durch Fächeln mit Frischwasser versorgt.
Aquarienhaltung: Siehe Augenfleck-Lippfisch *(S. ocellatus)*.

Symphodus cinereus
(Bonnaterre, 1788)
Grauer Lippfisch

Familie Labridae

Erkennungsmerkmale: Größe bis 16 cm. Körper länglich oval mit großem Kopf. Färbung gräulich, bräunlich oder gelblich, oft mit hellen oder dunklen Flecken. Männchen mit schwarzem Fleck am Anfang der Rückenflosse sowie je einem schwarzen Fleck in der unteren Hälfte der Schwanzwurzel. Zur Fortpflanzungszeit Weibchen mit großer, schwarzer Genitalpapille, Männchen mit blauen Streifen am Kopf.
Verwechslungsmöglichkeiten: Kann außerhalb der Laichzeit mit dem deutlich größeren Pfauenlippfisch *(S. tinca)* verwechselt werden, der jedoch wesentlich bunter ist und keinen schwarzen Fleck am Anfang der Rückenflosse besitzt. Diese Art ist mit 2 Unterarten im Mittelmeer vertreten.
Lebensraum: Algenbestandene Sand- und Felsböden und Seegraswiesen. Vom Flachwasser bis ca. 35 m Tiefe. Im gesamten Mittelmeer.
Biologie: Ernährt sich von verschiedenen bodenbewohnenden Wirbellosen. Zu Beginn der Fortpflanzungszeit im Frühjahr legt das Männchen bereits in geringen Tiefen eine Nestmulde im Sand an, die mit Algen und Seegrasblättern „überdacht“ wird. Anschließend wird das flach halbkugelige Nest mit Sand bedeckt. Bis zum Ausschlüpfen der Brut wird das Gelege vom Männchen bewacht und durch Fächeln mit den Brustflossen mit Frischwasser versorgt. Geschlechtsumwandlung vom Weibchen zum Männchen. Weibchen werden im Alter von 1 Jahr bei einer Länge von ca. 4 cm geschlechtsreif und wandeln sich meist 1 Jahr später bei einer Körperlänge von ca. 7 cm zum Männchen um. Die Tiere können ein Alter von 5 bis 6 Jahren erreichen.
Aquarienhaltung: Siehe Augenfleck-Lippfisch *(S. ocellatus)*.

Symphodus roissali (Risso, 1810)
Fünffleckiger Lippfisch

Familie Labridae

Erkennungsmerkmale: Größe bis 17 cm. Körper länglich oval. Färbung sehr variabel, meist grünlich hellbraun bis braun mit großen, dunklen, in Längsreihen angeordneten Flecken, davon 5 Flecken an der Basis der Rückenflosse. Wie bei allen Arten dieser Gattung sind die Männchen während der Fortpflanzungszeit wesentlich farbenprächtiger als die Weibchen.
Verwechslungsmöglichkeiten: Aufgrund der Färbung nicht vorhanden.
Lebensraum: Algenbewachsene Felsböden und Seegraswiesen. Vom Flachwasser bis ca. 30 m Tiefe. Im gesamten Mittelmeer.
Biologie: Ernährt sich von verschiedenen Wirbellosen. Die Art ist wesentlich scheuer als andere Vertreter der Gattung und verschwindet bei Gefahr sofort in Felsspalten oder im Seegras. Zwischen April und Juli verlassen die Männchen die schützende Pflanzenzone und bauen aus Braun-, Rot- und Grünalgen mehrere halbkugelige Nester auf dem Sandboden, die teilweise mit Sand bedeckt sein können. Weibchen werden erst nach Fertigstellung des Nestes während der Ablaich-Phase in dessen Nähe geduldet und anschließend energisch vertrieben. Nach dem Ablaichen wird die Brut bewacht und durch Fächeln mit Frischwasser versorgt. Geschlechtsumwandlung vom Weibchen zum Männchen. Weibchen werden mit einem Jahr bei einer Größe von 5 bis 7 cm geschlechtsreif. Die Art kann ein Alter von 8 Jahren erreichen. Die Art putzt gelegentlich andere Fische.
Aquarienhaltung: Siehe Augenfleck-Lippfisch *(S. ocellatus)*.

Symphodus tinca (L., 1758)
Pfauenlippfisch

Familie Labridae

Erkennungsmerkmale: Größe bis 45 cm. Körper langgestreckt, kräftig, Maul mit sehr dicken, wulstigen Lippen. Färbung von bräunlich, grünlich bis gelblich mit blauen und roten, teilweise in Längsreihen angeordneten Punkten auf dem Körper sowie je einem schwarzen Fleck auf der Schwanzwurzel und einem dunklen Fleck oberhalb der Basis der Brustflossen. Ein dunkler Streifen reicht von der Schnauzenspitze zu den Augen, Flossen teilweise mit blauen Punkten. Weibchen und unterlegene Männchen mit je 2 dunkelbraunen Längsbinden auf den Seiten.
Verwechslungsmöglichkeiten: Kleine Exemplare können mit dem Grauen Lippfisch *(S. cinereus)* verwechselt werden, der jedoch nicht so bunt ist, deutlich kleiner bleibt und einen schwarzen Fleck am Anfang der Rückenflosse besitzt.
Lebensraum: Algenbestandene Sand- und Felsböden und Seegraswiesen. Vom Flachwasser bis in große Tiefe. Im gesamten Mittelmeer.
Biologie: Ernährt sich von bodenbewohnenden Wirbellosen. Dic Laichzeit reicht von Mai bis Juni. Anders als alle anderen Arten der Gattung soll der Pfauenlippfisch kein Nest bauen. Die Weibchen sollen ihre Eier meist auf veralgten Felsblöcken ablegen, wo sie vom Männchen bewacht aber nicht befächelt werden sollen. Geschlechtsumwandlung vom Weibchen zum Männchen. Mit 2 Jahren erreichen die Weibchen die Geschlechtsreife und wandeln sich meist 1 Jahr später zum Männchen um. Die Tiere können ein Alter von 14 bis 15 Jahren erreichen. Die Art kann häufig dabei beobachtet werden, wie sie sich vom Mittelmeerputzer-Lippfisch *(S. melanocerus)* putzen läßt. Sie putzt selber gelegentlich andere Fische.
Aquarienhaltung: Aufgrund der Größe nicht geeignet.

Symphodus melanocercus
(Risso, 1810)
Mittelmeerputzer-Lippfisch

Familie Labridae

Erkennungsmerkmale: Größe bis 14 cm, meist jedoch deutlich kleiner. Körper langgestreckt und schlank. Färbung silbrigbraun bis silbrigblau, Schwanzflosse dunkelviolett bis schwarz, manchmal mit blauem Hinterrand.
Verwechslungsmöglichkeiten: Nicht vorhanden.
Lebensraum: Im Bereich von Seegraswiesen, seltener auch über algenbestandenen Felsböden. Vom Flachwasser bis in ca. 40 m Tiefe. Im gesamten Mittelmeer.
Biologie: Diese Art betreibt häufig Putzstationen, die an markanten Stellen (z. B. herausragende Felsen) im Bereich von Seegraswiesen liegen. In weiten Teilen des Mittelmeeres lebt die Art ausschließlich vom Putzgewerbe, während sie in anderen zusätzlich Nahrung vom Boden aufnimmt. Je nach Art bzw. Gattung nehmen die Putzkunden eine charakteristische Putzstellung ein, um den Putzer zum Putzen aufzufordern. Lippfische stellen sich mit dem Kopf entweder fast senkrecht nach oben oder unten. Barsche der Familie Serranidae warten meist waagerecht im freien Wasser stehend auf den Putzer und reißen bei dessen Erscheinen das Maul weit auf. Bei Berührung der Kiemendeckel spreizen sie diese ab, um die Kiemen von Parasiten befreien zu lassen. Dabei dreht sich der Barsch manchmal um die eigene Achse. Brassen neigen sich meist schräg nach vorne, zittern heftig mit den Flossen und drehen sich vor dem Putzer im Kreis. Barben, Papageienfische oder Goldstriemen fressen oder schwimmen einfach weiter, während sie geputzt werden. Putzpräferenz: erst Kleinfische (z. B. *Chromis*), Barsche *(Serranus)*, große Lippfische, Schwärme von Goldstriemen und Meeräschen.
Aquarienhaltung: Siehe Augenfleck-Lippfisch *(S. ocellatus)*.

Xyrichthys novacula (L., 1758)
Schermesserfisch, Sandtaucher

Familie Labridae

Erkennungsmerkmale: Länge bis 30 cm, hochrückig und seitlich abgeflacht, sehr steiles Kopfprofil, Augen und Maul klein. Grundfärbung über Sand ausgesprochen blaß, seltener auch hellorange, an den Kopfseiten dünne, blaue Linien, laichbereite Weibchen besitzen am Bauch einen roten Fleck mit silbern leuchtenden Schuppen, bei Beunruhigung werden die Tiere dunkler und bekommen mehrere (5) rotbraune Quer- und 1 Längsbinde.
Verwechslungsmöglichkeiten: Nicht vorhanden.
Lebensraum: Sand- und Schlammböden ab 6 m bis 50 m Tiefe. Fast im gesamten Mittelmeer.
Biologie: Sandtaucher liegen bzw. stehen meist einzeln auf bzw. über dem Boden. Fühlen sie sich bedroht, ändert sich ihre Färbung wie oben beschrieben. Außerdem erheben sie sich vom Boden und neigen ihm den Kopf zu, um dann in Sekundenbruchteilen mit dem Kopf voran im Sand zu verschwinden. Dabei sind sie in der Lage, sich im Sand parallel zur Oberfläche fortzubewegen.
Ein dominantes Männchen besitzt ein Revier mit mehreren Weibchen, das es heftig gegen Nebenbuhler verteidigt. Auch die Weibchen verteidigen ihre kleinen Reviere, die im Revier des Männchens liegen.
Laichbereite Weibchen fallen durch den oben erwähnten Fleck auf. Im Bereich der Ovarien ist die Bauchdecke durchsichtig, was durch die Schuppen nicht auffällt. Reifen die Eier heran, dehnt sich die Bauchdecke, die Schuppen werden auseinandergezogen und die rote Färbung der Ovarien wird sichtbar. Je mehr Eier vorhanden sind, desto deutlicher wird der rote Fleck. Sie stellen so ihre Laichbereitschaft zur Schau. Nähert sich das Männchen, dann präsentiert das Weibchen mehrere Sekunden lang den Bauch. Es handelt sich offensichtlich um ein optisches Signal bei der Balz.
Das Nahrungsspektrum der Sandtaucher umfaßt Schnecken, Muscheln, kleine Krebse und Stachelhäuter.
Aquarienhaltung: Wenig geeignet.

Sparisoma cretense (L., 1758)
Seepapagei

Familie Scaridae

Erkennungsmerkmale: Größe bis 50 cm, meist jedoch bis 30 cm. Körper länglich-oval und seitlich abgeflacht mit großem Kopf. Mundöffnung klein, Zähne zu einem an einen Papageischnabel (Name!) erinnernden Kauapparat verschmolzen. Es sind 2 verschiedene Farbvarianten bekannt, wobei es sich um Geschlechtsdimorphismus handelt. Männchen sind grau gefärbt mit einem schwarzen, stimmungsabhängigen Fleck hinter den Kiemendeckeln. Weibchen sind rot gefärbt mit einem großen, grauen Fleck hinter dem Kopf sowie jeweils einem großen, gelben Fleck auf den Kiemendeckeln und der Oberseite der Schwanzwurzel. Je nach Stimmung kann diese auffällige Färbung aber auch verblassen.
Verwechslungsmöglichkeiten: Durch das an einen Papageischnabel erinnernde Maul nicht vorhanden.
Lebensraum: Über pflanzenbestandenen Böden aller Art, wie algenbewachsenen Felsböden, Seegraswiesen und ähnlichem. Vom Flachwasser bis in ca. 50 m Tiefe. Fast im gesamten Mittelmeer, fehlt nur in der Adria und einigen Teilen des westlichen Mittelmeeres.
Biologie: Ernährt sich von Algen und Kleintieren, die mit dem kräftigen „Schnabel" vom Untergrund geschabt werden. Man trifft Papageifische meist in kleinen Trupps von 3 bis 6 Tieren gleichen Geschlechts an. Selten kann man auch gemischte Trupps beobachten. Der schwarze Fleck hinter den Kiemendeckeln der Männchen ist stimmungsabhängig. Er konnte vom Verfasser stets bei kämpfenden und balzenden Männchen beobachtet werden. Beim Schwimmen werden beide Brustflossen gleichzeitig geschlagen (labriformes Schwimmen), wodurch die enge Verwandtschaft zu den Lippfischen belegt wird.
Aquarienhaltung: Nicht bekannt.

Uranoscopus scaber L., 1758
Himmelsgucker

Familie Uranoscopidae

Erkennungsmerkmale: Größe bis 35 cm. Körper langgestreckt und kräftig, keulenförmig. Kopf groß und breit, mit schräg nach oben gerichteter, weiter Mundöffnung, Unterkiefer mit wurmförmigem Hautlappen an der Spitze. Augen auf der Kopfoberseite (Name!). Beidseits oberhalb der Brustflossen je 1 kräftiger, nach hinten gerichteter Schulterstachel. 2 Rückenflossen vorhanden. Färbung gelblichweiß bis graubraun.
Verwechslungsmöglichkeiten: Nicht vorhanden. Einzige Art der Familie im Mittelmeer.
Lebensraum: Schlick- und Sandböden. Meist unterhalb von 15 m bis in große Tiefe. Im gesamten Mittelmeer.
Biologie: Ernährt sich von Würmern, Krebsen und kleinen Bodenfischen. Tagsüber sind die Tiere meist völlig im Boden vergraben, wobei nur noch die Augen herausragen. Zum Beutefang wird der wurmförmige Hautlappen aus dem Maul herausgestreckt und als Köder benutzt. Himmelsgucker besitzen außerdem hinter den Augen elektrische Organe, mit deren Hilfe Beutetiere geortet werden und mögliche Feinde abgeschreckt werden können. Außerhalb des Wassers sollen diese elektrischen Schläge sehr unangenehm sein, während sie unter Wasser kaum spürbar sind. Ebenfalls der Verteidigung dienen die beiden Schulterstacheln, über deren Giftigkeit bzw. Ungiftigkeit in der Literatur völlig unterschiedliche Angaben gemacht werden. Männchen erreichen bei einer Größe von 11 cm, Weibchen bei 14 cm Größe die Geschlechtsreife. Die Fortpflanzungszeit liegt zwischen April und August.
Aquarienhaltung: Nicht empfehlenswert.

Trachinus draco L., 1758
Buntes Petermännchen

Familie Trachinidae

Erkennungsmerkmale: Größe bis max. 45 cm, meist bis 30 cm. Körper langgestreckt und seitlich abgeflacht. Kopf groß, mit weiter, schräg nach oben gerichteter Mundöffnung. Augen seitlich auf der Kopfoberseite, nach oben gerichtet. Kiemendeckel mit langem, nach hinten gerichtetem Giftstachel. 1. Rückenflosse kurz, mit 5 bis 7 Giftstacheln, 2. lang, mit 29 bis 32 Flossenstrahlen. Färbung gelblichbraun mit dunklen Flecken auf der Kopfoberseite. Körperseiten gelblichweiß mit braunen, gelben und hellblauen, schräg nach vorn gerichteten Querstreifen und Flecken.
Verwechslungsmöglichkeiten: 3 weitere Arten aus 2 Gattungen dieser Familie im Mittelmeer vertreten, die sich jedoch in Färbung und Zeichnungsmuster gut unterscheiden lassen. Kleines Petermännchen (*Echiichthys vipera* (Cuvier, 1829)), bis 15 cm, gelblichbraun mit zahlreichen kleinen, dunklen Punkten, die in schräg nach vorne gerichteten Querreihen angeordnet sind, giftigste Art!, im gesamten Mittelmeer. Geflecktes Petermännchen (*T. araneus* Cuvier, 1829) bis 50 cm, gelblichgrau mit je einer Längsreihe von 6 bis 11 dunklen, rundlichen Flecken, im gesamten Mittelmeer. Großes Petermännchen *(T. radiatus)* siehe Artbeschreibung.
Lebensraum: Schlick- und Sandböden. Vom Flachwasser bis in große Tiefe, im Sommer meist zwischen 5 bis 10 m Tiefe. Im gesamten Mittelmeer.
Biologie: Petermännchen ernähren sich von Krebsen und kleinen Bodenfischen. Bis auf die Augen im Sand eingegraben lauern sie auf Beute, um blitzschnell mit kräftigen Schwanzschlägen hervorzuschießen, sobald diese in Reichweite kommt. Siehe auch Großes Petermännchen *(T. radiatus)*.
Aquarienhaltung: Nicht empfehlenswert.

Trachinus radiatus Cuvier, 1829
Großes Petermännchen

Familie Trachinidae

Erkennungsmerkmale: Größe bis max. 50 cm, meist bis 30 cm. Körper langgestreckt und seitlich abgeflacht. Kopf groß, mit weiter, schräg nach oben gerichteter Mundöffnung. Augen seitlich auf der Kopfoberseite, nach oben gerichtet. Kiemendeckel mit langem, nach hinten gerichtetem Giftstachel. 1. Rückenflosse kurz, mit 6 Giftstacheln, 2. lang, mit 26 bis 29 Flossenstrahlen. Färbung gelblichbraun mit dunkelbraunen, zum Teil ringförmig angeordneten Flecken und feinen, schräg nach vorn gerichteten Querstreifen auf den Körperseiten und dem Rücken.
Verwechslungsmöglichkeiten: Siehe Buntes Petermännchen *(T. draco)*.
Lebensraum: Schlick- und Sandböden, oft eingegraben. Vom Flachwasser bis in große Tiefe, meist unterhalb von 30 m Tiefe. Im gesamten Mittelmeer.
Biologie: Durch ihre Giftstacheln am Kiemendeckel und in der 1. Rückenflosse können Petermännchen vor allem Badenden gefährlich werden. Tritt man barfuß auf ein unsichtbares, weil im Sand eingegrabenes Petermännchen, kommt es zur Giftinjektion. Die Vergiftungserscheinungen hängen von der injizierten Giftmenge und der Empfindlichkeit des Opfers ab und sollen von unterschiedlich starken Schmerzen und Fieber über Gewebszerstörungen bis hin zu Atemlähmungen reichen können. Als Sofortmaßnahme sollte das betroffene Körperteil schnellstmöglich in so heißes Wasser wie erträglich gehalten werden. Dadurch wird das auf Eiweißbasis aufgebaute Gift zerstört und unwirksam. Petermännchen können bei Revierverteidigung Taucher auch aktiv angreifen und verletzen. Siehe auch Buntes Petermännchen *(T. draco)*.
Aquarienhaltung: Nicht empfehlenswert.

Parablennius gattorugine
(Brünnich, 1768)
Geweihschleimfisch

Familie Blenniidae

Erkennungsmerkmale: Größe bis 30 cm, meist aber kleiner, bis 15 bis 20 cm. Körper langgestreckt und schlank, mit mehr oder weniger abgerundetem Kopf. Kopf mit großen und auffälligen, stark verzweigten, an ein Geweih erinnernden Augententakeln und kleinen Fortsätzen vor den Augen. Nur eine ungeteilte Rückenflosse vorhanden, diese vorn deutlich höher als hinten. Färbung rötlichbraun bis braun mit 6 bis 7 helleren Querbinden.
Verwechslungsmöglichkeiten: Aufgrund der Färbung und der auffälligen und stark verzweigten Augententakel nicht vorhanden.
Lebensraum: Verschiedene Felsböden und Felswände, seltener in Seegraswiesen. Meist unterhalb von 3 m bis in ca. 30 m Tiefe. Fehlt in Teilen des östlichen Mittelmeeres.
Biologie: Diese Art ist überwiegend dämmerungsaktiv, kann aber auch am Tage beobachtet werden. Während der Laichzeit zwischen März und Mai suchen mehrere Weibchen das Revier eines Männchens auf, in dessen Zentrum sich stets eine Spalte oder etwas ähnliches befindet. Nach dem Ablaichen bewacht das Männchen das Gelege bis zum Schlupf. Die Art ernährt sich von verschiedenen Wirbellosen und Algen.
Aquarienhaltung: Etwas aggressiv gegen Artgenossen, sonst aber gut geeignet.

Parablennius tentacularis
(Brünnich, 1768)
Gehörnter Schleimfisch

Familie Blenniidae

Erkennungsmerkmale: Größe bis 15 cm. Körper langgestreckt und schlank, mit mehr oder weniger abgerundetem Kopf. Kopf mit sehr langen, wenig verzweigten Augententakeln (mehr als dreimal so lang wie Augendurchmesser). Nur eine ungeteilte Rückenflosse vorhanden. Färbung bräunlich bis rötlichgrau mit 7 bis 8 oft undeutlichen, helleren Querbinden und dunklen Punkten und Flecken.
Verwechslungsmöglichkeiten: Nur diese Art ist im Besitz von so langen Augententakeln.
Lebensraum: Auf Fels- und Sandböden und in Seegraswiesen. Vom Flachwasser bis in große Tiefe. Fehlt im südlichen Mittelmeer.
Biologie: Ähnlich wie bei anderen Schleimfischarten.
Aquarienhaltung: Gut geeignet. Wie bei allen Schleimfischarten, die im Flachwasser vorkommen, muß man auch bei der Haltung dieser Art auf eine gute Abdeckung des Aquariums achten, da die flinken Tiere gerne springen. Dies passiert besonders häufig, wenn sich das Wasser für längere Zeit über 20° C erwärmt, was bei allen Mittelmeertieren vermieden werden sollte.

Parablennius rouxi (Cocco, 1833)
Gestreifter Schleimfisch

Familie Blenniidae

Erkennungsmerkmale: Größe bis 70 mm. Körper langgestreckt und schlank, mit mehr oder weniger abgerundetem Kopf. Dieser mit gefransten Augententakeln und Fortsätzen vor den Augen. Nur 1 eingekerbte Rückenflosse vorhanden. Färbung weiß bis gelblichweiß mit charakteristischer, schwarzer Längsbinde von den Augen bis zum Schwanz.
Verwechslungsmöglichkeiten: Nicht vorhanden.
Lebensraum: Auf Felsböden und zwischen Steinen und Geröll, bevorzugt kahle, weißliche Umgebung. Vom Flachwasser bis in ca. 40 m Tiefe. Ausschließlich im Mittelmeer.
Biologie: Die Färbung der einzelnen Schleimfischarten kann zum Teil beträchtlich variieren. Zum einen sind sie in der Lage, ihr Farbkleid je nach Stimmung (während der Balz, beim Kampfverhalten, beim Schlafen, etc.) zu verändern. Des weiteren können Färbung und Zeichnungsmuster oftmals der Umgebung angepaßt werden, was der Tarnung dient. Diese Art ist eine der wenigen Ausnahmen, deren Färbung ziemlich konstant und unverwechselbar ist. Der deutsche Name Schleimfische kommt dadurch zustande, daß die Haut dieser Fische schuppenlos ist. Statt dessen enthält sie zahllose Schleimdrüsen, wodurch die Oberfläche sehr schleimig ist. Die meist kleinen Fischchen zeichnen sich durch eine fast menschlich anmutende Neugier aus und verhalten sich dem Menschen gegenüber oft wenig scheu. Fühlen sie sich bedroht, dann verschwinden sie blitzschnell in einem der Verstecke ihres Revieres, in dem sie sich hervorragend „auskennen“. Doch schon nach wenigen Augenblicken stecken sie wieder neugierig ihren Kopf heraus und beobachten ihre Umgebung. Siehe auch Artbeschreibungen anderer Schleimfische.
Aquarienhaltung: Gut geeignet.

Lipophrys pavo (Risso, 1810)
Pfauenschleimfisch

Familie Blenniidae

Erkennungsmerkmale: Größe bis 130 mm. Körper langgestreckt und schlank, mit mehr oder weniger abgerundetem Kopf. Kopf mit ungefransten, sehr kurzen Augententakeln, ohne weitere Fortsätze. Nur 1 ungeteilte Rückenflosse vorhanden. Männchen mit auffälligem, häutigem Scheitelkamm auf dem Kopf, der zur Fortpflanzungszeit anschwillt. Grundfärbung gelblichgrün bis grünlichbraun mit dunklen, oft blau gesäumten Querbinden und zahlreichen blauen Punkten, hinter den Augen ein manchmal nicht vollständig blaugerandeter Augenfleck. Scheitelkamm der Männchen während der Fortpflanzungszeit orange.
Verwechslungsmöglichkeiten: Der Basilisk-Schleimfisch (*L. basiliscus* (Valenciennes, 1836)) ist sehr ähnlich gefärbt, die Männchen besitzen ebenfalls einen Scheitelkamm. Er unterscheidet sich jedoch eindeutig durch das Fehlen des Augenflecks hinter den Augen. Kann außerdem mit dem kleineren Sphinx-Schleimfisch *(Aidablennius sphinx (Valenciennes, 1836))* verwechselt werden, den man jedoch an der eingekerbten Rückenflosse, an den ungeteilten Augententakeln und weiteren Fortsätzen am Kopf erkennen kann.
Lebensraum: Felsböden und Felswände, auch in Gezeitentümpeln. Nur von der Gezeitenzone bis in wenige Meter Tiefe. Fehlt an der afrikanischen Küste des östlichen Mittelmeeres.
Biologie: Die Männchen dieser Art können während der Ebbe in tiefen Löchern oder Spalten oberhalb des Wasserspiegels bleiben, während sich Jungtiere und Weibchen stets unter der Wasseroberfläche aufhalten. Die Art verträgt Brackwasser bis zu einem Salzgehalt von nur 5 ‰.
Aquarienhaltung: Problemlos, Männchen oft unverträglich.

Lipophrys canevai

(Vinciguerra, 1880)

Gelbwangen-Schleimfisch

Familie Blenniidae

Erkennungsmerkmale: Größe bis 7 cm. Körper langgestreckt und schlank, mit mehr oder weniger abgerundetem Kopf. Kopf ohne Augententakel, aber mit winzigen Nasententakeln. Mit eingekerbter Rükkenflosse, vorderer Teil niedriger als hinterer Teil. Färbung variabel, gelblichbraun bis beigebraun, mit rötlichbrauner bis dunkelbrauner Zeichnung in Form von Längsstreifen (im hinteren Körperabschnitt) und/oder Flecken und Punkten (im vorderen Körperabschnitt), die in Längsreihen angeordnet sein können. Männchen während der Laichzeit mit schwarzem Kopf und gelben bis orangefarbenen Wangen und Kehle.
Verwechslungsmöglichkeiten: Kann eventuell mit dem ähnlich aussehenden, bis 5 cm groß werdenden Adria-Schleimfisch (*L. adriaticus* (Steindachner und Kolombatovic, 1883)) verwechselt werden. Bei diesem ist jedoch die untere Körperhälfte einheitlich weißlich gefärbt. Während der Laichzeit kann man die Männchen außerdem mit den Männchen der bis 4 cm groß werdenden Dalmatinischen Schleimfische (*L. dalmatinus* (Steindachner und Kolombatovic, 1883)) verwechseln, da sie ebenfalls eine schwarze Gesichtsmaske und zitronengelbe Wangen und Kehle besitzen.
Lebensraum: Auf Felswänden mit Bohrmuschellöchern. Nur im Flachwasser.
Biologie: Gelbwangen-Schleimfische bewohnen Bohrmuschellöcher nahe der Wasseroberfläche, in die sie sich mit dem Schwanz voran einfädeln. Bei innerartlichen Auseinandersetzungen färben sich die Wangen der Männchen dunkelgrau, während sich der Scheitel hell färbt.
Aquarienhaltung: Gut geeignet. Becken gut abdecken!

Lipophrys nigriceps

(Vinciguerra, 1883)

Schwarzkopf-Schleimfisch

Familie Blenniidae

Erkennungsmerkmale: Größe bis 40 mm. Körper langgestreckt und schlank, mit mehr oder weniger abgerundetem Kopf. Kopf ohne Augententakel oder Fortsätze. Nur 1 eingekerbte Rückenflosse vorhanden. Körper rot gefärbt mit schwarzem oder schwarzmarmoriertem Kopf. Zur Laichzeit findet man balzende Männchen mit zitronengelben Wangen.

Verwechslungsmöglichkeiten: Mit anderen Vertretern der Familie aufgrund der charakteristischen Färbung nicht vorhanden. Zwergspitzkopf-Schleimfische *(Tripterygion melanurus)* sind jedoch fast genauso gefärbt. Sie unterscheiden sich aber durch den Besitz von 3 Rückenflossen und ein spitzes Kopfprofil. Außerdem fliehen sie bei Gefahr nie in kleine Spalten und Löcher. Vom Schwarzkopf-Schleimfisch gibt es 2 Unterarten: die nördliche Form *(L. n. nigriceps)* ohne schwarzen Schwanzfleck und die südliche *(L. n. cypriacus)* mit schwarzem Schwanzfleck.

Lebensraum: Meist schattige Felswände und Felsböden. Nur im Flachwasser bis in wenige m Tiefe. In weiten Teilen des Mittelmeeres.

Biologie: Schleimfische besitzen keine Schwimmblase, wodurch sich ihre hüpfende, substratorientierte Fortbewegungsweise erklärt. In Ruhe stützen sie sich stets auf ihre kehlständigen, fadenförmigen Brustflossen auf. Die meisten Arten sind ortstreue Revierinhaber, die kleine Spalten und Löcher (z. B. Bohrmuschellöcher) bewohnen und in ihnen auch ablaichen. Bei den meisten Arten legen die Männchen während der Fortpflanzungszeit eine attraktive Balzfärbung an. Siehe auch Artbeschreibungen anderer Schleimfische.

Aquarienhaltung: Sehr attraktiver, gut geeigneter Pflegling.

Tripterygion melanurus Guich
Zwergspitzkopf-Schleimfisch

Familie Tripterygiidae

Erkennungsmerkmale: Größe bis 40 mm. Körper langgestreckt und schlank, mit zugespitztem Kopf. 3 Rückenflossen vorhanden, die 1. klein und dreieckig. Geschlechter gleichgefärbt, Körper rot mit schwarzmarmoriertem oder völlig schwarzem Kopf und 2 bis 5 weißen Flecken auf dem Rücken.
Verwechslungsmöglichkeiten: Schwarzkopf-Schleimfische *(Lipophrys nigriceps)* sind ebenfalls rot gefärbt mit einem dunkel- bis schwarzmarmorierten Kopf. Sie besitzen jedoch nur 1 eingekerbte Rückenflosse, haben ein stumpferes Kopfprofil und fliehen bei Gefahr in kleine Löcher und Ritzen. Vom Zwergspitzkopf-Schleimfisch gibt es 2 Unterarten: den südlichen Zwergspitzkopf-Schleimfisch *(T. m. melanurus)* mit einem zumindest teilweise hellgerandeten, schwarzen Fleck auf der Schwanzwurzel und den nördlichen Zwergspitzkopf-Schleimfisch *(T. m. minor)* ohne solch einen Fleck. Übergangsformen vorhanden.
Lebensraum: Felsböden und Felswände, Höhlen. Vom Flachwasser bis in ca. 20 m Tiefe. Wahrscheinlich im gesamten Mittelmeer.
Biologie: Die Art flieht bei Gefahr nie in Spalten oder Löcher. Auch vom Schwarzkopf-Schleimfisch gibt es interessanterweise eine nördliche und südliche Unterart, die sich auch durch einen schwarzen Fleck auf der Schwanzwurzel voneinander unterscheiden. Es erscheint unwahrscheinlich, daß sich bei beiden Arten zufällig 2 fast identisch gefärbte Unterarten entwickelt haben. Eventuell ahmt eine Art die andere nach, wobei nicht bekannt ist, wer wen und weshalb.
Aquarienhaltung: Die Art soll die robusteste der 3 Arten sein, die für die Haltung besser geeignet ist. Sonstiges siehe Gelber Spitzkopf-Schleimfisch *(T. xanthosoma)*.

Tripterygion tripteronotus
(Risso, 1810)
Roter Spitzkopf-Schleimfisch

Familie Tripterygiidae

Erkennungsmerkmale: Größe bis 80 mm. Körper langgestreckt und schlank, mit zugespitztem Kopf. 3 Rückenflossen vorhanden, die 1. klein und dreieckig, während der Fortpflanzungszeit beim Männchen die ersten Strahlen der 2. Rückenflosse zipfelförmig verlängert. Färbung von Jungtieren, Weibchen und Männchen außerhalb der Fortpflanzungszeit hellbraun bis grau mit dunklen Querbinden. Männchen die ein Revier verteidigen, kräftig rot mit schwarzem Kopf.
Verwechslungsmöglichkeiten: Kann leicht mit dem Gelben Spitzkopf-Schleimfisch *(T. xanthosoma)* verwechselt werden, der erst 1971 von dieser Art abgetrennt wurde und sich in Färbung und Lebensraum unterscheidet. Siehe daher auch dessen Artbeschreibung. Spitzkopf-Schleimfische dieser Gattung unterscheiden sich von anderen Schleimfischen vor allem durch den Besitz von 3 statt 1 bzw. 2 Rückenflossen und ihren spitzen Kopf.
Lebensraum: Felsböden und Felswände. Im Flachwasser bis in 6 m Tiefe, selten tiefer. Fehlt eventuell in Teilen des östlichen Mittelmeeres.
Biologie: Spitzkopf-Schleimfische besitzen anders als Schleimfische der Familie Blenniidae in ihren Revieren keine Schlupfwinkel, in die sie sich bei Gefahr zurückziehen können. Während der Fortpflanzungszeit besetzen die Männchen ein Revier mit einem Durchmesser bis zu 2 m und schwimmen in Zickzack-Sprüngen im freien Wasser vor dem Laichplatz umher, um so die laichbereiten Weibchen anzulocken. Die Art erreicht nur ein Alter von ca. $2\frac{1}{2}$ Jahren.
Aquarienhaltung: Siehe Gelber Spitzkopf-Schleimfisch *(T. xanthosoma)*.

Tripterygion xanthosoma
(Zander und Heymer, 1971)
Gelber Spitzkopf-Schleimfisch

Familie Tripterygiidae

Erkennungsmerkmale: Größe bis 80 mm. Körper langgestreckt und schlank, mit zugespitztem Kopf. 3 Rückenflossen vorhanden, die 1. klein und dreieckig, während der Fortpflanzungszeit beim Männchen die ersten Strahlen der 2. Rückenflosse zipfelförmig verlängert. Färbung von Jungtieren, Weibchen und Männchen außerhalb der Fortpflanzungszeit hellbraun bis grau mit dunklen Querbinden und schwarzem Fleck auf der Schwanzwurzel. Männchen, die ein Revier verteidigen, gelb bis orange mit schwarzem Kopf.

Verwechslungsmöglichkeiten: Diese Art wurde erst 1971 vom Roten Spitzkopf-Schleimfisch *(T. tripteronotus)* abgetrennt und unterscheidet sich in Färbung und Lebensraum. Siehe dessen Artbeschreibung.

Lebensraum: Felsböden und Felswände. Meist zwischen 10 bis ca. 40 m Tiefe. Wahrscheinlich im gesamten Mittelmeer.

Biologie: Diese Art bevorzugt laut Literatur kühleres Wasser und mehr Schatten als ihre Schwesterart, der Rote Spitzkopf-Schleimfisch *(T. tripteronotus)*. In Tiefen zwischen 2 bis 10 m, in denen beide Arten anzutreffen sind, werden Kreuzungen durch die Weibchen verhindert, die die anders gefärbten Männchen der anderen Art meiden.

Aquarienhaltung: Die Haltung dieser Art ist problematischer als bei den meisten Schleimfischen der Familie Blenniidae. Die Tiere fressen nur kleines Futter und sollten vor allem während der Eingewöhnung häufig gefüttert werden. Da es sich um recht langsame Fresser handelt, darf man sie nicht mit „gierigen" Arten vergesellschaften. Andernfalls verkümmert die Art und verhungert schließlich.

Gobius bucchichii

Steindachner, 1879

Anemonengrundel

Familie Gobiidae

Erkennungsmerkmale: Größe bis 10 cm. Körper gestreckt, zylindrisch. Kopf relativ klein. Grundfärbung gelblichbraun bis gelblichgrau mit bräunlicher Strichel- und Fleckenzeichnung.

Verwechslungsmöglichkeiten: Da sich Grundeln im Körperbau und Färbung oft nur wenig unterscheiden und die arttypische Färbung außerdem variieren kann, ist die genaue Artbestimmung für den Laien oft schwierig. Die Anemonengrundel ist jedoch die einzige Art, die in Gemeinschaft mit der Wachsrose *(Anemonia sulcata)* lebt.

Lebensraum: Auf Sand- und Hartböden, oft in Gemeinschaft mit der Wachsrose *(A. sulcata)*. Meist im Flachwasser bis zu 10 m Tiefe, selten tiefer.

Biologie: Ernährt sich von Würmern, Kleinkrebsen, Schnecken und kleinen Fischen. Bei der Lebensgemeinschaft mit der Wachsrose handelt es sich um eine fakultative Gemeinschaft, das heißt, die Grundel ist nicht auf den Schutz ihres Partners angewiesen und kann auch ohne ihn angetroffen werden. Bei Gefahr flüchtet die Grundel zwischen die Tentakel ihres Partners. Da nicht genau geklärt ist, ob der Anemone Vorteile aus dieser Gemeinschaft entstehen, handelt es sich wohl um eine Karpose, also eine Gemeinschaft bei der nur ein Partner, hier die Grundel, Vorteile genießt, während dem anderen, der Anemone, keine Nachteile entstehen. Eine Karpose, bei der eine Art in unmittelbarer Nähe einer anderen lebt, wird als Parökie, als Nachbarschaftsverhältnis bezeichnet. Der Schutz der Grundel gegenüber den Nesselzellen der Wachsrose soll angeboren sein.

Aquarienhaltung: Unproblematisch. Sehr empfehlenswert und interessant ist die gemeinsame Haltung mit der Wachsrose.

Gobius cobitis Pallas, 1811
Riesengrundel

Familie Gobiidae

Erkennungsmerkmale: Größe bis 30 cm. Körper gestreckt, zylindrisch, bullig, mit großem Kopf und vorstehenden Augen. Grundfärbung grüngelblich bis grünbraun mit schwarzer Marmorierung.
Verwechslungsmöglichkeiten: Größte Art des Mittelmeeres. Siehe auch Anemonengrundel *(Gobius bucchichii)*.
Lebensraum: Bewachsene Felsküsten und Seegraswiesen. Bis maximal 10 m Tiefe. Im gesamten Mittelmeer.
Biologie: Ernährt sich von Grünalgen, Würmern, Kleinkrebsen, Weichtieren und Kleinfischen. Obwohl die Riesengrundel sehr häufig ist, bekommt man sie recht selten zu Gesicht, da sie sehr scheu ist und eine dementsprechend große Fluchtdistanz hat. Die Laichzeit fällt im Mittelmeer auf die Monate März bis Mai. Das Männchen besetzt ein Revier, das heftig gegen Artgenossen verteidigt wird. Die Eiablage erfolgt nach einem Balzspiel in einem vom Männchen unter Steinen oder ähnlichem angelegten Nest, wobei die birnenförmigen Eier mit Hilfe von Haftfäden am Nestdach kleben. Das Männchen versorgt und bewacht das Gelege bis zum Schlupf der Brut.
Aquarienhaltung: Die Haltung ist wie bei fast allen Grundeln unproblematisch. Allerdings benötigen sie einen geeigneten Unterschlupf, in dem sie sich verstecken können. Man sollte sie auch nur mit mindestens gleichgroßen Beckengenossen vergesellschaften, da diese sonst früher oder später der Bereicherung des Speiseplans der größeren Grundeln dienen.

Gobius geniporus

Valenciennes, 1837

Schlankgrundel

Familie Gobiidae

Erkennungsmerkmale: Größe bis 16 cm. Körper langgestreckt, zylindrisch, sehr schlank (Name!). Färbung sandfarben mit dunkler Marmorierung, an den Seiten mit einer Längsreihe dunkler Flecken.
Verwechslungsmöglichkeiten: Keine. Siehe Anemonengrundel *(G. bucchichii)*.
Lebensraum: Sand- und Felsböden sowie in Seegraswiesen. Vom Flachwasser an. Westliches Mittelmeer, fehlt in weiten Teilen des östlichen Mittelmeeres.
Biologie: Die Schlankgrundel benutzt natürliche Höhlungen unter Seegras, Steinen oder Felsen als Unterschlupf. Im Gegensatz zur Riesengrundel *(G. cobitis)* ist sie nicht besonders scheu und flüchtet meist nur in kleinen Etappen von maximal 1 m in Richtung ihres Unterschlupfes, um immer wieder kurze Beobachtungspausen einzulegen.
Aquarienhaltung: Siehe Riesengrundel *(G. cobitis)*.

Gobius cruentatus Gmelin, 1789

Rotmaulgrundel

Familie Gobiidae

Erkennungsmerkmale: Größe bis knapp 20 cm. Körper gestreckt, zylindrisch, mit großem Kopf und großen, vorstehenden Augen. Grundfärbung rötlich-braun mit dunkler Marmorierung, die sich zu mehreren angedeuteten Querbinden anordnen kann. Lippen auffällig blutrot gefärbt. Weitere rote Flecken auch auf Wangen, Kiemendekkel, Brust- und Rückenflossen.
Verwechslungsmöglichkeiten: Aufgrund der auffälligen Färbung der Lippen nicht vorhanden.
Lebensraum: Verschiedene Fels- und Sandböden sowie in Algenbeständen und Seegraswiesen. Unterhalb von 10 m bis in größere Tiefen. Im gesamten Mittelmeer außer der afrikanischen Küste des östlichen Mittelmeeres.
Biologie: Keine Besonderheiten.
Aquarienhaltung: Sehr attraktiver Pflegling. Haltung siehe Riesengrundel *(G. cobitis)*.

Gobius niger jozo L., 1758
Schwarzgrundel

Familie Gobiidae

Erkennungsmerkmale: Größe bis 20 cm. Körper langgestreckt, zylindrisch, schlank, mit großem Kopf. 1. Rückenflosse sichelförmig und fahnenartig verlängert. Normalfärbung variabel, von gelbgrau bis braun mit dunkler Marmorierung, geschlechtsreife Männchen an Wangen und Mundboden blauschwarz bis schwarz. Alte und fortpflanzungsbereite Männchen am gesamten Körper blauschwarz bis schwarz gefärbt.

Verwechslungsmöglichkeiten: Bestes Unterscheidungsmerkmal gegenüber anderen Arten ist neben der schwarzen Färbung fortpflanzungsbereiter Männchen die sichelförmige, fahnenartig verlängerte 1. Rückenflosse.

Lebensraum: Auf Schlick-, Sand- und Muschelböden. Vom Flachwasser bis in große Tiefen. Im gesamten Mittelmeer.

Biologie: Schwarzgrundeln bewohnen meist selbstgebaute Löcher unter Felsen, Steinen, Muscheln oder ähnlichem. Je nach Bodenbeschaffenheit kann sich der Eingang zu ihrem Unterschlupf in einem tiefen Trichter im Boden befinden. Der Aushub wird entweder mit dem Maul zum Rand des Kraters transportiert oder durch heftige Schwanzbewegungen herausgeschleudert. Während der Fortpflanzungszeit kann es zwischen Männchen zu heftigen Auseinandersetzungen mit beeindruckenden Drohgebärden und wilden Maulkämpfen kommen. Dabei sind die Tiere sogar zu Lautäußerungen in Form von Schnarrlauten fähig.

Aquarienhaltung: Siehe Riesengrundel *(G. cobitis)*.

Thorogobius ephippiatus
(Lowe, 1839)

Leopardengrundel

Familie Gobiidae

Erkennungsmerkmale: Größe bis 13 cm. Körper langgestreckt, zylindrisch. Färbung weiß bis sandfarben mit je einer Längsreihe brauner, großer Flecke auf den Körperseiten und dem Rücken sowie zahlreichen kleineren, rotbraunen im Kopfbereich. Sämtliche Flossen farblos durchscheinend.
Verwechslungsmöglichkeiten: Aufgrund der charakteristischen Färbung eigentlich nicht vorhanden. Siehe aber auch Anemonengrundel *(G. bucchichii)*.
Lebensraum: Sand- und Felsböden. Vom Flachwasser bis in größere Tiefe. Häufiger in sandgefüllten Höhlen oder unter Überhängen.
Biologie: Die Bauchflossen sind teilweise miteinander zu einem Trichter verwachsen, der als Saugscheibe dient. Mit dieser Saugscheibe können sich Grundeln am Untergrund festhalten.
Die Grundeln betreiben Brutpflege. Die im Sommer an Steinen, Muscheln o.ä. abgelegten, birnenförmigen Eier werden vom Männchen bewacht.
Aquarienhaltung: Die Haltung ist wie bei fast allen Grundeln unproblematisch. Allerdings benötigen sie eine geeigneten Unterschlupf, in dem sie sich verstecken können. Man sollte sie auch nur mit mindestens gleichgroßen Beckengenossen vergesellschaften, da diese sonst früher oder später der Bereicherung des Speiseplans der größeren Grundeln dienen.

Scorpaena porcus L., 1758
Kleiner Drachenkopf

Familie Scorpaenidae

Erkennungsmerkmale: Größe bis 25 cm. Kräftiger, seitlich etwas abgeflachter Körper mit großem, breitem, stachelig gepanzertem Kopf. Über den Augen je ein langer, auffälliger, federartiger Tentakel. Keine Hautlappen am Kinn, kein schwarzer Fleck in der Rückenflosse. Braun bis rötlichbraun gefärbt mit unregelmäßigen, dunkleren Flecken.
Verwechslungsmöglichkeiten: Der Große Rote Drachenkopf *(Scorpaena scrofa)* wird mit bis zu 50 cm deutlich größer. Sicheres Erkennungsmerkmal sind die zahlreichen Hautlappen am Kinn. Der Kleine Rote Drachenkopf *(Scorpaena notata)* bleibt mit max. 18 cm etwas kleiner und ist leicht an dem schwarzen Fleck in der Rückenflosse zu erkennen. Außerdem besitzt er nur sehr kleine Augententakel und keine Hautlappen am Kinn.
Lebensraum: Algenbewachsener Felsgrund und senkrechte Schattenwände. Meist im Flachwasser, dringt jedoch auch bis in große Tiefen vor.
Biologie: Ernährt sich von Garnelen, Krabben und kleinen Fischen. Die hauptsächlich dämmerungsaktiven Jäger liegen bewegungslos auf der Lauer. Sobald sie ein Beutetier entdecken, schießen sie blitzschnell vor und saugen es mit ihrem großen Maul ein. Bei allen 3 Drachenkopfarten kommt es zu regelmäßigen Häutungen mehrmals im Monat, deren Sinn noch unbekannt ist. Außerdem zeichnen sie sich alle durch den Besitz von Giftstacheln aus, die im vorderen Teil der Rücken- und der Afterflosse, in den Bauchflossen und an den Kiemendeckeln lokalisiert sind. Weiteres siehe Artbeschreibung von *S. scrofa* und *S. notata*.
Aquarienhaltung: Ausdauernder Aquarienbewohner, der aber einzeln oder mit mindestens gleichgroßen Fischen gehalten werden sollte.

Scorpaena scrofa L., 1758
Großer Roter Drachenkopf

Familie Scorpaenidae

Erkennungsmerkmale: Größe bis 50 cm. Kräftiger, seitlich etwas abgeflachter Körper mit großem, breitem, stachelig gepanzertem Kopf. Kleine Augententakel, zahlreiche Hautlappen am Kinn, kein schwarzer Fleck in der Rückenflosse. Färbung rötlichbraun bis rot mit hellen und dunklen Marmorierungen.

Verwechslungsmöglichkeiten: Der Kleine Drachenkopf *(S. porcus)* unterscheidet sich durch große, federartige Augententakel und fehlende Hautlappen am Kinn. Der Kleine Rote Drachenkopf *(S. notata)* unterscheidet sich durch sehr kleine Augententakel, fehlende Hautlappen am Kinn und einen schwarzen Fleck in der Rückenflosse.

Lebensraum: Überwiegend auf Felsgrund. Vom Flachwasser bis in große Tiefen, meist jedoch unterhalb von 20 m Tiefe.

Biologie: Ernährt sich von Krebstieren und Fischen. Bei Bedrohung werden Rückenflosse, Bauchflossen und Kiemendeckel abgespreizt (Giftstacheln!). Bei ihren Giftstacheln handelt es sich um rein passive Verteidigungswerkzeuge, d.h. Drachenköpfe greifen bei Bedrohung nicht an. Da Drachenköpfe durch ihre Färbung hervorragend getarnt sind, werden sie leicht von Tauchern übersehen. Zwar fliehen die Tiere in der Regel rechtzeitig, doch kann es durchaus vorkommen, daß ein unvorsichtiger Taucher direkt in einen Drachenkopf greift bzw. sich darauflegt. Der Stich durch die Giftstacheln bewirkt einen anhaltenden, brennenden Schmerz und teilweise starke Schwellungen, hat in der Regel jedoch keine ernsten Folgen. Die Gefährlichkeit der Giftstacheln bleibt auch nach dem Tod des Fisches erhalten! Weiteres siehe *S. porca* und *S. notata*.

Aquarienhaltung: Nicht empfehlenswert, aufgrund der Größe bestenfalls für große Schaubecken geeignet.

Scorpaena notata Rafinesque, 1810
Kleiner Roter Drachenkopf

Familie Scorpaenidae

Erkennungsmerkmale: Größe bis 18 cm. Kräftiger, seitlich etwas abgeflachter Körper mit großem, breitem, stachelig gepanzertem Kopf. Sehr kurze Augententakel, keine Hautlappen am Kinn, schwarzer Fleck in der Rückenflosse. Rötlich gefärbt mit braunen und gelblichen Flecken.

Verwechslungsmöglichkeiten: Der Kleine Drachenkopf *(S. porcus)* unterscheidet sich durch die großen, federartigen Augententakel und den fehlenden schwarzen Fleck in der Rückenflosse. Der Große Rote Drachenkopf *(S. scrofa)* unterscheidet sich durch die zahlreichen Hautlappen am Kinn und den fehlenden schwarzen Fleck in der Rückenflosse.

Lebensraum: Sand-, Schlamm- und Muschelbruchböden, Seegraswiesen und seltener auch auf Hartböden. Vom Flachwasser bis in große Tiefen, meist unterhalb von 20 m Tiefe. Soll nicht so häufig wie die anderen beiden Arten sein.

Biologie: Ernährt sich hauptsächlich von Krebstieren. Bei dem Gift der Drachenköpfe handelt es sich um ein Eiweiß. Aus diesem Grund ist die beste Behandlungsmethode, den betroffenen Körperteil in heißem Wasser (so heiß man es aushalten kann!) zu baden, da das Gift dann zerfällt und unwirksam wird. Dabei gilt, je schneller die Behandlung einsetzt und je heißer das Wasser ist, desto schneller läßt die Wirkung des Giftes nach, bzw. desto größer ist die Chance, daß es erst gar nicht seine volle Wirkung entfalten kann.

Drachenköpfe besitzen ein sehr schmackhaftes Fleisch, das wichtigster Bestandteil der französischen „Bouillabaisse“ ist.

Aquarienhaltung: Siehe Kleiner Drachenkopf *(S. porcus)* .

Trigloporus lastoviza (Bonnaterre, 1788)

Gestreifter Knurrhahn

Familie Triglidae

Erkennungsmerkmale: Größe bis 40 cm. Körper langgestreckt und kegelförmig, Kopf mit Hautknochen gepanzert, Kopfprofil steil. Brustflossen auffällig groß, die ersten 3 Strahlen stehen frei und sind bodenwärts gewinkelt, fingerförmig. Der restliche Teil der Brustflossen ist flügelartig vergrößert. Färbung variabel, meist rötlich mit bräunlichen Flecken, die streifenförmig angeordnet sein können, bei Bedrohung deutlich blasser. Brustflossen zusammengefaltet ebenfalls rötlich mit bräunlichen Bändern, ausgebreitet rotbraune Grundfärbung mit blauen Fleckenreihen zwischen den Flossenstrahlen und leuchtend blauem Rand.
Verwechslungsmöglichkeiten: 6 weitere Knurrhahnarten der Gattung *Trigla* im Mittelmeer, deren Brustflossen aber meist deutlich kleiner und stets mit anderer Färbung. Eine weitere Verwechslungsmöglichkeit stellt der Flughahn *(Dactylopterus volitans)* dar, siehe dessen Artbeschreibung.
Lebensraum: Sand- und Schlickgrund, meist in der Nähe von Felsküsten. Oft im Bereich um 40 m Tiefe, stellenweise jedoch bereits ab 10 m Tiefe.
Biologie: Mit Hilfe der fingerförmigen, freien Brustflossenstrahlen, an deren Spitze sich Geschmacksknospen befinden (Aufspüren der Nahrung, hauptsächlich Krebstiere), können Knurrhähne über den Boden „laufen". Fühlt sich der gestreifte Knurrhahn bedroht, dann werden plötzlich die Brustflossen ausgebreitet, die Färbung verblaßt, und er „segelt" eine Strecke durchs freie Wasser. Anschließend faltet er sie ebenso plötzlich zusammen, wird dunkler und läßt sich wieder am Boden nieder. Siehe auch Flughahn (*D. volitans*).
Aquarienhaltung: Nicht bekannt.

Dactylopterus volitans (L., 1758)
Flughahn

Familie Dactylopteridae

Erkennungsmerkmale: Größe bis 50 cm. Körperform langgestreckt, ähnlich den Knurrhähnen. Kopfprofil wirkt abgerundeter als bei den Knurrhähnen, mit auffälligen, langen, nach hinten gerichteten Stacheln zu beiden Seiten. Brustflossen noch größer als bei den Knurrhähnen, aber ohne freie, fingerförmige Strahlen. Körpergrundfärbung bräunlich mit dunklen Flecken und hellen Punkten. Brustflossen ausgebreitet braunschwarz mit blauen Streifen und Punktreihen.

Verwechslungsmöglichkeiten: Kann mit verschiedenen Knurrhahnarten der Gattung *Trigla* verwechselt werden. Diese jedoch stets mit 3 freien, fingerförmigen Brustflossenstrahlen, deutlich kleineren und anders gezeichneten Brustflossen und ohne Kopfstacheln.

Lebensraum: Sand- und Schlickböden. Meist zwischen 10 bis 30 m Tiefe, aber auch darunter. Selten.

Biologie: Ernährt sich von kleinen Bodentieren, hauptsächlich von Kleinkrebsen. Bei Bedrohung breitet er, genau wie der Gestreifte Knurrhahn *(Trigloporus lastoviza)*, plötzlich seine großen, auffällig gefärbten Brustflossen aus und „segelt" davon. Beim erneuten Niederlassen auf dem Boden werden die Brustflossen ebenso plötzlich wieder zusammengelegt. Das Tier verharrt dann regungslos und ist wieder gut getarnt. Die auffällige Färbung, die bei der Flucht plötzlich sichtbar wird, bewirkt einen Überraschungseffekt und damit einen Vorsprung gegenüber einem Freßfeind. Das genauso schnelle Verschwinden dieser Färbung verwirrt Freßfeinde dann vollends und sie verlieren ihr Opfer fast immer aus den Augen.

Aquarienhaltung: Nicht bekannt.

Botus podas podas
(Delaroche, 1809)
Weitäugiger Butt

Familie Bothidae

Erkennungsmerkmale: Größe bis 45 cm. Körper rundlich oval, abgeplattet. Beide Augen auf der linken Körperseite („linksäugig"), auffallend weit voneinander getrennt, das untere am Maul weiter vorne als das obere, Augenabstand bei Männchen deutlich größer als bei Weibchen. Färbung je nach Untergrund sehr variabel, grau, dunkelbraun oder sandfarben, meist mit helleren Flecken und Punkten, manchmal mit 1 bis 2 dunklen Flecken auf dem hinteren Teil der Seitenlinie.
Verwechslungsmöglichkeiten: Aufgrund des ungewöhnlich großen Augenabstandes nicht vorhanden. Weitere Art dieser Gattung, der Pantherbutt (*B. pantherinus* (Rüppel, 1830)), aus dem Roten Meer eingewandert, Größe bis 25 cm, Augenabstand geringer als beim Weitäugigen Butt, Männchen mit stark verlängerten Brustflossenstrahlen auf der Augenseite. Im Bereich von Madeira und den Kanarischen Inseln kommt die 2. Unterart dieser Art vor: *B. p. maderensis.* Die ebenfalls zu dieser Familie gehörende Gattung der Lammbutte *Arnoglossus* ist mit 5 Arten im Mittelmeer vertreten. Sie bleiben mit 10 bis 25 cm Körperlänge deutlich kleiner und besitzen einen geringeren, bei beiden Geschlechtern gleichen Augenabstand.
Lebensraum: Sand- und Schlickböden. Vom Flachwasser bis in große Tiefe. Im gesamten Mittelmeer, in der Adria seltener.
Biologie: Ernährt sich von bodenlebenden kleinen Fischen und Wirbellosen. Fortpflanzungszeit von Mai bis August. Die freischwimmenden Larven weisen noch eine normale Körperform auf. Erst nach einigen Wochen bis Monaten wandert eines der beiden Augen auf die andere Körperseite, wird der Körper abgeflacht und gehen die Tiere zum Bodenleben über.
Aquarienhaltung: Kleinere Exemplare bedingt geeignet, benötigen aber Becken mit großer Bodenfläche.

Phrynorhombus regius (Bonnaterre, 1788)

Südlicher Zwergbutt

Familie Scophthalmidae

Erkennungsmerkmale: Größe bis 20 cm. Körper oval, abgeplattet, höher als bei anderen Plattfischen. Linksäugig. Schuppen der Augenseite mit feinen, borstenförmigen Auswüchsen. 1. Strahl der Rückenflosse verlängert. Färbung variabel, verschiedene Brauntöne mit dunkleren, unregelmäßigen Punkten und Flecken, dunkler Augenfleck vor der Schwanzwurzel (– „Einfleckige Scholle").

Verwechslungsmöglichkeiten: Aufgrund der „Behaarung" der Schuppen und dem Hauptvorkommen auf Felsböden und unter Steinen nicht vorhanden. Im Mittelmeer gibt es 4 weitere Arten der Familie der Steinbuttverwandten, die sich auf 3 Gattungen *(Lepidorhombus, Psetta* und *Scophthalmus)* verteilen.

Lebensraum: Meist auf Felsböden und zwischen Steinen, seltener auf Sandböden. Unterhalb von 10 m bis in große Tiefe, selten darüber. Adria und westliches Mittelmeer einschließlich Griechenland.

Biologie: Ernährt sich von kleinen Fischen und verschiedenen Wirbellosen. Anders als andere Plattfische kommt der Südliche Zwergbutt meist auf Felsböden vor, die in der Regel wesentlich unregelmäßiger als Sandböden sind, bei denen jede größere, unregelmäßige Erhöhung auffällt. Eventuell kann der Körper des Südlichen Zwergbuttes als Anpassung an seinen Lebensraum höher sein als bei Sandböden bewohnenden Plattfischen. Die Laichzeit dieser Art reicht vom Frühjahr bis in den Frühsommer hinein. Die Jungfische gehen mit einer Länge von knapp 2 cm zum Bodenleben über.

Aquarienhaltung: Nicht bekannt. Aufgrund von Größe und Lebensweise wahrscheinlich besser geeignet als andere Arten.

Monchirus hispidus

Rafinesque, 1814

Pelz-Seezunge

Familie Soleidae

Erkennungsmerkmale: Größe bis 20 cm. Körper länglich-oval, abgeplattet. Rechtsäugig. Schuppen rauh. Brustflosse auf der Blindseite fehlt, auf der Augenseite mit 5 bis 6 Strahlen. Färbung gräulich- bis rötlichbraun mit unregelmäßigen dunkleren Flecken.

Verwechslungsmöglichkeiten: Einzige Art der Gattung. 15 weitere Seezungenarten aus 6 Gattungen im Mittelmeer. Nur diese Gattung ohne Brustflosse auf der Blindseite sowie 5 bis 6 Strahlen bei der Brustflosse der Augenseite. Auffällige Arten sind: Augenfleckige Seezunge (*Microchirus occellatus* (L., 1758)), Größe bis 20 cm, bräunlich mit 2 Paar dunklen, gelbumrandeten Augenflecken sowie 1 großen dunklen Fleck. Im gesamten Mittelmeer.

Gestreifte Seezunge (*Microchirus variegatus* (Donovan, 1892)), Größe bis 20 cm, mit zahlreichen dunklen Querbinden auf der Augenseite. Im gesamten Mittelmeer zu finden.

Gestreifte Augenfleckige Seezunge (*Dicologoglossa hexophthalma* (Bennett, 1831)), Größe bis 20 cm, mit 2 bis 3 dunklen, schmalen Querbändern am Vorderkörper und 3 dunklen, breiten mit hell umrandeten Augenflecken an den Körperseiten im hinteren Teil. Nur an der spanischen Küste.

Lebensraum: Sandböden, oft auch in der Nähe von Seegrasbeständen. Meist unterhalb von 10 m bis in große Tiefe, selten darüber. Fast im gesamten Mittelmeer.

Biologie: Über die Biologie dieser Art sind keine Einzelheiten bekannt. Eine weitere große Plattfischfamilie, die Schollen, Pleuronectidae, sind ebenfalls rechtsäugig.

Aquarienhaltung: Nicht bekannt.

Hippocampus guttulatus
Cuvier, 1829
Langschnäuziges Seepferdchen

Familie Syngnathidae

Erkennungsmerkmale: Größe bis 15 cm. Körper mit Hautskelett aus knöchernen Körperringen und gegen den Rumpf abgewinkeltem Kopf und langem, zum Greiforgan umgebildetem Schwanz. Kopf mit relativ langer Schnauze. Kopf und Rücken mit zahlreichen fädigen Hautanhängen. Brustflossen direkt hinter dem Kopf, Bauchflossen und Schwanzflosse fehlen. Färbung grünlich bis bräunlich oder gelb, oft mit feinen, weißen Punkten.
Verwechslungsmöglichkeiten: Kann eventuell mit dem gleichgroßen Kurzschnäuzigen Seepferdchen (*H. hippocampus* L., 1758) verwechselt werden. Es unterscheidet sich aber durch seine kürzere Schnauze und die fehlenden fadenförmigen Hautanhänge an Kopf und Rücken. Anders als das Langschnäuzige Seepferdchen soll es sich überwiegend auf Sand-, Schlicksand- und Schlickböden aufhalten. Außerdem umklammern sich Kurzschnäuzige Seepferdchen bei der Paarung nicht mit ihren Schwänzen.
Lebensraum: Meist in Algenbeständen und Seegraswiesen. Vom Flachwasser bis in ca. 15 m Tiefe, selten darunter. Im gesamten Mittelmeer.
Biologie: Seepferdchen ernähren sich wie die Seenadeln von kleinen Krebschen und Fischbrut. Sie sitzen die meiste Zeit unbeweglich mit ihrem Greifschwanz am Substrat festgeklammert. Es handelt sich um sehr langsame Schwimmer, die sich aufrecht mit Hilfe wellenförmiger Bewegungen ihrer Rückenflosse fortbewegen. Dabei wird der Schwanz oft bauchseits eingerollt.
Auch bei den Seepferdchen überträgt das Weibchen seine Eier mit Hilfe seiner ca. 3 mm langen Genitalpapille in die Bauchtasche des Männchens, wo sie sich gut geschützt entwickeln können. Dabei umklammern sich die Partner mit ihren Greifschwänzen und steigen zur Oberfläche auf. Nach ca. 4 bis 5 Wochen bringt das Männchen dann die zahlreichen, vollentwickelten Jungfische mit dem Schwanz an irgendein Substrat geklammert unter regelrechten Geburtswehen zur Welt. Beim Kurzschnäuzigen Seepferdchen verläuft die Paarung genauso, allerdings umklammern sich die Partner nicht mit ihren Greifschwänzen. Durch diesen Unterschied in der Verhaltensweise wird eine Kreuzung der beiden Arten verhindert. Die Fortpflanzungszeit fällt auf die Monate Mai bis Juli, so daß man trächtige Männchen bis in den September hinein beobachten kann.
Aquarienhaltung: Sowohl Seepferdchen als auch Seenadeln können im Aquarium gepflegt werden. Ihre Haltung ist jedoch nicht unproblematisch und verlangt sehr viel Sorgfalt und Fingerspitzengefühl. Sie nehmen in der Regel nur Nahrung an, die sich bewegt, und benötigen deshalb unbedingt Lebendfutter in Form von Wasserflöhen, Salinenkrebschen, verschiedenen Mükkenlarven und kleinen Jungfischen (Guppies). Manchmal nehmen sie auch Frostfutter an, das ihnen mit einer Pinzette angeboten wird. Da die Tiere sehr langsame Fresser sind, die ihre Beute erst eine ganze Weile anvisieren, bevor sie sie verschlingen, darf man sie nicht gemeinsam mit Nahrungskonkurrenten pflegen. Am besten sollte man sie nur gemeinsam mit einigen harmlosen niederen Tieren pflegen. Obwohl die Tiere sauerstoffreiches Wasser benötigen, sollte man auf Durchlüftung mit Sprudelsteinen verzichten, da sie oftmals nach den feinen Blasen schnappen und diese dann verschlucken. Durch die so aufgenommene Luft im Bauch können sie Auftrieb erhalten und an die Oberfläche treiben, wo sie schließlich verenden.

Zeus faber L., 1758
Heringskönig

Familie Zeidae

Erkennungsmerkmale: Größe bis 70 cm, meist jedoch mit 30 bis 40 cm kleiner. Körper sehr hoch und seitlich stark abgeflacht. 1. Rückenflosse mit 9 bis 10 langen Stachelstrahlen mit fahnenartig verlängerten Flossenhäuten. Färbung graugelb bis graugrün mit undeutlichem Fleckenmuster, beidseits ein runder, schwarzer Fleck, der gelb gesäumt ist.
Verwechslungsmöglichkeiten: Nicht vorhanden.
Lebensraum: Hochseebewohner, der aber auch über Schlick- und Sandböden zu finden ist, junge Exemplare sollen in den Sommermonaten auch an algenbewachsenen Felswänden zu beobachten sein. Vom Flachwasser bis in große Tiefen. Im gesamten Mittelmeer.
Biologie: Heringskönige sind ausdauernde und schnelle Schwimmer, die einzeln oder oft in Gruppen Fischschwärmen (Heringe, Sardinen, Sprotten und ähnliches) folgen, von denen sie sich hauptsächlich ernähren. Ihren Beutetieren nähern sie sich ganz langsam, um plötzlich vorzustoßen und sie mit weit vorgestrecktem Maul zu verschlingen.
Der Heringskönig ist ein ausgezeichneter Speisefisch, der ein Gewicht bis zu 20 kg erreichen kann.
Der deutsche Name des Heringskönigs entstand aus der falschen Vorstellung, er führe die Heringsschwärme an (der König der Heringe!), da er meist in ihrer Gegenwart gefangen wurde.
Aquarienhaltung: Nicht bekannt, aufgrund der Größe und der Lebensweise sind die Tiere aber bestenfalls für große Schaubekken geeignet.

Lophius piscatorius L., 1758
Großer Seeteufel

Familie Lophiidae

Erkennungsmerkmale: Größe bis 200 cm. Körper abgeplattet, mit sehr großem, breitem und ebenfalls abgeflachtem Kopf und Vorderkörper, der sich nach hinten stark verschmälert. Mundöffnung sehr groß, halbkreisförmig, mit hervorragendem Unterkiefer. Ränder von Kopf und Körper mit zahlreichen Hautfransen. 1. bis 3. Rückenflossenstrahl freistehend und stark verlängert, 4. bis 6. durch ein niedriges Häutchen miteinander verbunden. 1. Rückenflossenstrahl (im Bild zurückgelegt) mit lappenförmigem Hautanhang an der Spitze („Angel"), 2. und 3. Strahl mit zahlreichen Hautfransen auf ganzer Länge. Färbung hellbraun, dunkelbraun bis grünlichbraun, stark marmoriert.

Verwechslungsmöglichkeiten: Es gibt eine weitere Art dieser Gattung im Mittelmeer. Der Kleine Seeteufel (*L. budegassa* Spinola 1807) erreicht nur eine Größe bis 100 cm. Er unterscheidet sich vom Großen Seeteufel dadurch, daß bei ihm die Rückenflossenstrahlen 3 bis 6 sehr kurz sind.

Lebensraum: Auf Sand- und Schlickböden, aber auch auf Felsböden. Meist unterhalb von 20 m bis in sehr große Tiefe. Beide Arten im gesamten Mittelmeer.

Biologie: Mit Hilfe ihrer „Angel", dem 1. verlängerten Rückenflossenstrahl mit dem lappenförmigen Hautfransen, den sie vor ihrem Maul hin- und herbewegen, locken Seeteufel ihre Beute, kleine Fische, an. Durch den sich bewegenden Köder in die Nähe des Maules gelockt, werden sie dann durch plötzliches Aufreißen des Maules und gleichzeitiges Hervorschießen regelrecht eingesaugt und verschlungen. Mit seinen kräftigen Brustflossen kann der Seeteufel regelrecht über den Boden „laufen".

Aquarienhaltung: Aufgrund der Größe nicht geeignet.

Sargocentrum rubrum
(Forsskål, 1775)
Gestreifter Soldatenfisch

Familie Holocentridae

Erkennungsmerkmale: Größe bis 30 cm. Körper hochrückig und seitlich abgeflacht. Augen sehr groß. Kiemendeckel mit langem Stachel an der Unterkante sowie 2 kürzeren Stacheln im oberen Bereich. Grundfärbung rotbraun mit zahlreichen silbrig-weißen Längsstreifen.
Verwechslungsmöglichkeiten: Nicht vorhanden, einzige Art der Familie im Mittelmeer.
Lebensraum: In Felsspalten und Höhlen. Vom Flachwasser bis in größere Tiefen. Nur in Teilen des östlichen Mittelmeeres.
Biologie: Bei dem Gestreiften Soldatenfisch handelt es sich um einen der zahlreichen Einwanderer aus dem Roten Meer, die durch den Suez-Kanal ins Mittelmeer eingedrungen sind. Wie die Mehrzahl der meisten anderen Rotmeereinwanderer auch, breitet sich der Gestreifte Soldatenfisch im Mittelmeer immer noch in Richtung Westen aus. Den Tag verbringt die streng nachtaktive Art versteckt in Höhlen und Felsspalten. Erst nachts begeben sie sich auf die Jagd nach niederen Tieren, in erster Linie Krebstiere, und kleinen Fischen. Äußere Geschlechtsunterschiede sind nicht bekannt.
Aquarienhaltung: Diese Art benötigt sorgsame Pflege. Gut eingewöhnte Tiere sind auch tagsüber regelmäßig zu beobachten. Da es sich um schwimmlustige Tiere handelt, sind größere Becken die Voraussetzung für eine erfolgreiche Haltung.

Synodus saurus (L., 1758)
Atlantischer Eidechsenfisch

Familie Synodontidae

Erkennungsmerkmale: Größe bis 40 cm, meist kleiner. Körper langgestreckt und zylindrisch. Kopf deutlich abgeflacht und dreieckig. Große, etwas schrägstehende, bis weit hinter die Augen reichende Mundöffnung mit zahlreichen, langen, spitzen Zähnen. Rückenflosse nur aus wenigen Strahlen, kurz. Grundfärbung gelblich bis bräunlich-grau mit zahlreichen dunkleren Querbinden sowie 2 bis 3 grünlichen bis bläulichen, teilweise unterbrochenen Längsstreifen. Augen grün mit einem rotgoldenen Ring.

Verwechslungsmöglichkeiten: Kann mit den verschiedenen Petermännchen-Arten verwechselt werden, die die gleiche Lebensweise haben. Diese unterscheiden sich jedoch ganz deutlich durch die völlig andere Kopfform sowie eine zweiteilige Rückenflosse, die fast auf der gesamten Rückenlänge sitzt. Des weiteren gibt es einen 2. Eidechsenfisch (*Saurida undosquamis* (Richardson, 1848)), der aus dem Roten Meer eingewandert ist und nur im östlichen Mittelmeer vorkommt. Er unterscheidet sich von der beschriebenen Art durch eine deutlich höhere Rückenflosse und eine andere Färbung.

Lebensraum: Sandböden. Vom Flachwasser bis in große Tiefen. Im gesamten Mittelmeer.

Biologie: Wie ihr furchterregendes Gebiß schon vermuten läßt, ernähren sich Eidechsenfische räuberisch, und zwar von Fischen und seltener auch von niederen Tieren. Oftmals lauern sie fast völlig im Sand vergraben auf Beute.

Aquarienhaltung: Nicht empfehlenswert, da die Tiere nur mit größeren Fischen vergesellschaftet werden können.

Siganus luridus (Rüppell, 1828)
Dunkler Kaninchenfisch

Familie Siganidae

Erkennungsmerkmale: Größe bis 30 cm. Körper oval und seitlich stark abgeflacht. Rückenflosse reicht vom Kopf bis zum Schwanz, vorderer Teil mit Stachelstrahlen, hinterer mit Weichstrahlen. Mundöffnung klein. Schnauzenspitze mit kleinen Nasententakeln. Schwanzflosse nicht eingekerbt. Färbung oliv bis dunkelbräunlich.
Verwechslungsmöglichkeiten: Kann eventuell mit der 2. Art der Gattung, dem Gestreiften Kaninchenfisch (*S. rivulatus* Forsskål, 1775) verwechselt werden. Dieser jedoch meist in größeren Gruppen und mit deutlich anderer Färbung (olivgrün, braun bis silbrig mit leicht gewellten, goldenen Längsstreifen in der unteren Körperhälfte). Außerdem eingekerbte Schwanzflosse und fehlende Nasententakel.
Lebensraum: Felsböden mit Algenaufwuchs. Vom Flachwasser bis in ca. 40 m Tiefe. Nur im östlichen Mittelmeer.
Biologie: Bei beiden Kaninchenfischarten handelt es sich um Einwanderer aus dem Roten Meer. Sie ernähren sich von Algen, wobei bei dem Dunklen Kaninchenfisch Rotalgen überwiegen sollen. Die Stacheln der Rückenflosse sind mit Giftdrüsen verbunden, die der Abwehr von Feinden dienen. Diese Art verbringt die Nacht auf dem Boden liegend, wobei die giftigen Rückenflossenstrahlen aufgerichtet sind. Außerdem nehmen die Tiere eine völlig andere Färbung und Musterung an, die sie an ihrem Schlafplatz hervorragend tarnt. Die Gestreiften Kaninchenfische können Goldstriemen *(Sarpa salpa)* so sehr in der Färbung gleichen, daß man Schwierigkeiten bei der Unterscheidung hat, was noch durch ihr Schwarmverhalten und den sehr ähnlichen Freßgewohnheiten erschwert wird.
Aquarienhaltung: Nicht bekannt, wahrscheinlich aber nicht besonders geeignet.

Balistes carolinensis Gmelin, 1788
Mittelmeer-Drückerfisch

Familie Balistidae

Erkennungsmerkmale: Größe bis 45 cm. Körper hochrückig und seitlich abgeflacht, oval, mit mosaikartig angeordneten Schuppen. Mundöffnung klein, mit fleischigen Lippen. Brustflossen klein, Bauchflossen zu einem kräftigen, aufrichtbaren, unpaaren und einigen kleineren Stacheln reduziert. 1. Rückenflosse mit 3 Stachelstrahlen, 2. Rückenflosse und Afterflosse ähnlich gebaut, stehen sich in der hinteren Körperhälfte gegenüber. Schwanzflosse mit verlängerten oberen und unteren Strahlen. Grundfärbung grünlich-grau mit meist blauen Glanzpunkten, manchmal mit dunklen Querbändern, Bauch meist heller. Rükken-, Schwanz- und Afterflosse ebenfalls mit meist blauen Punkten.

Verwechslungsmöglichkeiten: Kann mit einem Rotmeer-Einwanderer, dem Feilenfisch (*Stephanolepis diaspros* (Fraser-Brünner, 1940)) verwechselt werden, dieser aber nur im östlichen Mittelmeer an der afrikanischen Küste und im Süden von Griechenland und Italien. Färbung graubraun mit hellem Netzmuster. 1. Rückenflosse besteht aus nur einem Strahl.

Lebensraum: Über Felsböden. Von 10 m bis in größere Tiefen, selten darüber. Im gesamten Mittelmeer. Selten.

Biologie: Ernährt sich hauptsächlich von kleinen Krebs- und Weichtieren. Sofort durch seine Schwimmweise erkennbar. Die 2. Rücken- und die Afterflosse werden wellenförmig bewegt, während Brustflossen und Schwanzflosse der Steuerung dienen. Soll laut Literatur als Einzelgänger leben, schließt sich aber nach Beobachtungen des Verfassers zumindest während der Fortpflanzungszeit ab Sommer zu kleineren Gruppen zusammen. Die Eier werden von den Weibchen in flache Sandgruben abgelegt und von den Männchen bis zum Schlupf bewacht.

Aquarienhaltung: Nicht bekannt.

Mola mola (L., 1758)
Mondfisch

Familie Molidae

Erkennungsmerkmale: Länge bis 3 m, meist jedoch kleiner, Höhe mit Flossen größer als die Länge. Körper sehr flach und scheibenförmig, ohne Schwanzstiel. Rükken- und Afterflosse schmal aber sehr hoch ausgezogen, sitzen am Körperende, werden durch die saumförmige Schwanzflosse miteinander verbunden. Diese Körperform erweckt den Eindruck eines „schwimmenden Kopfes". Körper silbriggrau, Rücken- und Afterflosse graubraun gefärbt. Körpergewicht bis zu 1400 kg.
Verwechslungsmöglichkeiten: Nicht vorhanden.
Lebensraum: Hochseebewohner, der gelegentlich in Küstennähe kommt, zum Beispiel um sich putzen zu lassen. Im gesamten Mittelmeer.
Biologie: Mondfische sollen sich von Algen, tierischem Plankton, Tintenfischen, kleinen Tiefseefischen, Aallarven und ähnlichem ernähren. Man kann sie regelmäßig auf der Seite liegend an der Oberfläche treibend beobachten. Die Deutung dieser Verhaltensweise ist unterschiedlich. Manche Autoren interpretieren sie als sonnen, andere vermuten, daß es sich dabei um alte oder sterbende Tiere handelt. Jungtiere von 2 bis 3 cm Länge sind nach Grzimek viel breiter als hoch und bestachelt, wodurch sie an ihre Kugelfisch-Verwandtschaft erinnern. Mondfische besitzen ein im Verhältnis zu ihrem Körper winziges Gehirn von ungefähr Walnußgröße. Bei einem ca. 200 kg schweren Tier z. B. wog das Gehirn ganze 4 g!
Aquarienhaltung: Nicht geeignet.

Nachwort

Das Mittelmeer – ein sterbendes Meer?!?

Formenreichtum und Vielfalt der in diesem Buch vorgestellten Arten sollen und dürfen auf gar keinen Fall darüber hinwegtäuschen, daß das Mittelmeer und seine hochinteressante Unterwasserwelt auf das Höchste gefährdet sind. Ohne zu übertreiben kann bzw. muß man leider sagen, das Mittelmeer liegt im Sterben! Den Schätzungen zahlreicher Experten zufolge werden viele von uns das endgültige Umkippen unseres „Hausmeeres" noch erleben . . .

Zwar gibt es im Mittelmeer noch einige sehr schöne Küstenabschnitte, an denen man noch ein scheinbar heiles Mittelmeer finden kann. Dort läßt sich immer ein breites Spektrum der in diesem Buch vorgestellten Arten in ihren natürlichen Lebensräumen beobachten. Aber weite Küstenabschnitte wirken wie Wüstengebiete, sind fast tot. So vielfältig die Gründe hierfür sind, alle führen auf uns, den Menschen, zurück: Einleitung von Unmengen von Abwässern aller Art, Dynamitfischen, Harpunieren und vieles mehr.

Das Mittelmeer stirbt leise und fast unsichtbar. Längst sind Schreckensmeldungen wie die Algenpest in der Adria 1989 und das Delphinsterben im westlichen Mittelmeer im Sommer 1990 wieder in Vergessenheit geraten. Doch diese Horrormeldungen sind nur die Spitze eines Eisberges. Die schleichende Vergiftung und Zerstörung des Mittelmeeres findet täglich statt und vergrößert die Gefährdung dieses einzigartigen Lebensraumes mehr und mehr.

Wir alle sind dazu aufgerufen, unseren Teil zur Abwendung der akuten Bedrohung beizutragen. Neben der Unterstützung der zahlreichen Aktionen verschiedener nationaler und internationaler Naturschutzorganisationen sollte jeder einzelne aktiv werden. Eine Möglichkeit liegt zum Beispiel schon in der Wahl des Urlaubsortes. Ein Großteil der Abwässer von Hotels und Touristenorten wird leider auch heute noch ungeklärt ins Meer geleitet. Da auch dies zum Sterben des Mittelmeeres beiträgt, sollte man deshalb bei der Planung des nächsten Mittelmeerurlaubes Hotels bzw. Orte mit Kläranlagen bevorzugen und so wengistens einen kleinen Beitrag zum Schutz von „Poseidons Gärten" leisten.

Wir müssen mit allen uns zur Verfügung stehenden Mitteln das Mittelmeer retten, damit die schreckliche Vision eines toten Mittelmeeres keine Wirklichkeit wird!

Das sind wir uns und vor allem unseren Kindern schuldig!

Literatur

Campbell, A. C.: Was lebt im Mittelmeer? Franckh'sche Verlagshandlung, Stuttgart 1983.

Debelius, H.: Gepanzerte Meeresritter. Alfred Kernen Verlag, Essen 1983.

de Couet, H. G., Moosleitner, H., Nagelschmid, F.: Gefährliche Meerestiere. Jahr Verlag GMBH & CO., Hamburg 1981.

DeHaas, W., Knorr, F.: Was lebt im Meer an Europas Küsten? Albert Müller Verlag AG, Zürich/Stuttgart/Wien 1990.

Ebersoldt, M. und F.: Unterwasserwelt des Mittelmeeres, Birkhäuser Verlag, Basel/Boston/Stuttgart 1985.

Fechter, R., Grau, J., Reichholf, J.: Lebensraum Küste. Mosaik Verlag GmbH, München 1985.

Geisterdoerfer, P., Meusy, J.-J.: Meeresfische. Belser Verlag, Stuttgart/Zürich 1983.

Grzimek, B. (Hrsg.): Grzimeks Tierleben. Enzyklopädie des Tierreichs in 13 Bänden. dtv Deutscher Taschenbuch Verlag, München 1979.

Matthes, D.: Tiersymbiosen und ähnliche Formen der Vergesellschaftung. Gustav Fischer Verlag, Stuttgart/New York 1978.

Mediterranee et Mer Noire. Zone de peche 37. Revision 1. Volume I: Vegetaux et Invertebres. Organisation des Nations Unies pour l'Alimentation et l'Agriculture, Rome 1987.

Mediterranee et Mer Noire. Zone de peche 37. Revision 1. Volume II: Vertebres. Organisation des Nations Unies pour l'Alimentation et l'Agriculture, Rome 1987.

Michler, G. (Hrsg.): Die Meere unserer Erde. Lingen Verlag, Köln 1987.

Ott, J.: Meereskunde. Verlag Eugen Ulmer, Stuttgart 1988.

Patzner, R., Debelius, H.: Partnerschaft im Meer. Engelbert Pfriem Verlag, Wuppertal 1984.

Riedl, R.: Biologie der Meereshöhlen. Verlag Paul Parey, Hamburg und Berlin 1966.

–: Fauna und Flora des Mittelmeeres. Verlag Paul Parey, Berlin und Hamburg 1983.

–: Die Gärten des Poseidon. Verlag Carl Ueberreuter, Wien 1989.

Sauer, F.: Strand+Küste. BLV Verlagsgesellschaft, München/Wien/Zürich 1980.

Schmekel, L., Portmann, A.: Opisthobranchia des Mittelmeeres. Springer Verlag, Berlin/Heidelberg/New York 1982.

Schmidt, H.: Prodomus zu einer Monographie der mediterranen Aktinien. Zoologica 121. E. Schweizerbart'sche Verlagsbuchhandlung, Stuttgart 1972.

Splechtna, H., Hilgers, H.: Niedere Tiere im Meeresaquarium. Frankch'sche Verlagshandlung, Stuttgart 1977.

Spies, G.: Praxis Meerwasseraquarium. Landbuch-Verlag GmbH, Hannover 1989.

Steiner, H.: Beobachtungen an Niederen Tieren des Mittelmeers. Landbuch-Verlag GmbH, Hannover 1983.

Tait, R.V.: Meeresökologie. Georg Thieme Verlag, Stuttgart/New York 1981.

Tardent, P.: Meeresbiologie. Georg Thieme Verlag, Stuttgart 1979.

Tembrock, G.: Spezielle Verhaltensbiologie der Tiere, Band I. Gustav Fischer Verlag, Jena 1982.

–: Spezielle Verhaltensbiologie der Tiere, Band II. Gustav Fischer Verlag, Jena 1983.

Terofal, F.: Meeresfische. Mosaik Verlag GmbH, München 1986.

Toulemont, A., Rives, C.: Welt unter Wasser. Belser Verlag, Stuttgart/Zürich 1982.

Valentin, C.: Faszinierende Unterwasserwelt des Mittelmeeres. Verlag Paul Parey, Hamburg und Berlin. Pacini Editore, Pisa und Rom 1986.

Zeitschriften

Das Aquarium. Albrecht Philler Verlag, Minden.

DATZ. Verlag Eugen Ulmer, Stuttgart.

Tetra Information. TI international. Tetra-Verlag, Melle.

Wissenschaftliche Namen

Acanthella acuta 32
Acholoë astericola 82, 206
Actinia cari 53
– *equina* 53
– *striata* 53
Adamsia palliata 59, 177
Aeolidiella orientalis 137
– *soemmeringi* 137
Agelas oroides 34
Aidablennius sphinx 281
Aiptasia mutabilis 58
Alcyonium acaule 66
– *palmatum* 66
Amphitrite 86
Anchinoe tenacior 37
Anemonia sulcata 54, 55, 184, 190, 261, 287
Antedon bifida 201
– *mediterranea* 201
Anthias anthias 250
Aphrodite aculeata 81
Aplidium conicum 226
– *proliferum* 227
Aplysia dactylomella 114
– *depilans* 114
– *fasciata* 114, 115
– *marmorata* 114
– *melanopus* 114
– *rosea* 113
Apogon imperbis 251
Arbacia lixula 167, 212
Arca noae 99
Arnoglossus 297
Asterina gibbosa 210
Astropecten aranciacus 82, 206
– *spinulosus* 82, 207
Aurelia aurita 48
Axinella canabina 30
– *damicornis* 32
– *polypoides* 31
– *verrucosa* 30

Balistes carolinensis 307
Bathypolypus 143
Beroe ovata 75
Bispira volutacornis 87
Bonellia minor 79
– *viridis* 79
Boops boops 258
Botus pantherinus 297
– *podas* 297
Branchiomma spec. 87

Cabera boryi 197
Calappa granulata 182
Calcinus tubularis 175
Callanthias ruber 250
Calliactis parasitica 59, 172, 173, 176
Calliostoma conulum 103
Caloria elegans 135
Calyptra chinensis 106
Caryophyllia inornata 63
– *smithii* 62, 153
Centrostephanus longispinus 211
Cepola macrophthalma 259
Cereus pedunculus 60
Cerianthus membranaceus 52
Cerithium 174
Charonia lampas 111
– *tritonis* 111
Cheilopogon heterurus 242
– spec. 242
Chiton olivaceus 100
Chondrosia reniformis 26
Chromis chromis 54, 260, 261
Chromodoris krohni 120
– *luteorosea* 121
Cionia intestinalis 228
Cladocora cespitosa 61
Clamys varia 97
Clathrina clathrus 22
Clavelina lepadiformis 225
– *nana* 224
Clavularia ochracea 74
Clibanarius erythropus 174
Cliona spec. 29
Condylactis aurantiaca 56, 163
Conger conger 239
Corallium rubrum 68, 69
Coris julis 263
Cornularia cornucopiae 74
Coryphella lineata 132
– *pedata* 132
Coscinasterias tenuispina 205
Cotylorhiza tuberculata 50
Crambe crambe 34
Cratena peregrina 134
Crepidula 106
Cribinopsis crassa 57
Cymatium corrugatum 112
Cyprea lurida 107
– *spurca* 108

Dactylopterus volitans 296
Dardanus arrosor 173
– *calidus* 59, 173
Dendrodoris grandiflora 127
– *limbata* 127
Diazona violacea 227
Dicologoglossa hexophthalma 299
Diogenes pugilator 174
Diplodus annularis 256
– *cervinus* 256
– *puntazzo* 256
– *sargus* 256
– *vulgaris* 256
Dromia personata 186

Echiichthys vipera 276
Echinaster sepositus 208
Echinus acutus 214
– *esculentus* 214
– *melo* 214
Eledone moschata 144

Elysia viridis 140
Epinephelus alexandrinus 246
– *guaza* 245
Eudendrium spec. 46
Eunicella cavolinii 70
– *singularis* 71
– *verrucosa* 71
Eupolymnia nebulosa 86

Facelina rubrovittata 133
Fierasfer acus 221
Flabellina affinis 131
– babai 131
Frondipora verrucosa 197

Galathea squamifera 178
– *strigosa* 178
Geodia spec. 25, 189
Gnathophyllum elegans 167
Gobius bucchichii 54, 287
– *cobitis* 288
– *cruentatus* 289
– *geniporus* 289
– *niger jozo* 290
Godiva banyulensis 136
Grammonus armatus 244
– *ater* 244
Gymnothorax unicolor 241
Gymnura altavela 237

Haliclona mediterranea 36
Haliotis tuberculata 102
Halocynthia papillosa 231
Hemimycale columella 33
Herbstia condyliata 186
Hermodice carunculata 83
Hexaplex trunculus 110
Hippocampus guttulatus 300, 301
– *hippocampus* 300
Hippolyte holthuisi 157
– *huntii* 155
– *inermis* 157
– *leptocerus* 156
– *leptometrae* 155
Hirundichthys rondeletii 242
Holothuria forskåli 218
– *polii* 219
– *tubulosa* 220
Homarus gammarus 171

Hypselodoris elegans 122, 123
– *messinensis* 124
– *tricolor* 125
– *villafranca* 126

Ilia nucleus 181
Inachus phalangium 54, 184
– *thoracicus* 185
Ircinia fasciculata 39
– *muscarum* 41
– *variabilis* 40

Janolus cristatus 138
– *hyalinus* 138

Labrus bergylta 262
– *bimaculatus* 262
– *merula* 262
– *viridis* 262
Lemintina arenaria 104
Lepas ansifera 152
Lepidorhombus 298
Leptometra phalangium 201
Leptomysis spec. 54, 190
Leptopsammia pruvoti 64, 153
Lesueurigobius friesii 171
Lichenopora radiata 198
Lima inflata 98
Lineus bilineatus 78
– *geniculatus* 78
– *ruber* 78
Lipophrys adriaticus 282
– *basilicus* 281
– *canevai* 282
– *dalmatinus* 282
– *nigripes* 283
– *pavo* 281
Lophius budegassa 303
– *piscatorius* 303
Lophogorgia ceratophyta 73
Luidia 82
Lysmata seticaudata 158, 159

Macropodia spec. 183
Maja crispata 54, 187
– *squinado* 187
Marthasterias glacialis 204
Microchirus occellatus 299
– *variegatus* 299

Microcosmus spec. 232
Miniacina miniacea 18
Mola mola 308
Monchirus hispidus 299
Monodonta 174
Mullus barbatus 254
– *surmuletus* 254
Munida rugosa 179
Muraena helena 240
Murex brandaris 110
Myra fugax 181
Myriapora truncata 195
Myxicola infundibulum 90

Nephrops norvegicus 171

Octopus macropus 143
– *vulgaris* 2, 144, 145, 146
Olindias phosphorica 45
Ophidiaster ophidianus 209
Ophiothrix fragilis 202
– *quinquemaculata* 202
Oscarella lobularis 24

Pagellus erythrinus 257
Paguristes eremita 28, 59, 172
Pagurus anachoretus 59, 176
– *prideaux* 59, 177
Palaemon adspersus 161, 162
– *elegans* 161
– *serratus* 162
– *xiphias* 161, 162
Palinurus elephas 170
– *mauritanicus* 170
– *regius* 170
Parablennius gattorugine 278
– *rouxi* 280
– *tentacularis* 279
Paracentrotus lividus 213
Paramuricea clavata 72
Parazoanthus axinellae 51
Parerythropodium coralloides 67
Parthenope angulifrons 188
– *massena* 188
Pecten jacobaeus 96
– *maximus* 96
Pelagia noctiluca 47

Peltodoris atromaculata 35, 129
Pentapora fascialis 194
Periclimenes amethysteus 58, 165
– *granulatus* 165
– *sagittifer* 57, 164
– *scriptus* 163
Petrosia ficiformis 35, 129
Phallusia fumigata 230
– *mammillata* 229
Phrynorhombus regius 298
Phycis blennoides 243
– *phycis* 243
Phyllidia pulitzeri 130
Phyllodoce paretti 84
Pilumnus spec. 189
Pinna nobilis 95, 166
– *rudis* 95, 166
Pinnotheres pinnotheres 95, 166
Platydoris argo 128
Pleisionika narval 168
Polycirrus spec. 85
Polycitor adriaticus 226
Pontonia pinnophylax 95, 166
Porites spec. 65
Protula spec. 93
Psammechinus microtuberculatus 215
Psetta 298
Pteroctopus 143
Pyrgoma anglicum 62, 64, 153

Reteporella couchii 196
Rhizostoma pulmo 49

Sabella pavonia 88
Salmacina spec. 91
Sargocentrum rubrum 304
Sarpa salpa 258
Saurida undosquamis 305
Scaeurgus 143
Schizobrachiella sanguinea 198
Sciaena umbra 253
Scophthalmus 298
Scorpaena notata 294
– *porcus* 292
– *scrofa* 293
Scyliorhinus canicula 236
– *stellaris* 236
Scyllarides latus 169
Scyllarus arctus 54, 169
– *pygmaeus* 169
Sepia elegans 147
– *officinalis* 147, 148
– *orbignyana* 147
Sepiolidae 147
Seriola dumerili 252
Serpula vermicularis 92
Serranus atricauda 247
– *cabrilla* 247
– *hepatus* 248
– *scriba* 249
Sicyonia carinata 154
Siganus luridus 306
– *rivulatus* 306
Simnia spelta 109
Siphonochalina crassa 36
Smittina cervicornis 194
Sparisoma cretense 274
Spatangus purpureus 217
Sphaerechinus granularis 216
Spicara smaris 255
Spirastrella cunctatrix 27
Spirographis spallanzani 89
Spondylus gaederopus 27
Spongia agaricina 38
– *officinalis* 38
Stenopus spinosus 151, 160
Stephanolepis diaspros 307
Stichopus regalis 221
Strombus decorus 105
Suberites domuncula 28, 172
Sycon raphanus 23
Symphodus cinereus 269
– *mediterraneus* 268
– *melanocercus* 271, 272
– *ocellatus* 266
– *rossali* 270
– *rostratus* 267
– *tinca* 271, 272
Synodus saurus 305

Tethys fimbria 139
Thalassoma pavo 264, 265
Thorogobius ephippiatus 291
Thuridilla hopei 141
Torpedo marmorata 236
– *nobiliana* 236
– *torpedo* 236
Trachinus araneus 276
– *draco* 276
– *radiatus* 277
Trigloporus lastoviza 295
Tripterygion melanurus 284
– *tripteronotus* 285
– *xanthosoma* 286
Tubulanus 78
Tylodina perversa 116
Typton spongicola 166

Umbraculum mediterraneum 117
Umbrina canariensis 253
– *cirrosa* 253
– *ronchus* 253
Upeneus asymmetricus 254
– *moluccensis* 254
Uranoscopus scaber 275

Verongia aerophoba 42, 116
– *cavernicola* 42

Xyrichthys novacula 273

Zeus faber 302

Deutsche Namen

Achselflecklippfisch 268
Adria-Schleimfisch 282
Anemonen-Einsiedler 59, 177
Anemonengespenstkrabbe 54, 184
Anemonengrundel 54, 287
Anemonenschwebgarnelen 54, 190
Archenmuschel 99
Atlantische Pilgermuschel 96
Atlantischer Eidechsenfisch 305
Augenfleck-Einsiedler 28, 59 172
Augenfleckige Seezunge 299
Augenflecklippfisch 266
Augenfleckzitterrochen 238

Badeschwamm 38
Basilisk-Schleimfisch 281
Bauchige Feilenmuschel 98
Baumförmige Hydroidpolypenkolonie 46
Behaartes Tritonshorn 112
Blauschillernder Paddelwurm 84
Blau-weiße Partnergarnele 57, 164
Blau-weiß-rote Fadenschnecke 134
Bohrschwamm 29
Bonellia 79
Borstenkrabbe 189
Borstiger Kalkschwamm 23
Bräunlicher Zylinderschwamm 36
Brandhorn 110
Braune Kauri 107
Braune Muräne 241
Brauner Lippfisch 262
Brauner Zackenbarsch 245
Breitbindenbrasse 256
Bucklige Seegrasgarnele 156
Bunte Käferschnecke 100
Bunte Kammuschel 97
Bunter Einsiedler 175
Bunter Kalkröhrenwurm 92
Bunter Springkrebs 178
Buntes Petermännchen 276

Chinesenhütchen 106

Dalmatinischer Schleimfisch 282
Diademseeigel 211
Dornenseestern 205
Dornsepia 147
Dreifarbige Sternschnecke 125
Dunkler Gabeldorsch 243
Dunkler Kaninchenfisch 306
Durchsichtige Partnergarnele 163

Echtes Tritonshorn 111
Edelkoralle 68, 69
Einfleckige Scholle 298
Einhorngarnele 168
Einsiedler-Korkschwamm 28, 172
Eisseestern 204
Elchgeweih-Moostierchen 194
Elefantenohr 38
Entenmuschel 152
Erdbeerrose 53
Eßbarer Seeigel 214
Europäische Languste 170
Europäischer Hummer 171
Europäischer Meeraal 239

Fächermoostierchen 197
Fächerröhrenwurm 87
Falsche Edelkoralle 67
Farbwechselnde Gorgonie 72
Fechterschnecke 105
Feigenschwamm 35, 129
Feilenfisch 307
Felsengoldrose 57
Felsküsten-Einsiedler 174
Feuerwurm 83
Fimbria 139
Fleischschwamm 24
Fliegender Fisch 242
Flughahn 296
Friesgrundel 171
Füllhornkoralle 74
Fünfeckstern 210
Fünffleckiger Lippfisch 270
Furchengarnele 154

Gebänderte Partnergarnele 58, 165
Gebänderter Schnurwurm 78
Gebänderte Seerose 53
Gefleckter Lippfisch 262
Geflecktes Petermännchen 276
Gefleckte Sternschnecke 121
Gehörnter Schleimfisch 279
Gelbe Gorgonie 70
Gelbe Krustenanemone 51
Gelber Gitterkalkschwamm 22
Gelber Spitzkopf-Schleimfisch 286
Gelbe Steinkoralle 64, 153
Gelbrand-Sternschnecke 120
Gelbstrieme 258
Gelbviolette Sternschnecke 122, 123
Gelbwangenschleimfisch 282
Gemeine Sepia 147, 148
Gemusterte Sternschnecke 124
Gepunktete Garnele 167
Gestreifte Augenfleckige Seezunge 299
Gestreifte Dickkolbenschnecke 138
Gestreifte Flügelschnecke 141

Gestreifte Meerbarbe 254
Gestreifte Seezunge 299
Gestreifte Sternschnecke 126
Gestreifter Felseneinsiedler 59, 176
Gestreifter Kaninchenfisch 306
Gestreifter Knurrhahn 295
Gestreifter Schleimfisch 280
Gestreifter Schnurwurm 78
Gestreifter Soldatenfisch 304
Geweih-Moostierchen 194
Geweihschleimfisch 278
Gewöhnlicher Krake 2, 144, 145, 146
Gewöhnliches Tritonshorn 111
Glatter Geweihschwamm 30
Goldband-Ziegenfisch 254
Goldschwamm 42, 116
Goldschwammschnecke 116
Goldstreifen-Ziegenfisch 254
Goldstrieme 258
Gorgonien-Porzellanschnecke 109
Grauer Lippfisch 269
Große Felsgarnele 162
Große Geißbrasse 256
Große Keulenseescheide 225
Große Marmornacktschnecke 127
Große Meerhand 66
Große Orangerote Fadenschnecke 136
Großer Bärenkrebs 169
Großer Brauner Seehase 114, 115
Großer Kammseestern 206
Großer Roter Drachenkopf 293
Großer Roter Einsiedlerkrebs 59, 173
Großer Seeteufel 303
Große Seespinne 187
Großes Petermännchen 277
Große Steckmuschel 95, 166
Große Wurmschnecke 104
Großgefleckter Katzenhai 236
Grüner Lippfisch 262
Grüne Samtschnecke 140
Gürtelrose 53

Haarsterngarnele 155
Hellblauer Krustenschwamm 37
Heller Gabeldorsch 243
Heringskönig 302
Himmelsgucker 275
Höckriger Geweihschwamm 30
Höckriger Krustenschwamm 34
Höhlenfisch 244
Hundskoralle 195

Igelwurm 79

Jakobs-Pilgermuschel 96

Kaiserhummer 171
Kalkröhrenwurm 93
Kegelförmige Seescheidenkolonie 226
Keulenförmige Seescheidenkolonie 227
Keulenkoralle 74
Kleine Dickkolbenschnecke 138
Kleine Felsgarnele 161
Kleine Keulenseescheide 224
Kleine Marmornacktschnecke 127
Kleine Meerhand 66
Kleine Orangerote Fadenschnecke 132
Kleine Seespinne 54, 187
Kleine Sepia 147
Kleiner Bärenkrebs 54, 169
Kleiner Drachenkopf 292
Kleiner Gepunkteter Seehase 113
Kleiner Roter Drachenkopf 294
Kleiner Seeteufel 303
Kleines Petermännchen 276
Kleingefleckter Katzenhai 236
Kletterkammseestern 207
Kletterseeigel 215
Königslanguste 170
Königsseegurke 221
Korallen-Foraminifere 18
Korallenmoostierchen 198
Korallenseepocke 62, 64, 153

Kreiselschnecke 174
Krustenlederschwamm 39
Kugelascidie 227
Kugelkrabbe 181
Kurzschnäuziges Seepferdchen 300

Lammbutt 297
Langarmiger Krake 143
Langarmiger Springkrebs 179
Langarmkrabbe 188
Langbeinige Gespenstkrabbe 183
Langschnäuziges Seepferdchen 300, 301
Langschnauzenlippfisch 267
Leopardgrundel 291
Leopardschnecke 35, 129
Leuchtqualle 47
Löchriger Geweihschwamm 31
Lungenqualle 49

Mantelaktinie 59, 177
Marmorzitterrochen 238
Maskierte Gespenstkrabbe 185
Meerbarbenkönig 251
Meerjunker 263
Meerpfau 264, 265
Meerrabe 253
Melonenqualle 75
Melonen-Seeigel 214
Mikrokosmos-Seescheide 232
Mittelmeer-Drückerfisch 307
Mittelmeer-Haarstern 201
Mittelmeer-Muräne 240
Mittelmeer-Putzergarnele 158, 159
Mittelmeer-Putzerlippfisch 271, 272
Mönchsfisch 54, 260, 261
Mondfisch 308
Moschuskrake 144
Muschelwächter 95, 166

Nachtaktive Hydromeduse 45
Nadelfisch 221
Nadelschnecke 174
Neptunschleier 196
Nierenschwamm 26

Ohrenqualle 48
Orangefarbener Strahlenschwamm 27
Orangerote Gorgonie 73
Orangeroter Steinchenröhrenwurm 86
Ovale Nelkenkoralle 62, 153

Pantherbutt 297
Pantoffelschnecke 106
Parasitische Fischassel 191
Pelz-Seezunge 299
Pfauenlippfisch 271, 272
Pfauenschleimfisch 281
Pfauenwurm 88
Planarie 76, 77
Plattwurm 76, 77
Purpurrose 53
Purpurschnecke 110
Purpurseestern 208

Rasenkoralle 61
Riesengrundel 288
Riesenkieselschwamm 25
Ringelbrasse 256
Ringelschnurwurm 78
Rippenqualle 75
Röhrenseegurke 220
Rosafarbener Zylinderschwamm 36
Rosa Languste 170
Rotbrasse 257
Rotbraune Kreiselschnecke 103
Rotbraune Ledernacktschnecke 128
Rotbraunes Krustenmoostierchen 198
Rote Meerbarbe 254
Roter Bandfisch 259
Roter Fahnenbarsch 250
Roter Schnurwurm 78
Roter Spitzkopf-Schleimfisch 285
Rote Seescheide 231
Rotgestreifte Fadenschnecke 133
Rotmaulgrundel 289
Rotmeer-Kugelkrabbe 181
Rotmeer-Steinkoralle 65
Rotvioletter Seestern 209
Runde Nelkenkoralle 63
Runzelige Seespinne 186

Sägebarsch 247
Sand-Einsiedler 174
Sandgoldrose 56, 163
Sandtaucher 273
Schamkrabbe 182
Scherengarnele 151, 160
Schermesserfisch 273
Schlangenstern 203
Schlankgrundel 289
Schlauchascidie 228
Schleimiger Krustenschwamm 33
Schlicksabelle 90
Schmarotzerrose 59, 172, 173, 176
Schmetterlingsrochen 237
Schmutzigweiße Fadenschnecke 137
Schmutzigweiße Seescheidenkolonie 226
Schnauzenbrasse 255
Schraubensabelle 89
Schriftbarsch 249
Schuppiger Springkrebs 178
Schwarzgepunktete Fadenschnecke 135
Schwarzer Lederschwamm 41
Schwarzer Seeigel 167, 212
Schwarzer Zitterrochen 238
Schwarze Warzenseescheide 230
Schwarzgrundel 290
Schwarzkopf-Schleimfisch 283
Seegrasgarnele 157
Seemannsliebchen 60
Seemaus 81
Seeohr 102
Seepapagei 274
Seestern-Schuppenwurm 82, 206
Sepiola 147
Seriola 252
Siebanemone 58
Sphinx-Schleimfisch 281
Spiegelei-Qualle 50
Spitzkopf-Zackenbarsch 246
Spitzbrasse 256
Stachelauster 27
Stachelige Steckmuschel 95, 166
Stachelschwamm 32
Steckmuschelgarnele 95, 166
Steinseeigel 213
Streifenlippfisch 262
Strudelwurm 76, 77
Südlicher Zwergbutt 298

Tiefenrötling 250
Trugkoralle 195

Variable Kauri 108
Variable Seegurke 218
Variabler Lederschwamm 40
Verflochtener Kalkröhrenwurm 91
Verwachsener Geweihschwamm 32
Verwachsenes Moostierchen 197
Vielfädiger Borstenwurm 85
Violette Fadenschnecke 131
Violetter Herzseeigel 217
Violetter Seeigel 216
Violette Weißspitzen-Fadenschnecke 132

Wachsrose 54, 55, 184, 190, 261, 287
Warzige Gorgonie 71
Warzige Schirmschnecke 117
Weiße Gorgonie 71
Weiße Warzenseescheide 229
Weißgepunktete Warzenschnecke 130
Weißspitzenseegurke 219
Weitäugiger Butt 297
Wollkrabbe 180

Zäher Orangefarbener Hornschwamm 34
Zerbrechlicher Schlangenstern 202
Zweibindenbrasse 256
Zwergbärenkrebs 169
Zwergbarsch 248
Zwergbonellia 79
Zwergsabelle 87
Zwergsepia 147
Zwergspitzkopf-Schleimfisch 284
Zylinderrose 52

Bildnachweis

Bär, Günther: S. 259
Baumeister, Werner: S. 73, 75 rechts, 91 kleines Foto, 104, 109, 139, 167, 218
Claussen, Volker: S. 237
Debelius, Helmut/IKAN: S. 53 links, 244
Hübner, Raimund: S. 138, 179, 243, 303
Klingner, Rainer: S. 54, 76 rechts, 106, 135, 152, 153, 198 links, 242, 296, 308
Koffka, Andreas: S. 49, 143, 275
Kremer, Doris: S. 156, 157 rechts und links
Merbach, Denis: S. 120
Neumann, Volker: S. 121
Neuschwander/IKAN: S. 137
Poferl, Martha: S. 130
Spies, Günter: S. 45 links

Alle anderen Farbfotos vom Verfasser

Farbatlas Zierpflanzen
Von Martin Haberer. 324 Seiten mit 600 Farbfotos. DM 38,-.

Farbatlas Landwirtschaftliche Kulturpflanzen
Von Gerhard Geisler. 204 Seiten mit 205 Farbfotos. DM 38,-.

Farbatlas Tropenpflanzen
Zier- und Nutzpflanzen. Von Andreas Bärtels. 2. verbesserte Auflage. 320 Seiten mit 308 Farbfotos. DM 38,-.

Farbatlas Waldschäden
Diagnose von Baumkrankheiten. Von Günter Hartmann, Franz Nienhaus und Heinz Butin. 256 Seiten mit 418 Farbfotos. DM 32,-.

Atlas der Nutztierrassen
220 Rassen in Wort und Bild. Von Hans H. Sambraus. 3. verbesserte Auflage. 272 Seiten mit 247 Farbfotos, 3 Zeichnungen und 15 Tabellen. DM 36,-.

Farbatlas Feldflora
Wildkräuter und Unkräuter. Von Martin Hanf. 254 Seiten mit 207 Farbfotos und 23 Tabellen. DM 38,-.

Erhältlich in Ihrer Buch(Fach)handlung oder beim
Verlag Eugen Ulmer
Postfach 70 05 61,
7 Stuttgart 70

E.U.
VERLAG
EUGEN
ULMER